Hans Reichert

Gesammelte Aufsätze zur Flora im Trierer Raum

FSC
www.fsc.org
MIX
Papier aus verantwortungsvollen Quellen
Paper from responsible sources
FSC® C105338

Gesammelte Aufsätze zur Flora im Trierer Raum

1968 bis 2023

von

Hans Reichert

Herausgeber: Sigrid Ertl / NABU Region Trier
Cover-Bild: Sumpfblutauge, Foto von Werner Becker, Hermeskeil
Foto Rückseite: privat

Bibliografische Information der Deutschen Nationalbibliothek:
Die Deutsche Nationalbibliothek verzeichnet diese Publikation in der Deutschen Nationalbibliografie; detaillierte bibliografische Daten sind im Internet über dnb.dnb.de abrufbar.

Herstellung und Verlag:
BoD – Books on Demand, Norderstedt

ISBN: 978-3-7578-0595-1

Inhaltsverzeichnis

Neulinge in der Flora von Trier und Umgebung

Gebietserkundungen

Verschiedenes

Vorwort

Im Rahmen einer Recherche stieß ich in der Trierer Stadtbibliothek vor einigen Jahren auf die botanischen Aufsätze von Dr. Hans Reichert. Ihre tief im Sinnenhaften wurzelnde Art, ihre scheinbare Leichtigkeit, komplexe Zusammenhänge zu erklären, das immense Wissen ohne Pedanterie und ausuferndes Fachchinesisch entfachten in mir eine regelrechte Begeisterung und schon bald den Wunsch, sie neu zusammenzustellen und als Buch herauszugeben.

Die Aufsätze umfassen einen Zeitraum von über einem halben Jahrhundert und zeigen auf, wie sich die Landschaften im Trierer Raum verändert haben. Diese Prozesse sind seit Jahrhunderten im Gange. Die Industrialisierung hat den Vorgang beschleunigt. Eine umfangreiche Infrastruktur, Flächenversiegelungen und Monokulturen haben unsere natürliche Umgebung eingeengt und zerschnitten, was nicht nur die Pflanzen, sondern auch die Tiere in Bedrängnis brachte, denen freies Bewegen und Revierwechsel in der freien Natur kaum mehr möglich sind. Die Flora hat sich nach Kräften den neu entstandenen Verhältnissen angepasst. Viele Arten verschwanden oder wanderten aus, andere kamen hinzu.

Das vorliegende Buch vereint 54 Aufsätze, die in den Jahrbüchern Trier-Saarburg (JTS) von 1968 bis 2023 erschienen sind. Die technischen Entwicklungen während mehr als einem halben Jahrhundert machten den Ersatz der meisten Originalfotos notwendig. Bildlegenden mussten behutsam angepasst werden. Die Schwarz-weiß-Fotos stammen aus den Jahrbüchern selbst. Die Aufsätze sind nach Themen neu angeordnet. Bis 1999 wurden sie in der älteren Duden-Schreibung gedruckt. Ich habe dies unverändert übernommen. Die Originale sind jederzeit in öffentlichen Bibliotheken einsehbar. Die lateinischen Bezeichnungen einiger Pflanzen haben sich in den letzten Jahrzehnten geändert, was in den Fußnoten erwähnt wird. Die Fotografen habe ich mit Kürzeln gekennzeichnet. Die mit SE bezeichneten Fotos stammen von mir.

Ich hoffe, hiermit ein reiches Handbuch über etliche Pflanzen und deren Verbreitungsgebiete in unserer Region vorlegen zu können, gleichermaßen lesbar für Laien und Experten, und zugleich eine spannende Chronik über die Veränderungen der Lebensräume im Trierer Land seit den 1960er Jahren.

Sigrid Ertl, Trier, im Juli 2023

Ein herzliches Dankeschön:

- an Hans Reichert für das mir bei meiner Aufgabe geschenkte Vertrauen;

- für die Fotos von: Michael Hassler (MH), Thomas Muer (TMu), Herbert Sauerbier (HSb), Horst Kretzschmar (HK), Armin Schuckart (AS), Julia Kruse (JK), Joachim Rheinheimer (JR), Thomas Meyer (TMe), Harald Geier (HG), Stefan Schweihofer (SS), Werner Becker (WB), Hans-Jörg Dethloff (HJD), Michael Lüth (ML), Hans Reichert (HR), Kurt-Werner Augenstein (KWA), Tourist-Information Kell am See;

- an Michael Hassler (Internetportal FLORA GERMANICA), der die meisten Fotos zur Verfügung stellte und mir in Einzelfragen jederzeit freundlich zur Seite stand;

- an Frau Eva Jullien vom Kreisarchiv des Landkreises Trier-Saarburg für die Nachdruckerlaubnis;

- dem NABU-Region Trier, der dieses Buch unterstützte und finanzierte.

HR

Eine Kuriosität am Wegesrand

JTS 1969

Dr. Reichert beobachtete den „Albino" unter den Weidenröschen
Nachdem die goldgelbe Pracht des Besenginsters verblichen ist, schmückt leuchtendes Rot die Kahlschläge, Wald- und Wegränder unserer Heimat: Fingerhut und Weidenröschen entfalten jetzt unzählige Blüten. Wer in dieser hochsommerlichen Zeit die Landstraße von Hermeskeil nach Birkenfeld befährt, kann in der Nähe des Hofgutes Retzenhöhe an der rechten Straßenböschung einen großen Bestand rein weißer Weidenröschen bewundern (siehe Bild). Nicht nur den Blüten fehlt jede Spur roter Farbe – auch die unteren Stengelteile lassen den normalerweise vorhandenen rötlichen Schimmer vermissen. Es handelt sich hier um einen sogenannten Albino. Vielen Lesern wird der Begriff aus der Tierkunde geläufig sein. Von weißen Rehen oder Hirschen wird gelegentlich in Zeitungen berichtet, weiße Mäuse oder Kaninchen mit den typischen rötlichen Augen wird mancher schon selbst gesehen haben.

Alle echten Albinos sind dadurch gekennzeichnet, daß die normale Farbstoff-(Pigment)-Bildung in der äußeren Haut unterbleibt.

Im Pflanzenreich gibt es solchen Farbstoffmangel ebenfalls, nur werden diese Abnormitäten weniger beachtet. Wer jedoch bei Spaziergängen die Augen offen hält, wird hier und da pflanzliche Albinos entdecken. Vor allem bei rot-, violett- oder blaublühenden Gewächsen wie z. B. Fingerhut, Veilchen, Glockenblumen und Kornblumen fehlt gelegentlich die Blütenfarbe. Meist findet man nur einzelne abnorme Exemplare.

Daß unser Weißes Weidenröschen gleich in Massen auftritt, hängt mit der Wuchsform dieser Pflanzenart zusammen: sie vermehrt sich durch unterirdische Ausläufer. Der ganze Bestand ist auf diese Weise aus einem einzelnen Albino hervorgegangen. Dessen Same stammte möglicherweise von einem normalen, rot blühenden Weidenröschen. Der Farbstoffmangel wird nämlich in der Regel durch eine plötzliche, unvorhergesehene Änderung der Erbanlagen (Mutation) verursacht.

Durch diesen Vorgang können sich auch völlig neue, vorher nie dagewesene Abarten bilden. Für den Züchter sind sie wertvoll; sie erlauben es ihm, den Blumenmarkt hin und wieder mit „modischen Neuheiten“ zu beliefern.

Noch bedeutsamer aber sind die Mutationen für die biologische Forschung. Viele Erkenntnisse der Vererbungs- und Abstammungslehre stützen sich auf solche „Launen der Natur“.

Eine Brennessel wird „erwürgt“
Die Nesselseide

JTS 1972

Beobachtungen an einer Schmarotzerpflanze an der Moselaue

MH

Schmarotzerpflanzen lenken in besonderem Maße die Aufmerksamkeit der Naturfreunde auf sich. Die Faszination geht so weit, daß der Laie eine ganze Reihe von Pflanzen fälschlicherweise der parasitischen Lebensweise verdächtigt. So sind zum Beispiel die baumbewohnenden Orchideen der Tropen keineswegs Parasiten, sondern harmlose „Aufsitzerpflanzen“ (Epiphyten). Sie ernähren sich von Humusansammlungen in Astgabeln und Rindenspalten. Den Bäumen entnehmen sie nicht das geringste. Die Mistel, die oft als Musterbeispiel eines Schmarotzers angesehen wird, lebt nur teilweise auf Kosten des von ihr besetzten Baumes. Sie zapft ihm lediglich Wasser und Mineralsalze ab, also das, was der Baum zuvor dem Boden entzogen hat. Ansonsten lebt sie wie alle grünen Pflanzen im wahrsten Sinne von der Luft. Mit Hilfe des Blattgrüns fängt sie die Energie des Sonnenlichtes auf und verarbeitet damit das Kohlendioxid-Gas, einen Bestandteil der Luft, zu Eiweiß und allen anderen lebenswichtigen Aufbaustoffen. Die „Ganzschmarotzer“ bringen selbst das nicht fertig, da sie kein Blattgrün besitzen. Sie müssen alle Nährstoffe einem anderen Lebewesen wegnehmen.

Man nennt dieses Lebewesen beschönigend den „Wirt“. „Sklave“ wäre zutreffender, denn es wird bis zur Erschöpfung ausgebeutet. In der einheimischen Flora gibt es drei Gattungen von Ganzparasiten. Es sind überwiegend seltene und deshalb wenig bekannte Pflanzenarten. Wer als aufmerksamer Naturbeobachter am Moselufer spazierengeht, hat am ehesten Gelegenheit, einen dieser Parasiten kennenzulernen. Dort, wo auf nährstoffreichem Auenboden saftige Stauden mannshoch emporwachsen, wo Kleine Sonnenblume (Topinambur), Brennessel, Spießmelde, Knöterich und Schwarzkohl dichte Bestände bilden, entdeckt man hie und da ein Gewirr ineinander verschlungener „Zwirnsfäden“, welches Brennesseln überzieht.

MH

An den grünlichen bis rötlichen Fäden hängen in Abständen von einigen Zentimetern Büschel von vielen winzigen Blüten, die weiß bis hellrot gefärbt sind. Die Blütezeit reicht vom Juni bis zum September. Gegen Ende der Blühperiode findet man neben den etwa 1 cm dicken Blütenknäueln auch schon Büschel unreifer, grünlicher Früchte. Diese Pflanze, die völlig blattlos ist, wird Nessel-Seide oder auch Teufelszwirn genannt. Ihr wissenschaftlicher Name ist *Cuscuta europaea*. Sie gehört zur entfernteren Verwandtschaft der Ackerwinde. Die Nessel-Seide befällt hauptsächlich Brennesseln, daneben aber auch andere Stauden der Flußufervegetation. Eine Abart tritt als Gartenschädling in Hülsenfruchtfeldern auf, ist aber recht selten. Als junges Keimpflänzchen bildet die Nessel-Seide vorübergehend eine kleine Wurzel. Das Stengelchen streckt sich sofort zu einem dünnen Faden, der waagerecht auf der Erde entlangwächst. Nach wenigen Tagen schon stirbt die Wurzel ab, und auch der rückwärtige Teil des Stengels schrumpft. Das Vorderende wächst jedoch mit aufgerichteter Spitze weiter, indem es dem rückwärtigen, absterbenden Teil die Nährstoffe entzieht. Das Vorderende vollführt unmerklich Drehbewegungen und „ertastet" sich so eine Wirtspflanze. Beinahe wie eine kleine Schlange „kriecht" das Keimpflänzchen somit im Zeitlupentempo über die Erde. Sobald es mit einer Staude in Berührung kommt, beginnt es zu klettern. In vielen Windungen umschlingen schließlich die dicker werdenden Fäden die Wirtspflanze. Da, wo die Fadensprosse den Stengel der Wirtspflanze berühren, pressen sie sich dicht an und bilden reihenweise Saugorgane, die wie Stummelfüße einer Raupe aussehen. Die Saugorgane dringen in den Stengel ein und zapfen die Leitbündel an.

Von den acht in Deutschland vorkommenden Seidenarten ist außer der Nessel-Seide nur noch die viel kleinere Thymian-Seide weiter verbreitet. Man findet sie auf Thymian, Ginster und Heidekraut schmarotzend, auf Magerwiesen und Heiden. Eine Abart von ihr tritt in Wärmegebieten als Schädling in Kleefeldern auf. Auch zwei aus Amerika eingeschleppte Arten schmarotzen auf Klee und Luzerne. In unserer engeren Heimat spielen diese Schädlinge keine Rolle.

Deutschlands giftigste Pflanze[1]

Der grüne Knollenblätterpilz

JTS 1973

Was jeder über ihn wissen sollte.

Schwere Pilzvergiftungen haben sich in unserem Raum in den letzten Jahren glücklicherweise selten ereignet. Das hängt wohl hauptsächlich damit zusammen, daß die zehn tödlichen Giftpilzarten Deutschlands hier entweder fehlen oder nicht gerade häufig vorkommen. Deswegen darf man sich aber keineswegs zu leichtsinnigem Sammeln verleiten lassen. Der grüne Knollenblätterpilz, der in Mitteleuropa die meisten tödlichen Vergiftungen verursacht, tritt auch in den Wäldern des Trierer Landes auf. Im Hochwald ist er ziemlich selten und fast ganz auf die Täler beschränkt (das abgebildete Exemplar wurde 1970 im Lösterbachtal bei Hermeskeil gefunden)[2]. Immerhin kann er auch dort an günstigen Wuchsplätzen (lichte, mäßig feuchte Buchen- und Eichenwälder) in größeren Trupps auftreten. Häufiger findet man ihn nördlich der Mosel; in manchen Bereichen der Eifel trifft man ihn auf Schritt und Tritt an. Beängstigende Berichte über die Wirkung des Pilzes sind nicht übertrieben: Schon ein einziges Exemplar genügt, um einen Menschen zu töten. Den Chemikern, die den Knollenblätterpilz in den letzten Jahrzehnten gründlich analysierten, tat sich eine wahre Giftküche auf: Nicht weniger als zehn lebensgefährliche Stoffe wurden gefunden, ihrer chemischen Natur nach durchweg Eiweißverbindungen. Erstaunlich, daß gerade unter den Eiweißstoffen, wichtigen Baustoffen des Lebens, einige so verteufelt giftig sind, daß 7 Milligramm einem erwachsenen Menschen den Garaus machen können.

Besonders heimtückisch ist die Wirkungsweise der zehn Gifte: Sie zerstören die Leber, ohne dabei zunächst Beschwerden hervorzurufen. Das heftige Erbrechen und der Durchfall, die 10 bis 24 Stunden nach dem Genuß des Pilzes plötzlich auftreten, haben mit den tödlichen Giftstoffen nichts zu tun, sondern werden von anderen, „harmloseren" Inhaltsstoffen des Pilzes verursacht. Diese Symptome klingen vielfach sogar wieder ab. Diese scheinbare Besserung kann aber über den fast hoffnungslosen Zustand des Patienten nicht hinwegtäuschen. Die Zerstörung der Leber ist jetzt soweit fortgeschritten, daß ein recht qualvolles Sterben einsetzt. Wie die Gifte im einzelnen in den Stoffwechsel der Leber eingreifen und dort ein Chaos verursachen, wissen die Biochemiker noch nicht.

---

[1] Früher wurden die Pilze noch dem Pflanzenreich zugeordnet, heute bilden sie ein eigenes Reich

[2] Foto wurde ersetzt

Hoffnungsvolle Kunde erreichte uns vor einigen Jahren aus Polen und der CSSR, wo Pilzvergiftungen recht oft vorkommen. Selbst in fortgeschrittenen Stadien der Leberzerstörung hat man dort anscheinend mit dem Medikament Thioctsäure beachtliche Heilerfolge erzielt. Verwechslungen eßbarer Pilze mit dem grünen Knollenblätterpilz beruhen auf Oberflächlichkeit und bodenlosem Leichtsinn. Wenn gelegentlich berichtet wird, ein „guter Pilzkenner" sei einer solchen Verwechslung zum Opfer gefallen, so ist dies entweder unwahr, oder der Pilzkenner war nicht mehr im Vollbesitz seiner geistigen Kräfte.

SS

Der grüne Knollenblätterpilz ist durch so auffällige Merkmale ausgezeichnet, daß man ihn einfach nicht verkennen dürfte. Er sieht genauso aus, wie er in guten Pilzbüchern abgebildet ist: Unten am Stiel befindet sich eine dicke Knolle. Der Pilz war in ihr wie in einem Ei eingeschlossen. Bei seinem Hervorbrechen aus diesem „Hexenei" hinterließ der Pilzkörper eine unregelmäßig aufgerissene, häutige Scheide, aus der der Stiel herausragt. Der Hut ist anfangs gewölbt und an der Unterseite mit einer dünnen Haut bedeckt. Sobald sich der Hut ausbreitet und abflacht, reißt diese Haut ab und hängt als „Ring" oder „Manschette" rings um den oberen Teil des Stiels. Die Hutoberfläche ist oliv grün gefärbt, glänzend und etwas streifig. Die Lamellen auf der Hutunterseite sind weiß oder grünlich überhaucht, niemals aber ockerfarben, rötlich oder braun bis schwarz wie bei den Champignons. Der Pilz riecht kaum (nur alte Exemplare entwickeln zunächst einen honigartigen, später immer unangenehmer werdenden Geruch) und hat einen angenehmen Geschmack. Er verfärbt beim Anschneiden nicht, und alle angeblichen „Giftproben", wie der Silberlöffel oder die Zwiebel, die beim Mitkochen schwarz werden sollen, versagen. Solcher hartnäckig überlieferter Aberglaube sollte endlich verschwinden und der Erkenntnis Platz machen, daß es nur eine Möglichkeit zur Verhütung schwerer Pilzvergiftungen gibt: ein gründliches Kennenlernen der zehn gefährlichsten Giftpilze.

Nur wenige Sammler werden Gelegenheit bekommen, alle diese Arten in der Natur zu sehen. Es genügt aber schon, wenn man sich ihre Merkmale anhand guter Abbildungen und ausführlicher Beschreibungen einprägt. Buchhandlungen bieten eine Reihe von ausgezeichneten Pilzbüchern zu durchaus erschwinglichen Preisen an. Die Qualität dieser Bücher läßt sich am ehesten daran abschätzen, wieviel beschreibender Text den Abbildungen beigegeben ist.

Die Mistel

Die Zauberpflanze in den Baumkronen

JTS 1981

MH

Den jungen und älteren Lesern der Asterix-Bildgeschichten ist der Druide Miraculix wohlbekannt, der in wallendem Gewand und mit einer goldenen Sichel ausgerüstet, in Bäumen herumklettert, um Misteln für seine Zaubertränke zu schneiden. Daß Kelten und Germanen das Sammeln von Misteln tatsächlich mit allerlei Zauberriten umgaben, ist durch viele Berichte überliefert. So schreibt der im 16. Jahrhundert in der Nähe von Zweibrücken beheimatete Hieronymus Bock in seinem berühmten Kräuterbuch: „Und wann sie gedachte Mistel wolten von den beumen bringen, mußten zuvor etliche Ceremonien unnd Opffer geschehen. Alsdann steiget der Priester inn weißen Kleiderern auff den baum, schneidt sie mit einem gulden waaffen heraber. Das ward dann inn einen weißen Mantel entpfangen. Da hielt man wieder Ceremonien unnd ein Gebett, das Gott solchem Gewächß sein krafft wolte lassen."

Bock berichtete weiter, daß nicht nur die Misteln, sondern auch die Bäume, auf denen sie wuchsen, für heilig gehalten wurden. Man sprach der Mistel, besonders wenn sie von einer Eiche geholt worden war, eine umfassende Heilkraft zu, sogar gegen Gespenster und bösen Zauber. Kindern hängte man gerne Mistelteile als Amulett um den Hals. Es gibt plausible Erklärungen dafür, daß man gerade dieser Pflanze derartige Kräfte zusprach. Auch bei nüchtern wissenschaftlicher Betrachtung erweist sie sich als in vieler Hinsicht erstaunliches Gewächs. Sie blüht schon, wenn der Winter noch nicht vergangen ist und bringt – eine Einmaligkeit in der heimischen Pflanzenwelt – bereits im Februar und März reife Früchte hervor. Sie wächst niemals auf dem Erdboden, sondern immer auf den Ästen von Bäumen. Im Winter, wenn diese ihr Laub abgeworfen haben, prangen die Mistelbüsche weiterhin in strotzendem Grün auf dem kahlen Geäst. Ihre dicklichen, ledrigen Blätter wirken ebenso robust wie die gedrungenen Zweige. Ein Mistelbusch kann 70 Jahre alt werden und einen Durchmesser von einem Meter erreichen. Kein Wunder, daß man einer so vitalen Pflanze übernatürliche Kräfte zusprach. Die Tatsache, daß die Misteln auf den Bäumen wachsen, regte schon in frühen Zeiten die Phantasie der Naturbeobachter an. Dabei interessierte sie der Parasitismus noch am wenigsten. Parasiten oder Schmarotzer nennt man bekanntlich Lebewesen, die anderen Nährstoffe entziehen.

Unter den Pflanzen fallen Parasiten besonders auf; ist es doch gerade ein Wesensmerkmal pflanzlicher Lebensweise, in der Ernährung nicht auf andere Lebewesen angewiesen zu sein. Mit Hilfe der Sonnenenergie vollbringen die grünen Pflanzen das Kunststück, aus Kohlendioxid, Wasser und Bodensalzen all die energiereichen und kompliziert gebauten organischen Stoffe zu bilden, aus denen Lebewesen bestehen. Der „Zauberstab", mit dem dieses raffinierte chemische Verfahren in Gang gesetzt wird, ist das Blattgrün (Chlorophyll).

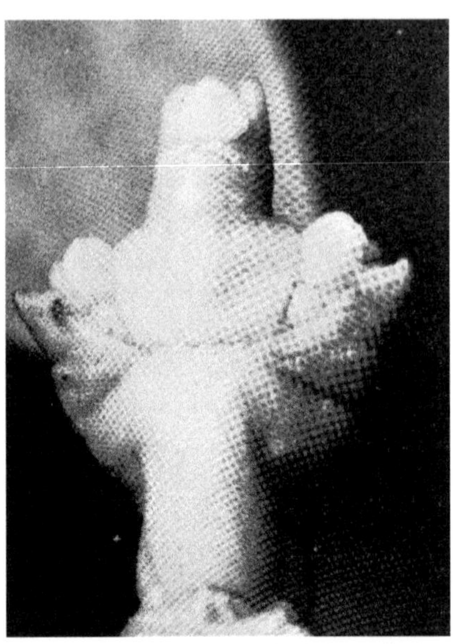

Alles an den Misteln wirkt dicklich, fast aufgedunsen. So auch die grünlichen und unscheinbaren weiblichen Blüten. Zu dritt sitzen sie auf einem kurzen Stiel. *HR*

Parasitische Pflanzen sparen sich diesen Aufwand und holen sich die fertig fabrizierten Nährstoffe kurzerhand aus anderen Pflanzen (selten Tieren). Sie brauchen deshalb auch kein Blattgrün und sind deshalb von bleicher Farbe. Zu diesen Parasiten im strengen Sinn kann die Mistel nicht gehören, denn sie hat Blattgrün in reichem Maße, sogar im Winter. In manchen Ländern dient sie ja unter anderem deswegen als Weihnachtsschmuck. Sie ist also durchaus in der Lage, auf die oben geschilderte Weise organische Stoffe zu bilden. Sie holt sich aus dem Baum, auf dem sie sitzt, lediglich Wasser und Mineralsalze; also das, was „normale Pflanzen" mit ihren Wurzeln aus dem Boden holen. Die Mistel spart sich sozusagen die Mühe, ein weit verzweigtes Wurzelsystem bilden und mit allerlei chemischem und physikalischem Aufwand das Wasser und die fein verteilten Mineralsalze aufsammeln zu müssen. Sie zapft die Leitungsbahnen an, in denen der Baum diese Stoffe nach oben transportiert. Als „Halbparasit" zehrt sie demnach nicht von der organischen Substanz des Baumes. Deshalb kann nur ein sehr starker Befall den Baum schädigen. Da unsere Vorfahren in vergangenen Jahrhunderten diese Sachverhalte pflanzlicher Ernährung nur zum geringen Teil kannten, beschäftigte sie mehr die Frage, wie die Misteln auf die Bäume gelangen. Nach dem Glauben der Germanen fielen sie vom Himmel; sie galten deshalb als heilig.

Hieronymus Bock hatte beobachtet, daß die kleinen dunklen Samen, die man in der weißen Mistelbeere findet, im Boden nicht keimen. Daraus zog er den kuriosen Schluß, daß es sich nur um Scheinsamen handelt, die nichts mit der Fortpflanzung zu tun haben.

Und nun ließ er seiner Phantasie freien Lauf: Ebenso wie einige Knabenkräuter, meint er, entstehen die Misteln aus Samen (Sperma) von Vögeln, nämlich von Amseln und Drosseln. Diese lassen aus ihrer „überflüssigen geylheit" etwas herunterfallen, aus dem dann die Pflanze aufkeimt.

Vögel haben beim Schnabelwetzen Reste der klebrigen Mistelbeeren auf der Rinde eines herabhängenden Zweiges verschmiert. *HR*

Wie viele Phantasiegeschichten alter Autoren enthält auch diese ein Körnchen Wahrheit. Amseln und Drosseln bewerkstelligen tatsächlich Aussaat und Ausbreitung der Misteln, allerdings auf eine Weise, die sich viel mehr im Rahmen des üblichen hält. Da Vögel ihren Kot oft fallenlassen, wenn sie auf Ästen sitzen, gelangen die unverdaulichen Samen der von ihnen verzehrten Mistelfrüchte dorthin, wo sie keimen können: an die Baumrinde. Auch wurde beobachtet, daß die Vögel ihre Schnäbel mit dem klebrigen Fruchtfleisch verschmieren und sie dann an Ästen sauberwetzen. Auch hierbei gelangen Samenkörner an die Baumrinde. Der Samen ist nur ganz kurze Zeit keimfähig und keimt nur in vollem Tageslicht. Schon allein deshalb kann er am grasbewachsenen Boden nicht aufgehen. Anscheinend üben auch Stoffe, die in der Baumrinde enthalten sind, hemmende oder fördernde Wirkungen auf die Keimung aus. Die Mistel befällt nämlich keineswegs alle Baumarten. Genauer müßte man von „den Misteln" sprechen: es gibt nämlich in Deutschland drei Arten, von denen in unserem Gebiet fast nur die Laubholz-Mistel (*Viscum album)* vorkommt. Sie wächst hauptsächlich auf Apfelbäumen, seltener auf anderen Obstbäumen. Eine gewisse Vorliebe hat sie auch für Pappeln und Robinien. Selten findet man sie auf Buchen, Hainbuchen und Birken. Aus dem Samen wächst zunächst eine kleine Scheibe, danach ein senkrecht in die Rinde eindringender Fortsatz. Dieser durchstößt zunächst den Teil des Leitgewebes, in dem die organischen Stoffe transportiert werden, ohne dort etwas aufzusaugen. Erst die weiter innen liegenden Leitungsbahnen für das Wasser und die Mineralsalze werden angezapft. Wenn dies bewerkstelligt ist, bildet der Keimling Zweige und Blätter. Unter der Rinde kann er waagerechte grüne Wurzeln vorantreiben, aus denen Tochterpflanzen hervorgehen.

Auch in der Fortpflanzung ist die Mistel ein Außenseiter; sie gehört zu der Minderheit von Pflanzen, deren Blüten nicht zwittrig sind. Es gibt also männliche und weibliche Mistelbüsche. Die Blüten sind klein und grünlich und werden teils vom Wind, teils von Fliegen bestäubt. Wenn der Mistel einst eine universelle Heilwirkung zugeschrieben wurde, so war das übertrieben. Doch haben auch moderne Forschungen eine ganze Reihe pharmazeutisch wirksamer Inhaltsstoffe zutage gefördert: herzwirksame Viscotoxine, die unverdünnt giftig sind; Cholin und Acetylcholin, die bei der Funktion des Nervensystems eine wichtige Rolle spielen; Histamine, die den Blutdruck beeinflussen; Saponine, die schleimlösende und drüsenanregende Wirkungen haben. Immer wieder ist in alten Kräuterbüchern auch von der Wirkung gegen Geschwüre und Geschwülste die Rede. Das weckte das Interesse der Krebsforscher, die tatsächlich gewisse Anhaltspunkte für eine tumorhemmende Wirkung fanden. Zum Teil beruht diese wohl auf einer Stärkung des Immunsystems durch Inhaltsstoffe der Mistel. Hierüber ist aber das letzte Wort noch nicht gesprochen, und man tappt bezüglich der chemischen Zusammensetzung dieser Wirkstoffe noch weitgehend im dunkeln. Gerade weil sie noch nicht alle Geheimnisse preisgegeben hat, sollten wir dafür sorgen, daß die Mistel ihren Platz in der heimischen Pflanzenwelt behält. Leider aber ist sie durch den Sauberkeitsfimmel in unserem technisierten Zeitalter bedroht. So wurden vor Jahren Prämien dafür bezahlt, daß alte Obstbäume aus den Fluren entfernt und damit auch die Misteln beseitigt wurden. Zum Glück gab es Leute, die die Fragwürdigkeit einer solchen Aktion erkannten und sich überlegten, ob Steuergelder nicht sinnvoller verwendet werden können. Einem für seine Zivilcourage bekannten Ortsbürgermeister an der Mosel verdanken wir es zum Beispiel, daß Anordnungen zu den Akten gelegt wurden, die Misteln unbehelligt blieben und so all die Bilder entstehen konnten, die diesen Artikel illustrieren.

Die runzelige Rinde des Kurztriebes an einem Apfelbaum hat die Keimung eines Mistelpflänzchens erleichtert. Der Samen blieb gut haften, und das Pflänzchen konnte seine Saugwurzel in die Rinde vortreiben. *HR*

(Spätere Ergänzung: Im Jahrbuch 1981 wurde im Aufsatz über die Mistel auf Seite 208 angegeben, diese sei selten auf Buchen zu finden. Offenbar ist aber die Mistel auf Rotbuchen noch nie gefunden worden. Dagegen wächst sie selten auf Eichen.)

Löwenzahn –
einfach für Kräutersammler, schwierig für Botaniker

JTS 2023

Wahrscheinlich ist der Löwenzahn (Abb.1) die Wildpflanze, die bei uns am häufigsten für Speisezwecke gesammelt wird. Die Gründe liegen auf der Hand: Er ist weit verbreitet und leicht zu erkennen. Es gibt keine Giftpflanze, die auf Wiesen zusammen mit ihm vorkommt und ihm ähnlich sieht. Auch wer kein großer Pflanzenkenner ist, braucht deshalb keine Verwechslung zu befürchten.

Abb. 1 *WB*

Im Kreisgebiet hat man vor allem im Hochwald reichlich Gelegenheit, Löwenzahn fern von Straßenrändern und anderen belasteten Örtlichkeiten zu sammeln. Es ist deshalb eine gute Idee, dort alljährlich die ‚Bettsächertage' zu veranstalten. Der derbe volkstümliche Name, ‚Bettsächer', der dem französischen ‚pissenlit' entspricht, verweist auf die harntreibende Wirkung des Löwenzahns. Diese ist jedoch bestimmt nicht stärker als beim Bier und es ist eine drastische Übertreibung, gleich vom Bettnässen zu reden. Als Salat zubereitet sind die jungen Blätter im Frühjahr mit ihrem leicht bitteren Geschmack recht delikat und appetitanregend. Bei schon blühenden Pflanzen nimmt der Gehalt an Bitterstoffen zu. Es lohnt sich dann aber immer noch, einzelne Blätter z. B. unter Kopfsalat zu mischen und dadurch das Angebot an Mineralstoffen und Vitaminen zu erhöhen. Man zählt den Löwenzahn auch zu den Heilpflanzen.

Seine Bitterstoffe regen auf mehrfache Weise die Verdauung an, steigern die Gallenproduktion und damit indirekt die Leber- und Nierenfunktion. Man spricht deshalb volkstümlich von entschlackender oder blutreinigender Wirkung. Wie jedes Heilmittel ist auch der Löwenzahn nicht ohne Nebenwirkungen. Menschen mit Gallen- oder Nierenerkrankungen sollten ihn meiden. Auch wer gegen Arnika, Kamille oder Ringelblume allergisch ist, muss vorsichtig sein.

Botaniker haben mit Löwenzahn ganz andere Probleme. Diese fangen schon damit an, dass es gleich zwei Pflanzengattungen gibt, die in der Fachliteratur mit dem deutschen Namen Löwenzahn bezeichnet werden. Die eine hat den wissenschaftlichen Namen Taraxacum und ist genau das, was wir als Salatsammeln und im Volksmund ‚Bettsächer' oder Pusteblume nennen. Die andere heißt wissenschaftlich Leontodon, was dem klassischen Griechisch entnommen ist und ‚Löwenzahn' bedeutet. Wenn man so will, ist dies deshalb die eigentliche Gattung Löwenzahn. Bei uns ist sie durch den Rauen Löwenzahn (*Leontodon hispidus*) vertreten, ebenfalls eine Wiesenpflanze mit ähnlichen, aber meist rau behaarten Blättern, kleineren Blütenköpfen und etwas späterer Blütezeit. Da auch bei deutschen Pflanzennamen in der Fachliteratur Eindeutigkeit gefordert wird, hat man vorgeschlagen, die Gattung Taraxacum nicht mehr Löwenzahn, sondern Kuhblume zu nennen. Damit werden sich die Verfasser von Wildkräuterliteratur aber wohl nicht anfreunden können.

Abb. 2 *HR*

Das ist aber noch ein kleines Problem gegenüber der Tatsache, dass wir es bei Taraxacum nicht mit einer, sondern mit vielen Arten zu tun haben, die zum Teil nur schwer zu unterscheiden sind. Eine Ahnung davon bekommt man, wenn man sich Löwenzahn-Blätter anschaut, die auf einer einzigen Wiese gesammelt wurden (Abb. 2).

Solche Unterschiede zeigen sich nicht nur bei den Blattformen. Die hohlen Stängel sind unterschiedlich gefärbt und behaart. Und erst die Blütenköpfe, die eine einzelne Blüte vortäuschen, aber ein Komplex von vielen kleinen, zungenförmigen Blüten sind (Abb.1), weisen vor allem in der Gestaltung der Hüllblätter eine große Mannigfaltigkeit auf. Hüllblätter nennt man die dicht gedrängten, grünen Blätter, welche die gelben Zungenblüten umrahmen (Abb. 3 und 4). Botaniker und aufmerksame Kräutersammler haben diese Vielfalt seit eh und je beobachtet, aber lange für individuelle Variabilität gehalten, so wie ja auch bei Mensch und Tier kein Individuum dem anderen gleicht. Vereinzelt ab der Mitte des 18. Jahrhunderts, verstärkt im 19. und 20. Jahrhundert erkannte man aber, dass nur manche dieser Merkmale individuelle Varianten sind. Andere werden – meist sogar als Merkmalskombinationen – konstant von Generation zu Generation weitergegeben. Das bestätigte sich auch bei Kulturversuchen.

Anfangs waren es vor allem skandinavische Forscher, die sich den Löwenzähnen widmeten und erkannten, dass es sich bei den im Großen so ähnlichen, im Kleinen jedoch konstant verschiedenen Sippen um Klone handelt. Sie entstanden dadurch, dass irgendwann infolge von Mutationen die Fähigkeit zur geschlechtlichen Fortpflanzung verloren ging und sich stattdessen Samen ungeschlechtlich d.h. ohne Befruchtung bildeten. Diese enthalten genau das Erbgut der Mutterpflanze, so dass alle Nachkommen genetisch gleich sind, also Klone darstellen. Da diese fortpflanzungsbiologisch isoliert sind, d.h. sich nicht mit anderen Klonen kreuzen können, müssen sie nach der geltenden Definition als Arten bewertet und mit eigenen wissenschaftlichen Artnamen versehen werden. So ergab sich die interessante Tatsache, dass im gut erforschten Europa neue Arten zu entdecken waren und von Spezialisten immer weiter entdeckt werden. Nach dem derzeitigen Kenntnisstand unterscheidet man in Deutschland schon etwas mehr als 400 Taraxacum-Arten. Ausgehend von der Stelle, an der die Mutation stattfand, verbreitete sich eine neue Löwenzahn-Art je nach ihren Umweltansprüchen, aber auch abhängig vom Zeitraum seit der Mutation, über ein kleineres oder größeres Gebiet. Dies kann beispielsweise nur so groß wie ein Teil eines Bundeslandes sein oder fast ganz Europa umfassen. Die meisten Botaniker sind nicht in der Lage, viele oder gar alle Löwenzahn-Arten zu kennen. Das ist schon deshalb Spezialisten vorbehalten, weil für das Suchen und Sammeln gut bestimmbarer, blühender und fruchtender Exemplare nur ein Zeitraum von nicht viel mehr als einem Monat im Frühjahr zur Verfügung steht.

Oft trifft sich in dieser Zeit die ‚Fan-Gemeinde' der Taraxacologen zu Exkursionen, bei denen gemeinsam Landstriche durchkämmt werden. Es ist ein fast schon kurioses Erlebnis, mit einer Gruppe dieser Spezialisten über eine Löwenzahnwiese zu wandern.

Viele Exemplare kaum eines Blickes würdigend, erspähen sie plötzlich schon aus mehreren Metern Entfernung eines, das sich bei näherer Betrachtung als seltene Art erweist oder das in seinen Merkmalen so sehr von Bekanntem abweicht, dass es sich um eine neue, noch unbeschriebene Art handeln könnte.

Abb. 3 *HR*

Abb. 4 *HR*

Im restlichen Jahr benötigt der Löwenzahn-Experte viel Zeit für das Herbarisieren und Studieren der gesammelten Exemplare im Vergleich mit Literatur und anderen Herbarien. Vor allem wenn er eine neue Art gefunden zu haben glaubt, muss er sorgfältig recherchieren, ob nicht doch schon ein anderer sie entdeckt und beschrieben hat. Für den nicht spezialisierten Botaniker gibt es immerhin einige kleinere Löwenzahn-Gruppen, die sich aus der Masse der Arten durch auffällige Merkmale hervorheben und wegen ihrer geringeren Artenzahl leichter zu überschauen und zu bestimmen sind. Etwas Besonderes hat man zum Beispiel immer dann vor sich, wenn die äußeren Hüllblätter nicht wie bei der großen Masse der Löwenzahn-Arten zurückgekrümmt sind (Abb. 3), sondern dem Blütenkopf kelchförmig anliegen (Abb. 4). Diese Löwenzähne sehen daher weniger struppig und irgendwie vornehmer aus. Dazu gehören unter anderem die Sumpf-Löwenzähne, die nur auf feuchten und nährstoffarmen Wiesen vorkommen. Da diese durch die Intensivierung der Landwirtschaft selten geworden sind, gehören die Sumpf-Löwenzähne zu den seltenen und schutzwürdigen Pflanzenarten.

Dass der Kräutersammler sie ahnungslos aussticht und in den Sammelkorb wandern lässt, ist gerade wegen der selten gewordenen Vorkommen unwahrscheinlich. Um es mit Sicherheit zu vermeiden, sollte man Löwenzahn bewusst nicht auf feuchten Wiesen sammeln.

Müller, Frank/Ritz, Christiane M./Welk, Erik/Wesche, Karsten (Hg.): Rothmaler - Exkursionsflora von Deutschland, Gefäßpflanzen: Grundband. Berlin 22 2021.

Gefährdete Pflanzenarten im Trierer Land, Teil 1

Der Lochschlund

JTS 1983

Vorwort:
Eine große Anfrage im Landtag von Rheinland-Pfalz im Sommer 1980 galt der Gefährdung von Pflanzen- und Tierarten. Die Anfrage selbst und die umfangreiche Antwort des zuständigen Ministeriums legen Zeugnis davon ab, daß auch Politiker das Seltenwerden vieler einheimischer Pflanzen und Tiere besorgt wahrnehmen. Sind diese Sorgen berechtigt? Starben nicht zu allen Zeiten der Erdgeschichte Arten aus? Man denke nur an die Riesensippe der Saurier, die ziemlich plötzlich von der Bildfläche verschwand. Hat nicht der als Umweltzerstörer angeprangerte Mensch in Mitteleuropa die Zahl der Pflanzen- und Tierarten sogar vermehrt, indem er seit frühgeschichtlicher Zeit durch seine Rodungstätigkeit die Eintönigkeit der Urwälder unterbrach und mit Wiesen, Äckern, Gebüschen, Wegrändern, Lesesteinhaufen, Gärten, Teichen, Steinmauern und Hütten zahlreiche neue Lebensformen schuf? Es besteht bei Fachleuten Einigkeit darüber, daß dies der Fall war, und es gibt bereits Schätzungen über die Zunahme der Artenzahl. Erst im Zeitalter der Technik und der Industrialisierung kehrte sich die Entwicklung um. Die rasch zunehmende Bautätigkeit, die Intensivierung der Landwirtschaft und die Belastung der Umwelt mit Schadstoffen bedrohten zunehmend die Existenz empfindlicherer Pflanzen- und Tierarten.

Als wichtigste Ursache für das Seltenwerden und Aussterben hat sich die Zerstörung von Biotopen herausgestellt. Unter einem Biotop versteht man einen abgrenzbaren Raum, in dem eine bestimmte Gemeinschaft von Pflanzen und Tieren lebt. Zu den Biotopen, die dem Menschen bei der Nutzung der Landschaft oft im Wege sind, gehören z. B. Sümpfe, Heiden, Brachflächen, ausgefahrene Feldwege, verwilderte Bäche, stillgelegte Sandgruben und altes Gemäuer. Sein Bestreben geht meist dahin, solche Flächen „in Ordnung zu bringen" oder „besser zu nutzen". So legt er Sümpfe und nasse Wiesen trocken, forstet Brachflächen auf, begradigt Bäche und asphaltiert Feldwege. Weiß er aber mit einer Fläche gar nichts mehr anzufangen, kippt er Abfälle hin. Auch in einer Zeit gut organisierter Müllabfuhr ist dies leider gang und gäbe. Gerade auf die solchermaßen geschädigten und zerstörten Biotope ist aber eine große Zahl heimischer Lebewesen angewiesen. Eng angepaßte Arten können bei einer Biotopzerstörung nicht auf benachbarte Flächen ausweichen, sondern gehen zugrunde. Eine Schmetterlingsraupe, die an eine bestimmte Futterpflanzenart gebunden ist, verhungert, wenn man sie auf eine andere Pflanzenart setzt.

Mit dem Hinweis auf Darwins „Kampf ums Dasein“ könnte man sich auf den Standpunkt stellen, es sei ein natürlicher Vorgang, wenn sehr stark spezialisierte und dadurch anspruchsvolle und weniger robuste Arten aussterben; dies auch dann, wenn der Mensch seine Hand im Spiel hat. Man kann auch ihn als Naturfaktor betrachten.
Ein Menschenverächter mag folgenden Gedankengang anschließen: Das Naturwesen Mensch hat sich durch seine Intelligenzentwicklung gegenüber allen Lebewesen durchzusetzen vermocht. Nichts hindert es daran, sich maßlos zu vermehren. Wie alle Massenvermehrungen wird auch diese in einer Katastrophe enden, die zur Selbstausrottung führt. Dann wird die Erde wieder Ruhe haben. Auf dem Trümmerfeld, welches das Ende der kurzen Episode „Menschheitsgeschichte“ in der Erdgeschichte markiert, wird sich in Jahrmillionen Leben in neuer Artenfülle entwickeln. Es lohnt sich also nicht, gegen den Strom zu schwimmen. Je eher der Mensch von der Erde verschwindet, umso besser.
Dieser kurze Ausflug in die Gedankenwelt eines Misanthropen möge klarmachen, daß Naturschutz ein Gebot der Menschlichkeit ist. Es gilt, uns und unseren Nachkommen eine Welt der Vielfalt und der Schönheit zu erhalten, in der es sich leben und nicht nur überleben läßt. Die Fülle der Pflanzen- und Tierarten ist unverzichtbarer Bestandteil einer Umwelt, in der der Mensch Ruhe und Erholung findet und schöpferische Kräfte entwickeln kann. Religiöse Menschen werden darauf verweisen, daß uns die Schöpfung anvertraut ist wie ein kostbares Gut, mit dem es behutsam umzugehen gilt. Wem diese Begründungen nicht rational genug sind, der möge über folgendes nachdenken: Mit jeder aussterbenden Pflanzen- und Tierart geht eine Fülle genetischer Information verloren. Schon mehrfach haben Züchter die Eigenschaften von Kultursorten verbessert, indem sie Wildarten einkreuzten. Nach wie vor gibt es kompliziert aufgebaute Stoffe, die von Lebewesen billiger produziert werden, als dies im chemischen Labor möglich ist. An anscheinend nutzlosen Tieren haben technisch ausgebildete Biologen schon manchen Konstruktionstrick entdeckt, der zur Verbesserung von Geräten und Maschinen benutzt werden konnte.
Ökologen rechnen uns vor, daß Lebensgemeinschaften umso anfälliger gegen Störungen sind, je geringer die Artenzahl ist. Je weniger Arten, desto größer die Gefahr der Massenvermehrung von Schädlingen, umso größer der Bedarf für die Anwendung von Giftstoffen, die ihrerseits wieder zur Verminderung der Artenzahl beitragen – ein Teufelskreis! Die Artikelserie, die mit diesem Vorwort beginnt, soll diejenigen Pflanzenarten des Trierer Landes vorstellen, die am stärksten vom Aussterben bedroht sind. In der kürzlich erschienenen Roten Liste der verschollenen und gefährdeten Blütenpflanzen von Rheinland-Pfalz sind sie unter den Gefährdungskategorien 1 und 2 („vom Aussterben bedroht“ bzw. „stark gefährdet“) eingeordnet. In den Aufsätzen wird auch erläutert, welche Ursachen im einzelnen zur Bedrohung dieser Arten geführt haben.

Der Lochschlund (Anarrhinum bellidifolium)

MH

Dieser unauffällige Rachenblütler aus der Verwandtschaft des Löwenmäulchens gehört zu den seltensten Pflanzen Deutschlands. Er kommt in keinem anderen Bundesland als in Rheinland-Pfalz vor, und auch hier nur an der unteren Saar, im Ruwertal, im Feller Tal und im Moseltal bei Neumagen. Auch außerhalb Deutschlands hat die Pflanze nur ein beschränktes Verbreitungsgebiet. Es umfaßt Spanien und Portugal, große Teile Frankreichs, die Westschweiz und den Alpensüdrand in Italien. Man kann also Südwesteuropa als die Heimat der Pflanze bezeichnen, und ihr Verbreitungsgebiet reicht im Trierer Land gerade noch nach Deutschland hinein. In der geographischen Verbreitung einer Pflanze spiegeln sich ihre klimatischen Ansprüche. Mit einiger Vorsicht kann man deshalb schlußfolgern, daß der Lochschlund auf die milden Winter Südwesteuropas und auf die hohe Luftfeuchtigkeit der dem Atlantik angenäherten Region angewiesen ist. Er meidet das Innere des Kontinents, das durch strengere Winter und trockenere Sommer gekennzeichnet ist. Andererseits sagen ihm offenbar auch die kühlen Sommer Nord- und Nordwesteuropas nicht zu; schon in Nordwestfrankreich wächst der Lochschlund nicht mehr, erst recht nicht in Norddeutschland, Großbritannien und Skandinavien.

Aber auch innerhalb des Areals, das ihm großklimatisch zusagt, ist der Lochschlund wählerisch. Er gedeiht nur in Felsspalten, auf Hangschutt, an steinigen Böschungen und auf steinigen Brachäckern. Das sind Standorte, die nur lückenhaft von Pflanzen bewachsen und deshalb der Sonne ausgesetzt sind. Bei Sonnenschein werden diese Stellen stark erwärmt, was aber wegen der sommerlichen Niederschläge und gut Wasser speichernder, lehmiger Böden fast nie zu starker Trockenheit führt. Wer sich in der Landwirtschaft auskennt, wird bestätigen können, daß Stellen, die all diese Bedingungen erfüllen, rar sind. Lückenhafter Pflanzenwuchs ist fast nie von Dauer: Über kurz oder lang kommt auf Brachflächen Gebüsch auf, und Kräuter werden verdrängt. Die Vorkommen des Lochschlunds sind deshalb unbeständig. In der Umgebung von Trier kommt die Pflanze in der Regel auf Böschungen mit Schieferschutt vor, z. B. in alten Steinbrüchen, an Weinbergswegen und am Fuß felsiger Böschungen im Weinbergsgelände. So lange solche Schieferhalden locker und in Bewegung sind, siedelt sich der Lochschlund nicht an.

Er benötigt schon etwas zur Ruhe kommenden Rohboden. Es liegt auf der Hand, daß auf solchen Böden auch bald andere Pflanzen als Konkurrenten auftreten und dem Lochschlund den Platz streitig machen. Gefahren drohen ihm aber auch von Seiten des Menschen. Flurbereinigungsmaßnahmen in Weinbergslagen führen zum Verschwinden kleiner Brachflächen und Felsriegel. Herbizide driften bei Hubschrauberspritzungen ab und beeinträchtigen die Wildpflanzen auf all den kleinen Flächen, auf denen sie inmitten des bewirtschafteten Landes Zuflucht gefunden haben. Durch solche Einwirkungen sind in den letzten Jahren fast alle Vorkommen des Lochschlunds im unteren Saartal, bei Wawern, Ockfen usw. vernichtet worden. Die meisten Fundstellen liegen heute im Ruwertal bei Waldrach. Neu entdeckt wurden Vorkommen im Feller Tal und bei Neumagen.

Am wenigstens Gefahr droht dem Lochschlund durch das Blumenpflücken. Obwohl er 70 cm hoch werden kann, ist er – wie bereits erwähnt – sehr unauffällig. Als ausdauernde Pflanze (Staude) bringt er nach der Keimung zunächst eine Blattrosette hervor, die der Erde dicht angeschmiegt ist. Die Rosettenblätter sind über einen Zentimeter breit und stark gezähnt. Wegen einer gewissen Ähnlichkeit der Blattrosette mit der des Gänseblümchens hat der Lochschlund den wissenschaftlichen Artnamen „bellidifolium“, d. h. „gänseblümchenblättrig“ bekommen. Völlig andere Gestalt haben die vielen Blättchen an den langen, steif aufgerichteten Stengeln. Sie sind beinahe so schmal wie Tannennadeln. Die blauen Blütchen sind nur wenige Millimeter lang, haben eine gebogene Röhre und nahe dem Blütenstiel einen winzigen, nach vorn gerichteten Sporn. An ihrer Mündung, die wie ein kleines rundes Loch aussieht (daher der Name Lochschlund) bildet die Blütenröhre einen flachen Saum mit mehreren Lappen. Alles dies ist fast nur mit der Lupe zu sehen.

Vom Frühsommer bis in den Herbst hinein entwickelt die Pflanze eine Vielzahl an Blüten. Der in die Länge wachsende Stengel produziert an seiner Spitze laufend neue Knospen. Von unten nach oben schreitet das Aufblühen der Knospen fort, und im Hochsommer findet man an derselben Pflanze Knospen, offene Blüten, verwelkte Blüten, unreife und schon reife Früchte. Die so wählerische Pflanze hat es nötig, eine Unzahl von Samen zu produzieren. Nur wenige davon haben die Chance, an einen neuen geeigneten Wuchsort zu gelangen. Vor Jahren glückte es dem Lochschlund bei Waldrach, eine durch Baggerarbeiten an einem Feldweg neu entstandene Böschung neu zu besiedeln. Diese Stelle liegt abseits der Weinbergsflur, so daß vorerst keine Beeinträchtigung durch Herbizide zu befürchten ist. Hoffen wir, daß dort und anderswo der Lochschlund als Spezialität der trierischen Flora erhalten bleibt.

Literatur:

Busch, P.J. (1939): Drei seltene Pflanzen des Trierer Gebietes. - Rhein. Heimtpfl. 11 143.

HEGI, G. (1956): Illustrierte Flora von Mitteleuropa VI/1. München.

Die steif aufrechten Stengel tragen ganz schmale Blättchen, winzige Blüten und zahlreiche Früchte. *MH*

Der Efeublättrige Hahnenfuß (Ranunculus hederaceus)

JTS 1990

Als der Mensch in frühgeschichtlicher Zeit seßhaft wurde und Landwirtschaft zu betreiben begann, hatte dies zumindest im mitteleuropäischen Raum zur Folge, daß die Zahl der Pflanzen- und Tierarten stetig zunahm. Durch das Roden des Waldes, durch extensive Land-, Forst- und Fischereiwirtschaft, durch das Bauen mit Steinen und Holz entstand eine Vielzahl von Biotopen. In ihnen konnten sich auch solche Pflanzen- und Tierarten ansiedeln, die in einer durchweg von Wald bedeckten Urlandschaft keine geeigneten Lebensstätten gefunden hätten.

Nach einem Höhepunkt biologischer Vielfalt im 18. und 19. Jahrhundert führte dann die Intensivierung aller Wirtschaftsbereiche zu dem dramatischen Artenrückgang, den man heute mit geringem Erfolg durch Naturschutzmaßnahmen zu bremsen versucht. Neben den Arten, die früher recht häufig waren und eindeutig durch Intensivierungsmaßnahmen wie Düngung, Drainage, Saatgutreinigung usw. selten geworden sind, gibt es aber auch einige, die so ausgefallene Ansprüche an ihre Umwelt stellen, daß sie schon immer nur an vereinzelten Stellen leben konnten. Zu ihnen gehört der Efeublättrige Hahnenfuß. Er benötigt zum Gedeihen folgende Umweltbedingungen: ständig nasse, saure und humusarme Schlamm- oder Sandböden; kühles, langsam fließendes Wasser, welches den Boden seicht bedeckt oder ihn zumindest tränkt; volles Tageslicht oder höchstens sehr schwache Beschattung; wohl hauptsächlich wegen dieses Lichtbedürfnisses keine Konkurrenz durch andere Pflanzen. Wer genug Phantasie hat, sich unsere Landschaft vorzustellen (auch in naturnahem Zustand), wird erkennen, daß dies beinahe unerfüllbare Ansprüche sind. Seichtes, kühles Wasser mit Sand- oder Schlammbänken gibt es nur in Quellbächen höherer Lagen – und die fließen normalerweise im Wald und somit in mehr oder weniger starkem Schatten.

Passieren solche Bäche Wiesengelände, sind ihre Sand- oder Schlammufer meist üppig mit Röhrichten bewachsen. Stärkere Bäche, die durch Unterspülen von Ufern Abbrüche bewirken, gelegentlich ihren Lauf verlegen und dadurch immer wieder offene Schlamm- und Sandbänke schaffen, haben dann, wenn sie langsam fließen, im Sommer nicht das vom Efeublättrigen Hahnenfuß benötigte kühle Wasser. Am ehesten ist das noch in Gegenden der Fall, wo aus klimatischen Gründen die Erwärmung des Wassers im Sommer gering ist. Das trifft für Gebiete mit stark ozeanischem Klima zu, und so überrascht es nicht, daß der Efeublättrige Hahnenfuß nur im westlichsten Europa vorkommt.

Schon in unserer Gegend erreicht er die Ostgrenze seiner natürlichen Verbreitung. Nach alledem braucht es nicht zu verwundern, daß es in Rheinland-Pfalz nur eine Handvoll Stellen gibt, an denen diese wählerische Pflanze vorkommt. Offenbar gab es diese Handvoll Stellen durch die Jahrhunderte hindurch, denn auch in der älteren botanischen Literatur werden immer wieder vereinzelte Fundorte der Pflanze genannt. Im 19. Jahrhundert waren sie offenbar noch etwas zahlreicher als heute. Es dürften allerdings nicht permanent die gleichen Stellen gewesen sein, die dem Hahnenfuß die geeigneten Lebensbedingungen boten; denn langfristig gab es auch schon früher immer wieder Veränderungen in der Landschaft. Somit war es für sein Überleben entscheidend, daß seine Samen neu entstandene geeignete Biotope möglichst bald erreichten.

Der Efeublättrige Hahnenfuß hat dazu eine Strategie entwickelt, die man bei vielen Wasserpflanzen findet. Seine Früchte haften am Gefieder von Wasservögeln, z. B. Enten. Diese kommen ja weit herum und lassen sich gerne an seichten, schlammigen Gewässern nieder. So ist es zu erklären, daß der Efeublättrige Hahnenfuß wie viele Wasserpflanzen immer wieder einmal an neuen Orten ohne Zutun des Menschen auftaucht. Nachdem nun so viel über den Hahnenfuß gesagt wurde, ist es Zeit, mit seinem Aussehen bekannt zu machen. Er unterscheidet sich darin stark von den bekannten Hahnenfußarten unserer Wiesen, die ja im Volksmund auch Butterblumen heißen. Wie alle Wasser-Hahnenfußarten, die auch als Froschkraut bezeichnet werden, blüht er weiß. Seine Blüten sind nur wenige Millimeter groß und sitzen einzeln und unauffällig auf ziemlich langen Stielchen an verzweigten Stengeln. Diese wachsen flach auf dem Schlamm entlang und verankern sich immer wieder mit Büscheln von Wurzeln. Die Blätter sind rundlich bis nierenförmig und leicht gebuchtet. Dadurch erinnern sie entfernt an Efeublätter.

Im 19. Jahrhundert und in den ersten Jahrzehnten unseres Jahrhunderts wurde die Pflanze an mehreren Orten des Kreisgebietes gefunden: bei Ayl, Könen, zwischen Konz und Wiltingen, bei Irsch, Krettnach, Oberemmel, Obermennig, Oberzerf, Ollmuth, Reinsfeld, zwischen Ruwer und Grünhaus und bei Tawern. Auch im Randbereich der Stadt Trier (Ehrang, Grüneberg, Olewiger Tal) gab es Fundstellen. Danach hörte man von der Pflanze nichts mehr. Das bedeutet nicht unbedingt, daß sie verschwunden war. Es wird eher darauf zurückzuführen sein, daß in der Zeit der beiden Weltkriege botanische Heimatforschung nicht mehr so intensiv betrieben wurde wie zuvor. Erst 1978 gelang es dem Verfasser, die Pflanze im Kreisgebiet wieder nachzuweisen, und zwar an einem ganz neuen Fundort bei Schillingen im Hochwald.

Besondere Verhältnisse, die mit der Grünlandwirtschaft zusammenhängen, ermöglichen dort dem Efeublättrigen Hahnenfuß gutes Gedeihen. Um es kurz und bündig zu sagen: Er verdankt Kühen seine Existenz.

TMu

Der Flonterbach fließt dort als kleiner Quellbach durch Viehweiden. Der Bach bildet nicht, wie das meist der Fall ist, die Grundstücksgrenze; die Parzellen reichen vielmehr über den Bach hinweg. Dadurch haben die Kühe ungehinderten Zugang zum Bach, den sie als Tränke benutzen. Das wiederum hat zur Folge, daß das Bachufer zertrampelt wird. Dadurch kann nicht die hochwüchsige Staudenvegetation entstehen, die man sonst an Bachufern findet.

Vielmehr erzeugt der Viehtritt einen regelrechten Morast mit vielen offenen Schlammstellen und zahlreichen kleinen Tümpeln. Das sind ideale Biotope für den Efeublättrigen Hahnenfuß. Der Einfluß von Düngestoffen, den die intensive Beweidung mit sich bringt, stört den Hahnenfuß nicht. Die Angabe, er benötige reines, nährstoffarmes Wasser, die man in älterer Fachliteratur und selbst in einigen neueren Veröffentlichungen findet, wurde inzwischen durch zahlreiche Beobachtungen widerlegt.

Der Fortbestand des Vorkommens bei Schillingen ist demnach nur gewährleistet, wenn die Weidewirtschaft in der bisherigen Weise fortgeführt wird. Die für den Naturschutz zuständigen Behörden sollten also möglichst bald mit dem Eigentümer der Viehweiden Kontakt aufnehmen und klären, ob die Bewirtschaftung der Wiesen auch für die Zukunft gesichert ist. Auch muß ein wachsames Auge auf den Bach geworfen werden. Seine Wassermenge und -temperatur darf sich nicht verändern. Ersteres könnte geschehen, wenn in seinem Quellgebiet Trinkwasser gewonnen, letzteres, wenn sein Lauf durch Teiche unterbrochen wurde.

Im Sommer 1989 sah es beinahe so aus, als habe man dem Hahnenfuß den Garaus gemacht. Wohl wegen starker Vernässung der Ufer hatten die Eigentümer das Bachbett neu ausgehoben.

Das geschah jedoch behutsam und der sachkundige Botaniker sah sofort, daß die Maßnahme dem Hahnenfuß nicht geschadet hat – im Gegenteil: auf dem Schlammauswurf beiderseits des Baches waren im Spätsommer zahlreiche junge Sprossen zu sehen. Teilweise waren sie so winzig, daß man sie nur bei intensivem Absuchen finden konnte. In den kommenden Jahren dürfte deshalb mit einer guten Entwicklung des Vorkommens zu rechnen sein.

Der Verfasser hat inzwischen schon etliche schlammige Viehweiden mit kleinen Bächen vergeblich nach dem Efeublättrigen Hahnenfuß abgesucht. Dort waren die Wuchsbedingungen zum Teil genau so günstig wie in Schillingen. Was offenbar fehlte, war der Besuch von Enten, die zufällig Früchte des Hahnenfußes im Gefieder hängen hatten. Wann mag so ein Entenbesuch in Schillingen stattgefunden haben? Wie bei so vielen seltenen Zufallsereignissen in der Natur wird man dies nie erfahren.

Literatur:

Andres, H. (1920): Flora des mittelrheinischen Berglandes. - 396 S., Wittlich

-,- (1926): Zur Flora des Vereinsgebietes. - Sitz.-berg.naturhist.Ver.Rhld.Westf., Teil D: 77-81, Bonn

Löhr, M.J. (1844): Taschenbuch der Flora von Trier und Luxemburg.- 318 S.Trier

Rosbach, H. (1896): Flora von Trier. - 2. Aufl., 428 S., Trier

Schäfer, M. (1826): Trierische Flora. Teil 1. - 252 S., Trier

Die Kornrade (Agrostemma githago)

JTS 1991

Die Kornrade aus der Familie der Nelkengewächse gehört zu den Wildkräutern, deren Häufigkeit in den letzten hundert Jahren ganz rapide abgenommen hat. Noch gegen Ende des 19. Jahrhunderts gab es kaum einen Getreideacker, in dem sie nicht als Unkraut zu finden war, und die Botaniker der damaligen Zeit bezeichneten sie übereinstimmend als „gemein", d. h. überall häufig.

Ich erinnere mich noch, nach dem Zweiten Weltkrieg als Kind in meiner rheinhessischen Heimat die Kornrade immer wieder einmal am Rande von Getreidefeldern gesehen zu haben. Heute dagegen ist es ein ganz außergewöhnliches Ereignis, der Blume zu begegnen; für Botaniker Anlaß zu einer Fundmeldung in der Fachliteratur. Unter diesen Umständen mußte die Kornrade in die rote Liste der ausgestorbenen, verschollenen und gefährdeten Farn- und Blütenpflanzen aufgenommen werden, und zwar sowohl für Rheinland-Pfalz als auch das gesamte Bundesgebiet mit dem Gefährdungsgrad 1 (vom Aussterben bedroht).

Bevor die Ursachen des Rückganges erläutert werden, sei die Pflanze zunächst einmal vorgestellt: Die Kornrade ist einjährig. Sie keimt entweder im Herbst oder im Frühjahr. Im Laufe des Frühsommers wächst ziemlich rasch ein unverzweigter oder höchstens am Grunde schwach verzweigter, nicht besonders kräftiger Stengel heran. An ihm sitzen schmal zugespitzte Blätter, jeweils paarig einander gegenüber, wie es für die Nelkengewächse typisch ist. Stengel und Blätter sind mit Flaumhaaren bedeckt, die der Pflanze eine graugrüne Farbe verleihen. Die hoch aufgeschlossene Wuchsform ist als Anpassung an den Lebensraum „Getreidefeld" zu sehen. Die Kornrade kann mit dem raschen Wachstum der Getreidehalme Schritt halten. Auf hohe Standfestigkeit des Stengels kommt es nicht an, da es zwischen den vielen Getreidehalmen genug Stütze gibt.

Vom Juli bis manchmal in den September hinein entwickeln sich an langen Stielen die unverkennbar geformten Blüten. Auffällig ist an ihnen neben der schönen dunkelpurpurnen Farbe, daß die schmalen Kelchblätter viel länger sind als die farbigen Kronblätter. Ihre Spitzen ragen deshalb ziemlich weit hervor. In der Fachliteratur ist zu lesen, daß die Blüten trotz ihrer Auffälligkeiten nur wenig von Insekten besucht werden und sich deshalb vorwiegend selbst bestäuben. Das mag für den Lebensraum Getreidefeld zutreffen, der für Insekten wegen der windblütigen Getreidepflanzen ohnehin nicht attraktiv ist.

In blumenreichen Gärten, in welche die Kornrade neuerdings als dekoratives Wildkraut Einzug hält (gefördert durch den Gartenfachhandel) läßt sich anderes nachweisen. Im eigenen Garten konnte ich beobachten, daß der Schwalbenschwanz auf die Kornrade ganz versessen war und sie wochenlang gezielt anflog. Man könnte denken, daß die an Speichen eines Rades erinnernden Kelchblätter zum deutschen Namen Kornrade geführt haben. Die Experten für deutsche Pflanzennamen nehmen dies aber nicht an, da die althochdeutsche Form „rato" und die Tatsache, daß auch die männliche Form „der Kornraden" vorkommt, auf einen anderen, noch ungeklärten Ursprung hinweisen.

Auffällig an der Blüte sind die langen Kelchblätter *MH*

Es braucht nicht zu verwundern, daß die auffällige Pflanze noch eine Reihe weiterer volkstümlicher Namen bekommen hat, z. B. Rote Kornblume, Roggennägeli, Kornrose, Kornmännlein, Pißpöttken (Rheinland) usw. Die langen Kelchblätter veranlaßten Kinder zum Drehen der Blüten zwischen den Fingern, wobei die Kelchblätter als Uhrzeiger betrachtet wurden. Daher die Namen „Kornuhr" oder „Uhrenblume". Der wissenschaftliche Gattungsname Agrostemma besteht aus den griechischen Wortbestandteilen agros (Acker) und stemma (Kranz). Letzteres soll auf die schöne Radform der Blüte hinweisen. Der hinter dem Gattungsnamen stehende Artname „githago" enthält das lateinische Lehnwort „git", das aus den semitischen Sprachen kommt und „Schwarzkümmel" bedeutet. Mit dessen Samen haben die etwa drei Millimeter großen, schwarzen und warzigen Samen der Kornrade Ähnlichkeit. Mit den Samen nun hängt die Gefährdung der Kornrade unmittelbar zusammen.

In den vergangenen Jahrhunderten waren sie Teil der Überlebensstrategie des Getreideunkrautes: Da sie aus den engen Fruchtkapseln nicht leicht herausfielen, wurden sie zusammen mit dem Getreide geerntet. Da sie nicht viel leichter sind als Getreidekörner, konnten sie mit den alten Reinigungsmethoden nur schwer entfernt werden. So blieben sie als Verunreinigung zwischen den Getreidekörnern und wurden mit dem Saatgut wieder aufs Feld gebracht. Übrigens waren dies nicht seit eh und je Eigenschaften der Kornradensamen. Prähistorische Funde beweisen, daß die Samen ursprünglich viel kleiner waren und erst in der Eisenzeit im Zuge des Getreideanbaues die Größe angenommen haben, welche das Aussondern erschwerte – ein schönes Beispiel für Anpassung im Sinne der Darwin'schen Evolutionslehre.

Als Verunreinigung im Brotgetreide waren die Samen nicht harmlos, denn sie enthalten Saponine, die in größerer Menge giftig sind. Bei starker Verunreinigung (früher manchmal bis zu sieben Prozent) kam es deshalb gelegentlich zu Schädigungen der Nebenniere. Diese waren zwar nicht lebensbedrohend, erhöhten aber die Anfälligkeit gegen den Leprabazillus, der ja in früheren Jahrhunderten durchaus auch in Mitteleuropa eine Rolle spielte. Mit dem Aufkommen der modernen Getreide-Reinigungsmaschinen nützte der Kornrade ihre Strategie nichts mehr. Ganz radikal konnte sie jetzt aus dem Saatgut entfernt werden. Herbizide waren nicht einmal mehr nötig, um sie aus den Getreidefeldern zu verbannen. Rein wirtschaftlich ist dies natürlich ein Erfolg. Ein Stück Natur oder, besser gesagt, alter Kultur ging damit allerdings verloren. Oder doch noch nicht ganz?

Wie man von ortskundigen Naturbeobachtern hört, sollen im Kreis Trier-Saarburg ein paar letzte Häuflein aufrechter Kornraden aller Widrigkeiten zum Trotz ihre Stellung in der Feldflur halten. Verraten sei, daß es im Hochwald ist, wo zähe Burschen ja schon immer zu Hause waren. Für den Naturschutz ist es nicht einfach, etwas für die Erhaltung der Kornrade in unserer Heimat zu tun. Ihr Biotop ist ja nicht unberührte Natur, sondern das Ackerland, dessen Boden immer wieder umgepflügt werden muß, damit sich keine geschlossene Grasdecke oder gar Gebüsch oder Wald entwickeln kann. Alle diese Vegetationsformen sagen der Kornrade nicht zu. Sie hat sich eben ganz und gar an das Getreidefeld und seinen Wachstumsrhythmus angepaßt. Auch wenn wir ihr im Ziergarten einen Freiraum bieten, ist dies kein vollwertiger Ersatz. Dies zeigt sich schon daran, daß die Stengel der Kornrade sich mangels Halt durch Getreidehalme meist schon während der Blütezeit umlegen und so recht untypische Wuchsformen entstehen. Man bemüht sich deshalb, in Freilichtmuseen Getreidefelder nach alter Art anzulegen, indem man bei der Aussaat die Samen der selten gewordenen Getreideunkräuter mit aussät.

Die langen Stengel der Kornrade sind eine Anpassung an das Wachsen zwischen Getreidehalmen *MH*

Das sind kleine Hilfen, die nicht darüber hinwegtäuschen dürfen, daß die große Zeit eines so hochspezialisierten Ackerunkrautes, das zudem noch Giftstoffe enthält, endgültig vorbei ist.

Der Rundblättrige Sonnentau (Drosera rotundifolia)

JTS 1992

Der Sonnentau ist eine der wenigen bei uns vorkommenden fleischfressenden Pflanzen. Dieser etwas unheimlich klingende Begriff weckt bei manchen Menschen Horrorfilm-Visionen von mindestens kniehohen Schlinggewächsen. Der Sonnentau entspricht ganz und gar nicht dieser Vorstellung, denn er ist ein Winzling, den man im Gelände manchmal suchen muß. Pflanzenfotografen nehmen ihn aus nächster Entfernung auf. So entstehen Nah- oder Makroaufnahmen, welche ebenfalls dazu beitragen, daß man die Größe des Pflänzchens überschätzt. Wenn bei botanischen Exkursionen der Sonnentau in der Natur gezeigt wird, hört man immer wieder einmal den Ausruf: „So klein habe ich ihn mir nach den Bildern nicht vorgestellt!"

Dies sei vorausgeschickt, damit auch unsere Abbildungen nicht zu Fehleinschätzungen führen. Abbildung 1 zeigt die gesamte Pflanze. Sie besteht aus einer Rosette langgestielter Blättchen, die auf der Oberfläche und vor allem am Rande mit Drüsenhaaren besetzt sind. Es handelt sich dabei um Haare, die am Ende klebrige Tropfen absondern, welche in der Sonne glänzen. Darauf bezieht sich der Name Sonnentau. An den Klebtropfen bleiben kleine Insekten hängen. Ist dies geschehen, krümmen sich die Haare langsam nach innen und hüllen die Beute ein; in der Regel zappeln die kleinen Tierchen noch lange und sterben schließlich an Entkräftung. Aus der Blattfläche wird ein Verdauungssaft abgesondert, der die Eiweißstoffe der gefangenen Tiere auflöst. Das Verdaute wird von den Blättern durch die Oberhaut aufgenommen. Von den Insekten bleiben nur die Chitinhüllen übrig, die an den wiederaufgerollten Blättern noch eine Zeitlang hängen bleiben und schließlich vom Wind fortgeweht werden. Fleischliche Nahrung paßt nun so gar nicht zu einer Pflanze, zumal wenn sie, wie der Sonnentau, über Blattgrün verfügt.

Abb. 1: Rundblättriger Sonnentau. Gesamtansicht der 8 cm hohen Pflanze *TMu*

Dieser Farbstoff macht es ja möglich, mit Hilfe des Sonnenlichts aus Wasser, Kohlendioxid und ein paar Bodennährsalzen alle lebenswichtigen Bau- und Betriebsstoffe wie Eiweiße, Fette und Kohlenhydrate selbst aufzubauen. Die Pflanzen haben es deshalb nicht nötig, andere Lebewesen auszubeuten oder zu erbeuten und sind deshalb in der Regel ganz und gar friedliche Geschöpfe. Was veranlaßt nun einige Außenseiter wie den Sonnentau, beutesuchenden Raubtieren nachzueifern? Um das zu verstehen, muß man die Lebensräume (Biotope) kennen, in denen der Sonnentau wächst. Es sind Moore oder nasse Stellen an Waldwegen und Gräben, in Sandgruben oder an felsigen Böschungen. Gemeinsam ist allen Biotopen ständige Nässe, geringe oder keine Beschattung und äußerste Armut an Nährstoffen, vor allem Stickstoff (Nitrat).

Daß eine Pflanze sonnige Standorte bevorzugt, ist gut zu verstehen. Auch Nässe muß für eine wasserhungrige Pflanze nichts negatives sein. Ist aber extremer Nährstoffarmut eine positive Seite abzugewinnen? Für den Sonnentau ist sie tatsächlich auch nur indirekt von Nutzen. Sie sorgt für schwachen und lückenhaften Pflanzenwuchs. Das ist es, was der konkurrenzschwache Sonnentau braucht. Dicht wachsenden Gräsern z. B. wäre er ganz schnell unterlegen. Indem er die Fähigkeit erwarb, sich über tierisches Zubrot Stickstoff zu besorgen, schaffte er es, mit der extremen Nährstoffarmut (vor allem Nitratarmut) seines Biotops fertig zu werden.

Am wohlsten fühlt er sich offenbar da, wo außer seinesgleichen überhaupt nichts wächst, z. B. auf offenem Schlamm oder auf nassen oder überrieselten Sandflächen. Dort kann er geradezu Massenbestände bilden. Solche Stellen sind natürlich dünn gesät, und der Sonnentau hat dort als Pionier nur vorübergehend sein Eldorado. Über kurz oder lang machen sich Binsen oder Sumpfmoose als Konkurrenten breit, und dann sieht es schon nicht mehr rosig aus. Wo gibt es überhaupt noch nasse Flächen ohne Bewuchs? Im Hochwald sorgen Wildschweine für ihre Entstehung. Sie benutzen nasse Quellmulden in Mooren als Suhlen und verhelfen damit dem Sonnentau zu offenen Schlammflächen. Dies jedoch nur dann, wenn der Schlammbadebetrieb nicht zu intensiv und nicht zu sehr auf einen Punkt konzentriert ist. Auch das gelegentliche Instandsetzen von Waldgräben durch Ausbaggerung kann, wenn es behutsam und in kleineren Abschnitten durchgeführt wird, vorhandene Sonnentauvorkommen fördern, da auch hierbei die nötigen Bödenentblößungen geschaffen werden. Die meisten Sonnentauvorkommen in unserem Gebiet befinden sich allerdings nicht auf Schlamm-, oder Sandflächen, sondern auf Torfmoosdecken. Torfmoose (Gattung *Sphagnum*) haben die Eigenart, dicht an dicht zu wachsen und in Mooren ausgedehnte Teppiche zu bilden. Dies ist die einzige Konkurrenz, an die sich der Sonnentau angepaßt hat, und zwar auf eine kuriose Weise: Im Herbst schrumpft er bis auf eine Überwinterungsknospe und ein paar Wurzeln zusammen.

Da die Torfmoose aber bis spät in den Herbst hinein und sogar in milden Winterperioden weiterwachsen, gerät die Sonnentauknospe ins Innere der Torfmoosdecke hinein. Wenn sie im Frühjahr austreibt, bildet sie ganz rasch ein hauchdünnes Stengelchen, das senkrecht nach oben wächst, bis es ans Licht kommt. Dort entwickelt sich dann die straff ausgebreitete Blattrosette. Diese kann von den wachsenden Torfmoosen allenfalls angehoben, aber nicht überwuchert werden.

Damit sind noch längst nicht alle Kuriositäten des Sonnentaus beschrieben. Da wären noch die winzigen, nur etwa zwei Millimeter großen Blüten zu nennen, die zu fünf bis zehn an einem dünnen geraden Stengel aufgereiht sind. Selbst zur Hauptblütezeit im Juni und Juli öffnen sie sich nur vormittags für wenige Stunden. Trotz dieser kurzen Öffnungszeiten, deren Sinn unbekannt ist, werden sie durch kleine Fliegen und Mücken fast immer bestäubt. Die Früchte sind braune, längliche Kapseln, die an den inzwischen länger gewordenen Stengeln recht auffällig über die Torfmoospolster emporragen, weshalb man den Sonnentau im fruchtenden Zustand schon aus größerer Entfernung entdeckt.

Die winzige Blüte ist nur 2 bis 3 mm groß und nur vormittags geöffnet *MH*

Die Samen sind winzig klein und fast ohne Nährgewebe, was auch für die Samen unserer heimischen Orchideen typisch ist. Wegen ihrer etwas aufgeblähten Samenschale werden sie vom Wind erfaßt und bis mehr als zehn Kilometer weit weggetragen.

Bevor die Sonnentaupflanze im Herbst größtenteils abstirbt, wartet sie mit einer weiteren Merkwürdigkeit auf: Aus den zerfallenen Blättern können zahlreiche Brutknospen entstehen, aus denen an Ort und Stelle im nächsten Jahr neue Sonnentaupflanzen hervorgehen. Vor etwa 20 Jahren untersuchte eine Schülerin aus der Pfalz dieses Phänomen und wurde damit beim Wettbewerb „Jugend forscht" Bundessiegerin. Sie stellte fest, daß sich die Brutknospen gerade dann bilden, wenn die zentrale Kontrolle über das Wachstum und den Stoffwechsel zusammenbricht. Kleine Gruppen von Zellen des zerfallenen Gewebes proben sozusagen den Aufstand und machen sich selbständig. Die Ähnlichkeit mit aktuellen politischen Geschehnissen ist verblüffend. Schön wäre es, wenn ähnlich wie beim Sonnentau die aus zerfallenen Imperien entstehenden Teile schon im nächsten Jahr zu neuer Blüte gelangten.

Auch daß es beim Sonnentau so abläuft, ist nicht selbstverständlich. Man könnte sich durchaus vorstellen, daß die selbstständig gewordenen Zellgruppen ihre neu gewonnene Freiheit zügellos zu ungehemmtem und chaotischem Wachstum nutzen. So etwas vollzieht sich ja bei der Krebsentstehung. Deshalb dürfte es für die Grundlagenforschung interessant sein, auf welche Weise beim Sonnentau in den selbstständig gewordenen Zellgruppen sofort wieder ein Steuerungszentrum entsteht, welches die einzelnen Zellen zu planmäßiger Kooperation veranlaßt und sie somit einem neu entstandenen Individuum dienstbar macht. Trotz dieser geradezu unheimlichen Vermehrungsfähigkeit ist der Sonnentau in Mitteleuropa selten geworden, da viele seiner Biotope durch Trockenlegung, Torfabbau usw. vernichtet wurden.

In der roten Liste der verschollenen und gefährdeten Farn- und Blütenpflanzen für Rheinland-Pfalz ist er als „gefährdet" eingestuft. Das ist zwar nicht die höchste Gefährdungsstufe, doch weist auch sie auf einen beträchtlichen Artenrückgang hin. Im Kreis Trier-Saarburg gibt es vor allem im Hochwald und im Bundsandsteingebiet vom Trierer Stadtwald bis zum Bereich des unteren Kylltals noch ein paar Vorkommen.

Außer dem Rundblättrigen Sonnentau kommen in Deutschland zwei weitere Sonnentauarten vor, die noch erheblich seltener sind und die man an ovalen bzw. länglichen Blattflächen erkennt. Es sind dies der Mittlere Sonnentau (*Drosera intermedia*) und der Langblättrige Sonnentau (*Drosera anglica*). Beide Arten kommen im Raum Trier nicht vor; auch in früheren Zeiten gab es sie hier nicht. Die nächst gelegenen Vorkommen findet bzw. fand man im Saarland und in der Pfalz. Der Langblättrige Sonnentau ist dort bereits ausgestorben.

Literatur:

Düll, R. & Kutzelnigg, H. (1986): Botanisch-ökologisches Exkursionstaschenbuch. - 3.Aufl., 416 S., Heidelberg: Quelle & Meyer.

Haeupler, H. & Schönfelder, P. (1989): Atlas der Farn- und Blütenpflanzen der Bundesrepublik Deutschland. - 768 S., Stuttgart: Ulmer.

Hand, R. (1991): Floristische Übersicht für den Regierungsbezirk Trier. - Dendrocopos, Sonderband 1: 1-159, Trier.

Zwei seltene Dickblattgewächse

JTS 1993

Allgemeines über die Dickblattgewächse
Wenn von wasserspeichernden Pflanzen, den sogenannten Sukkulenten, die Rede ist, denkt man zunächst an Kakteen und andere exotische Gewächse. Es gibt jedoch auch in der einheimischen Flora Pflanzenarten, die Wasser speichern. Sie tun dies nicht wie die Kakteen mit Hilfe verdickter Stengel, die in kugel- oder säulenförmige Gebilde umgewandelt sind. Bei den einheimischen Sukkulenten haben vielmehr die Blätter die Aufgabe der Wasserspeicherung übernommen. Sie sind deshalb nicht wie üblich flach und dünn, sondern auffallend dick, damit Raum für das wasserspeichernde Gewebe in ihrem Inneren zur Verfügung steht. Die Pflanzenfamilie, zu der fast alle einheimischen Sukkulenten gehören, hat von daher den bezeichnenden Namen Dickblattgewächse. Haben es Pflanzen in unserer Klimaregion überhaupt nötig, Wasser zu speichern? Wir leben doch nicht in einer Steppen- oder Halbwüstengegend?

Sucht man die Stellen auf, an denen unsere Dickblattgewächse wachsen, so stellt man fest, daß der Wasserhaushalt dort unausgeglichen ist. Wuchsorte sind z. B. steinige Böschungen, Felshänge, Mauern, Geröllhalden usw. Im Sommer kann es dort außergewöhnlich heiß und trocken sein, vor allem, wenn es sich um nach Süden oder Südwesten geneigte Flächen handelt. Mit Temperaturen bis zu 50 Grad herrscht an Sonnentagen ein Kleinklima, das man durchaus mit dem Steppenklima vergleichen kann. Gerade im trockenen Sommer 1992 konnte man beobachten, daß an Böschungen und Felshängen schon im Juni viele Pflanzen vertrockneten. Die Dickblattgewächse überstanden dank ihrer Wasserspeicherung die Trockenperiode unbeschadet. Um die Pflanzenfamilie konkreter vorzustellen, seien einige ihrer häufigeren Vertreter genannt: Am bekanntesten ist wahrscheinlich die Hauswurz oder Dachwurz (*Sempervivum tectorum)* mit ihrer Rosette aus dicken, ovalen und scharf zugespitzten Blättern. Sie kommt im Kreisgebiet zwar nicht wildwachsend vor, ist aber von alters her eine beliebte Zierpflanze. Vor allem im Moseltal findet man sie in den Dörfern auf Mauerkronen gepflanzt. Das geht auf uraltes Brauchtum zurück. Die häufigsten wildwachsenden Dickblattgewächse sind die Mauerpfeffer-Arten (Gattung *Sedum*), die sehr schmale, rundliche bis fast nadelförmige Blätter haben. In unserer engeren Heimat gibt es deren sechs: am stattlichsten ist der gelbblühende Felsen-Mauerpfeffer (*Sedum rupreste*[3]), für den es auch die aus Frankreich stammende Bezeichnung Tripmadam gibt. Man findet ihn in Massen an alten Weinbergsmauern.

---

[3] Heute: *Petrosedum rupreste*

Felsen-Mauerpfeffer *MH*

In bunter Mischung wachsen dort Exemplare mit blaugrünen bis rein grünen Blättern. Die bläuliche Färbung wird durch einen Wachsüberzug verursacht, der die Verdunstung herabsetzt. An Weinbergsmauern trifft man auch den Weißen Mauerpfeffer (*Sedum album*) an. Er hat weiße Blüten und prallrunde, oft rot angehauchte Blättchen. Neuerdings ist er ein wichtiger Bestandteil der Flachdach-Begrünung. Beide Arten kommen von Natur aus an Felshängen vor. Dort, sowie an sandigen Stellen, wächst auch der Scharfe Mauerpfeffer (*Sedum acre*). Er ist sehr zierlich; seine mit gelben Blüten geschmückten Blütentriebe werden nur etwa 5 cm hoch. Ihm sehr ähnlich ist der ziemlich seltene Milde Mauerpfeffer (*Sedum sexangulare*). Die zwei übrigen Arten, ausgesprochene Seltenheiten, werden weiter unten ausführlich vorgestellt. Ebenfalls zur Gattung Sedum gehören einige Pflanzenarten, bei denen die dicklichen Blätter nicht rundlich, sondern flach und breit sind. Sie werden Fetthennen genannt. In der Umgebung von Trier kommt als wildwachsende Pflanze nach bisherigem Kenntnisstand nur die Purpur-Fetthenne (*Sedum purpurascens*) vor. Sie wandert gelegentlich von selbst in Gärten ein (z. B. im Neubaugebiet in Trier-Ruwer) und entwickelt sich auf den guten Gartenböden, auch wegen der verminderten Konkurrenz, zu einer prächtigen Zierpflanze. Damit sind die häufigeren Dickblattgewächse kurz vorgestellt.

Zwei seltene Vorboten der Flora Südwesteuropas

Ausführlich sollen nun zwei sehr seltene Arten dargestellt werden: das Rötliche Dickblatt (*Sedum rubens*), das in Deutschland einzig und allein in Trier vorkommt, und der Zierliche Mauerpfeffer (*Sedum forsteranum*), der nur im Moselraum einschließlich Eifel und Hunsrück sowie an wenigen Stellen im oberen Nahegebiet wächst. Wie ist diese außerordentlich geringe Verbreitung in Deutschland zu erklären? Beide Pflanzenarten haben ihre Hauptverbreitung in Südwesteuropa (Spanien, Frankreich) und erreichen im Moselraum gerade noch Deutschland. Sie benötigen ein Klima, das durch milde Winter und eher feuchte Sommer gekennzeichnet ist. Vor allem letzteres überrascht, da man von wasserspeichernden Pflanzen doch gerade eine Anpassung an trockene Sommer erwartet. Schaut man sich die beiden Pflanzen an, so wird deutlich, daß sie weniger robust sind als die oben erwähnten Dickblattgewächse.

Ihre Blätter sind zwar auch dicklich und mit wasserspeicherndem Gewebe gefüllt, aber dünnhäutiger. Anscheinend dient ihnen das Speicherungsvermögen zum Überstehen kürzerer und weniger extremer Trockenperioden.

Das Rötliche Dickblatt (Sedum rubens)

Früher wurde die Pflanze meist der Gattung Crassula zugerechnet, da sie im Blütenbau nicht mit den Mauerpfeffer-Arten übereinstimmt. Heute bewertet man diese Unterschiede anscheinend nicht mehr hoch und gliedert die Pflanze wieder der Gattung Sedum ein. Sie sieht tatsächlich auch ganz so aus wie eine Mauerpfeffer-Art. Die wurstförmigen Blättchen sind in Folge eines Wachsüberzuges meist blaugrün gefärbt und rötlich gepunktet, manchmal auch rötlich überhaucht. Die an schräg abstehenden Ästen aufgereihten Blüten haben weiße Blütenblätter, zu denen die bei der Reife rot werdenden Fruchtknoten einen hübschen Kontrast bilden.

Rötliches Dickblatt *MH*

Die Pflanze wird nur bis zu 5 cm hoch. Im Gegensatz zu den übrigen Mauerpfeffer-Arten ist sie einjährig. In strengen Wintern überwintern nur Samen, in milden Wintern auch kleine Blattrosetten, die im Spätsommer gekeimt sind. Die Samen keimen offenbar nur an Stellen, die dem vollen Tageslicht ausgesetzt sind. Demzufolge ist die Pflanze sehr konkurrenzschwach und auf Standorte mit sehr lückenhaftem Bewuchs angewiesen. Das sind in unserer Gegend schiefrige Böschungen, an denen das nachrutschende Gesteinsmaterial dichten Bewuchs verhindert. Da die Pflanze aber extrem trockene Stellen meidet, kommen keineswegs alle Schieferböschungen in Frage.

Die Pflanze wurde in Trier erst 1835 oder 1836 durch den Apotheker von der Marck „bei der Spitzmühle an einer Hecke" entdeckt. Das ist in der Nähe des heutigen Friedrich-Wilhelm-Gymnasium. Wie Hand (1988) ausführlich berichtet, gab es dann weitere Funde bei Trier-Euren, im Zewener Tal und an einer Böschung beim untersten Mattheiser Weiher. Schon 1940 waren durch Bebauung oder Verbuschung alle Vorkommen bis auf das am Mattheiser Weiher verschwunden. Auch dieses ging trotz der Unterschutzstellung als Naturdenkmal durch Überwucherung mit Schlehen zugrunde. Heute existiert nur noch ein 1954 entdecktes, extrem gefährdetes Vorkommen an einer Straßenböschung am Petrisberg.

Das Vorkommen ist nicht spontan entstanden, sondern geht auf Bemühungen in den 40er Jahren zurück, das Überleben der Pflanze zu sichern. Der damalige Leiter der Stadtgärtnerei, der verstorbene Gartenbaudirektor Rettig, führte zu diesem Zweck Aussaaten an geeigneten Standorten durch.

Der Samen stammte von dem Vorkommen am Mattheiser Weiher bzw. von Pflanzen, die daraus in der Stadtgärtnerei vermehrt wurden. Das etwas blasse Aussehen der Blüten und die Kleinheit der Pflanze auf Abb.1[4] zeigt deutlich an, daß die Wuchsbedingungen an der genannten Stelle nicht mehr ideal sind. Starker Gehölzaufwuchs im angrenzenden Garten verursacht zu viel Schatten und Feuchtigkeit. Demzufolge wird auch die Konkurrenz durch andere Pflanzenarten erhöht. Den Naturschutzbemühungen sind auf dem in Privateigentum befindlichen Gelände enge Grenzen gesetzt. Man muß deshalb ständig damit rechnen, daß dieses letzte Vorkommen des Rötlichen Dickblattes in Trier, das auch das einzig noch bekannte in Deutschland ist, verschwindet. Es gäbe dann in und um Trier nur noch Vorkommen in Gärten. Aus der Stadtgärtnerei gelangte nämlich Saatgut in mehrere Gärten naturkundlich interessierter Bürger in Trier und Umgebung. Genaues darüber, in wieviel Gärten die Pflanze heute noch vorkommt, weiß man nicht. Auf Umwegen gelangte von Herrn Rettig stammendes Saatgut auch in den Garten des Verfassers. Dort bietet eine Schieferböschung der Pflanze ideale Wuchsbedingungen. Sie entwickelt dort prächtige, reich blühende bis zu 15 cm große Durchmesser. Wäre die Blüte- und Lebenszeit der einjährigen Pflanze nicht so kurz, könnte man sie durchaus als dekorative Zierpflanze schätzen lernen.

Wie viele Vegetationskundler lehnt es der Verfasser ab, Samen in der freien Natur auszusäen. Man vertuscht damit die spontanen Florenveränderungen, die wichtige Anzeiger für Umweltveränderungen sind. Es wäre allenfalls vertretbar, unter Aufsicht der Naturschutzbehörden neue geeignete Biotope für die Pflanze zu schaffen und – falls die Pflanze wegen ihres schwachen Ausbreitungsvermögens nicht von selbst dorthin gelangen kann – ebenfalls mit Wissen der Behörden dort Aussaaten vorzunehmen. Diese müßten an zentraler Stelle dokumentiert werden, damit sie nicht fälschlich für spontan entstandene neue Vorkommen gehalten werden können, was falsche wissenschaftliche Schlußfolgerungen nach sich zieht.

Der Zierliche Mauerpfeffer (*Sedum forsteranum*)

Er ist weit weniger gefährdet, da es im Eifel-Mosel-Hunsrück-Raum zahlreiche Vorkommen gibt. Da die Pflanze aber außerhalb von Rheinland-Pfalz in Deutschland nirgends vorkommt, muß sich unser Bundesland zu ihrem Schutz verpflichtet sehen.

---

[4] Abbildungen wurden ersetzt

Der Zierliche Mauerpfeffer ist sehr nahe mit dem häufigen Felsen-Mauerpfeffer verwandt. Es gibt von diesem dünnblättrige Formen, die dem Zierlichen Mauerpfeffer sehr ähnlich sehen und manchmal mit ihm verwechselt werden. Im Zweifelsfall erlauben aber mehr als fünf Merkmale (einige nur bei starker Lupenvergrößerung sichtbar) eine sichere Unterscheidung.

Wie schon der Name sagt, ist der Zierliche Mauerpfeffer in allen Teilen zarter gebaut als der Felsen-Mauerpfeffer. Seine Blätter sind schmaler und dünner. Die nicht blühenden Triebe sind beim Felsen-Mauerpfeffer meist mehr als 5 cm lang, beim Zierlichen Mauerpfeffer kürzer, anfangs fast kugelig. Mit ihren dicht stehenden Blättern erinnern sie entfernt an Zapfen von Nadelbäumen. An den Blütentrieben sterben schon während der Blütezeit im unteren Teil die Blätter ab, bleiben aber braun und verdorrt lange haften. Beim Felsen-Mauerpfeffer findet man in diesem Bereich höchstens Ansatznarben abgefallener Blätter. Der Zierliche Mauerpfeffer blüht einige Wochen früher als der Felsen-Mauerpfeffer und mit etwas satterem Gelb. Beim Aufblühen haben die Blütenstände mehr kugeligen Umriß, während sie beim Felsen-Mauerpfeffer eine eher flache Scheindolde bilden. Nach der Blüte verwelken die Blütentriebe des Zierlichen Mauerpfeffers sehr rasch zu dünnen, zerbrechlichen Strünken, so daß nur die niedrigen, sterilen Triebe übrigbleiben. Schon im Juli wird die Pflanze dadurch so unauffällig, daß man sie nicht mehr leicht findet, während der Felsen-Mauerpfeffer ganzjährig kaum zu übersehen ist. Das hat auch etwas mit den unterschiedlichen Standorten zu tun. Der Zierliche Mauerpfeffer ist nämlich viel weniger als der Felsen-Mauerpfeffer eine Pflanze steinigen Geländes. Er kommt zwar gelegentlich auf Steinhalden vor, viel öfter jedoch in mageren, lückigen Wiesen auf sehr flachgründigem Boden. Dort ist er nach dem Abblühen oft zwischen Gräsern versteckt und leicht zu übersehen. Während der Felsen-Mauerpfeffer mit langen Wurzeln in Felspalten und Mauerfugen vordringt und dort die geringsten Reste von Feuchtigkeit und Nährstoffen ausnutzt, benötigt der Zierliche Mauerpfeffer wenigstens eine dünne Humusauflage und weniger extreme Standortverhältnisse.

Aus dieser Biotopbeschreibung folgt, daß die Veränderung unserer Kulturlandschaft auch für den Zierlichen Mauerpfeffer nicht günstig sein kann. Magere Wiesen, auf denen die konkurrenzschwache und lichtbedürftige Pflanze vor hochwüchsigen Konkurrenten bewahrt wird, verschwinden aus unserer Landschaft mehr und mehr, da extensiv genutzte Flächen für die Landwirtschaft nicht mehr rentabel sind. Auch an Straßenböschungen, an denen es zurzeit in der Nähe von Mertesdorf Massenvorkommen des Zierlichen Mauerpfeffers gibt, kann sich die Pflanze nur vorübergehend entfalten. Über kurz oder lang wird sie dort vom aufkommenden Gebüsch verdrängt werden.

Man muß deshalb dafür Sorge tragen, daß Gebiete mit besonders reichen Vorkommen des Zierlichen Mauerpfeffers unter Naturschutz gestellt werden. Eine solche Fläche gibt es bei Pellingen. Erst neuerdings haben junge Botaniker entdeckt, daß dort zahlreiche weitere seltene Pflanzenarten vorkommen. Es ist zu hoffen, daß das einmalige Gebiet schnell unter Schutz gestellt werden kann.

Es sei noch erwähnt, daß der Zierliche Mauerpfeffer eine sehr dekorative, gärtnerisch anscheinend noch unentdeckte Steingartenpflanze ist. Wächst er im vollen Sonnenlicht, färben sich die Blätter der Blütentriebe rot und bilden einen schönen Kontrast zu den gelben Blütenbüscheln.

Zierlicher Mauerpfeffer *TMu*

Es muß darauf hingewiesen werden, daß der Verfasser keine ausgegrabenen Pflanzen in seinen Garten geholt hat. Alle Exemplare stammen von einer halbvertrockneten Blattrosette ab, die beim Wegebau mit Wurzeln aus einer Böschung gerissen worden war und durch Einpflanzen in einen Blumentopf und kräftiges Gießen gerettet werden konnte. In begrenztem Umfang kann der Verfasser Saatgut an Interessenten weitergeben.

Literatur:

Hand, R. (1988): Das Vorkommen des Rötlichen Dickblatts (Sedum rubens) im Raum Trier – Anmerkungen zu Verbreitung und Schutz. Dendrocopos, 15: 157-160

Eine 100 Jahre lang verschollene Wildrose wiedergefunden

JTS 1994

In Deutschland gibt es ungefähr 25 Arten von Wildrosen. Der Leser dieses Satzes wird stutzen und fragen: Warum kann man bei einer so überschaubaren Zahl nur eine ungefähre Angabe machen? Der Grund ist folgender: In der Verwandtschaftsgruppe der Hundsrosen, die den größten Teil der einheimischen Wildrosen ausmachen, gibt es eine enorme Variabilität der Merkmale und fast fließende Übergänge zwischen den Arten. Die Ursache sind komplizierte genetische Verhältnisse und eine absonderliche Fortpflanzung. Auf sie kann hier nicht mehr eingegangen werden, da zu ihrem Verständnis vielfach Wissen erforderlich ist.

Bei einer Verwandtschaftsgruppe, in der „alles fließt", hat es der Systematiker schwer; seine Aufgabe ist es ja, die Formenfülle der Pflanzen und Tiere dadurch überschaubar zu machen, daß er sie in Arten einteilt und diese mit einem wissenschaftlichen Namen versieht. Arten müssen gegeneinander abgegrenzt werden. Wenn die Natur jedoch wie bei den Wildrosen keine klaren Grenzen vorgibt, muß der Systematiker selbst Grenzziehungen vornehmen. Er muß z. B. entscheiden, ob eine Hundsrose, die nur durch behaarte Blätter von der üblicherweise unbehaarten Art abweicht, lediglich als Varietät der Hundsrose oder als eigene Art zu bewerten ist.

Die Bewertungen, die hier vorgenommen werden müssen, dürfen nicht willkürlich sein, sondern müssen genetische und fortpflanzungsbiologische Erkenntnisse berücksichtigen. Diese sind zum Teil nur aufgrund langwieriger Forschungsarbeiten zu gewinnen. Das alles führt dazu, daß die Fachleute sich über die Einteilung der Wildrose noch nicht einig sind. Während diejenigen, die für stärkere Zusammenfassung der Typen sind, nur auf 21 Arten kommen, bringen es diejenigen, die stärker aufgliedern möchten, auf 29 Arten.

Halten wir uns vorerst am goldenen Mittelweg von 25 Arten. Vier davon kommen nur in den Alpen oder deren näherer Umgebung vor. Von den restlichen 21 sind immerhin 17 in der Umgebung von Trier gefunden worden. Unsere Gegend ist demnach nicht nur reich an Orchideen, sondern auch an Wildrosen. Mit diesen befassen sich allerdings nur wenige Naturfreunde genauer, und selbst manche Botaniker machen einen großen Bogen darum. Die Gründe dafür sind nicht nur die schon erwähnte große Variabilität vieler Wildrosen und die schwierige Abgrenzbarkeit der Arten gegeneinander; es kommt hinzu, daß es zum Teil recht unauffällige Merkmale sind, anhand derer man die Rosenarten erkennt.

Der Rosenspezialist muß immer eine starke Lupe dabeihaben und sich Feinheiten wie die Behaarung der Blätter und die Zähnung des Blattrandes anschauen.

Mehrere Rosenarten kann man erst im Spätsommer lange nach der Blütezeit bestimmen, da es sehr wichtig ist, wie sich die Kelchblätter in dieser Zeit verhalten: ob sie sich früh nach unten zum Blütenstiel hin krümmen und schon vor der Rotfärbung der Hagebutten abfallen, sich waagerecht ausbreiten, sich schräg oder gar senkrecht aufrichten und dann noch lange an den reifen Hagebutten haften bleiben. Wen solcher Beobachtungsaufwand nicht schreckt, der kann in der Umgebung von Trier noch so manche Rarität der Wildrosenflora entdecken.

Die Essigrose (Rosa gallica)

Es gibt auch Wildrosenarten, die sich stark von allen anderen unterscheiden und schon mit bloßem Auge sehr leicht zu erkennen sind. Zu diesen gehört die Essigrose. Sie fällt allein schon dadurch auf, daß sie ein geradezu kümmerliches Sträuchlein bildet, das meist nur zwischen 50 cm und einem Meter hoch wird. In Abb.1 ist ein Exemplar zu sehen, das kaum über Kleepflanzen und Gräser hinausragt. Die Pflanze investiert Wachstum mehr in unterirdische Ausläufer. Diese entwickeln sich reichlich und schicken immer wieder kleine Sträucher nach oben, so daß man meist ganze Scharen davon antrifft. Ganz unverwechselbar ist das Stachelkleid der kleinen Schößlinge. Es besteht nämlich aus einem Gemisch ganz verschieden geformter Stacheltypen. Neben kräftigen, gekrümmten Stacheln, wie wir sie von der Hundsrose kennen, stehen kleine, nadelförmige Stacheln, die teilweise eher wie Borsten als wie Stacheln aussehen. Dazwischen gibt es allerlei Übergänge. Die Blättchen der meist fünfzählig gefiederten Blätter sind oft etwas größer als bei anderen Wildrosenarten und etwas ledrig und teilweise wintergrün. In starkem Kontrast zur Kleinheit der Sprosse stehen die recht großen Blüten. Sie erreichen Durchmesser von sechs bis neun Zentimetern und sind damit meist mehr als doppelt so groß wie die Blüten der anderen Wildrosen. Zudem sind sie kräftig dunkelrosa gefärbt (Abb.2) und fallen deshalb schon von weitem auf.

Abb. 1 *HJD*

Zweifellos ist die Essigrose eine der schönsten Wildrosen. Die Schönheit der Blüten ist allerdings sehr vergänglich, denn die Blütenblätter fallen sowohl bei heißer Witterung als auch bei Wind und Regen sehr schnell ab, manchmal schon am Tag des Aufblühens.

Man fragt sich, warum eine so schöne Rose den seltsamen Namen Essigrose bekommen hat, zumal sie keineswegs nach Essig riecht. Auch der von dem berühmten schwedischen Botaniker Carl von Linné aufgestellte wissenschaftliche Name Rosa gallica ist irreführend. Er bedeutet soviel wie „französische Rose".

Die Pflanze kommt zwar in Frankreich vor, doch liegt der Schwerpunkt ihrer Verbreitung in den Gebirgen des Balkans und des Mittelmeerraumes bis hin zum Schwarzen Meer. Schon im Mittelalter wurde die Essigrose in die Gärten geholt. Durch Züchtung entstanden zahlreiche Kultursorten. Man kreuzte diese Züchtungen mit anderen Rosenarten, z. B. mit Kultursorten der *Rosa centifolia*, über deren wildwachsende Vorfahren noch Unklarheit besteht. Aus dieser Kreuzung ging wahrscheinlich die Damaszener-Rose (*Rosa damascena*) hervor. Alles dies waren in zurückliegenden Jahrhunderten, vor allem in der Zeit der prächtigen barocken Gärten, die bedeutendsten Gartenrosen. Heute spielen die direkt auf Rosa gallica zurückgehenden Züchtungen keine so große Rolle mehr, doch dürfte auch in vielen modernen Rosensorten noch etwas gallica-Erbgut stecken. Inzwischen sind aber so viele andere Arten eingekreuzt worden, daß der gallica-Anteil meist nicht mehr genau abzuschätzen ist. Da wohl in der Vergangenheit die Essigrose immer wieder einmal aus Gärten verwilderte, ist bei den Vorkommen in Deutschland nicht immer sicher, ob es sich um urwüchsige (autochthone) Vorkommen handelt. Gewisse Hinweise geben allerdings die Pflanzen selbst. Je weniger Züchtungsmerkmale sie aufweisen und je mehr sie der wilden Stammform gleichen, umso wahrscheinlicher ist es, daß sie nicht aus Gärten verwildert sind.

Abb. 2 *HJD*

Das Vorkommen der Essigrose am Liescher Berg bei Wasserliesch

Die Essigrose ist in Rheinland-Pfalz äußerst selten. Eine knappe Handvoll Fundstellen kennt man in der Oberrheinebene zwischen Ludwigshafen und Speyer. Außer diesen wurden im Lande nur noch drei weitere Fundorte bekannt: einer bei Bad Kreuznach, einer bei Boppard und als dritter der Liescher Berg (in der botanischen Literatur manchmal Reiniger Berg genannt) bei Wasserliesch. Dort wurde die Pflanze um 1875 herum entdeckt, nach Angaben von Rosbach (1880) von einem Katastersekretär namens Probst (wahrscheinlich bei Vermessungsarbeiten). Aus der Literatur geht nicht eindeutig hervor, ob dieser die Pflanze auf dem Liescher Berg oder auf dem in Richtung Tawern sich anschließenden Rosenberg fand. Durch ihn erfuhr der Trierer Arzt und Freizeit-Botaniker Heinrich Rosbach (siehe Jahrgang 1979 des Jahrbuches, S. 125) von dem Vorkommen. Rosbach suchte den Liescher Berg und den Rosenberg systematisch ab und fand die Pflanze „stellenweise auf der ganzen Höhe …, besonders am Nordwestrande" (also in der Umgebung der Liescher Kapelle) „... und bei Punkt 73/178 bis zum Rosenberg hin".

Die Punktangabe bezieht sich auf die preußische Generalstabskarte, für die Rosbach ein eigenes Koordinatensystem zur punktgenauen Angabe von Pflanzenfundstellen ausgedacht hatte. Es gibt uns die Möglichkeit, die von Rosbach angegebenen Fundstellen fast metergenau zu lokalisieren. Die angegebene Stelle liegt gut 200 Meter südsüdwestlich der Liescher Kapelle und ist heute von ziemlich dichtem Wald bedeckt, so daß die lichtbedürftige Essigrose dort nicht mehr gedeihen kann und deshalb vergeblich gesucht wurde. Rosbach starb zwei Jahre nach seinen Erkundungen am Liescher Berg.

Ein weiterer Freizeit-Botaniker befaßte sich ebenso intensiv mit den dortigen Rosenvorkommen: der damals in Saarbrücken wohnende Apotheker Ferdinand Wirtgen (1848-1924), Sohn des bisher bedeutendsten rheinischen Botanikers Philipp Wirtgen (1806-1870). Er sammelte Belege der Essigrose für sein Herbarium, die sich heute in Museen in Bonn und anderswo befinden. Da bei solchen Herbarbelegen genaue Funddaten angegeben sind, wissen wir, daß Wirtgen sich z. B. im Jahr 1886 auf dem Liescher Berg aufgehalten hat. Danach wird es zumindest in der botanischen Literatur still um die Essigrose.

Der Lehrer und Freizeit-Biologe Peter Josef Busch (1871-1957), der in der ersten Hälfte des 20. Jahrhunderts als einziger die botanische Heimatforschung in Trier weiterführte, erwähnt die Essigrose in keiner seiner Veröffentlichungen. Offenbar waren die Vorkommen stark zurückgegangen und man fand die Pflanze anscheinend nicht mehr. Die Vermutung, sie könnte verschwunden sein, wurde ab 1960 fast zur Gewißheit.

Mehrere Freizeit-Botaniker, von denen einige sogar in Wasserliesch wohnen, achteten bei ihren Wanderungen auf die Essigrose und bekamen nie eine zu sehen. Auch der Verfasser suchte bei einer Bestandsaufnahme der Wildrosen am Liescher Berg vergebens und teilte deshalb mit, die Pflanze sei dort offenbar ausgestorben (Reichert 1989). Umso überraschender und erfreulicher, daß der 100jährige Dornröschenschlaf der schönen Rose im Juni 1992 beendet wurde. Ganz durch Zufall entdeckte man einige Exemplare 100 Meter von der Stelle entfernt, die Rosbach punktgenau angegeben hatte. Der Verfasser führte an diesem Tag eine Gruppe von Botanikern der Universität Mainz, welche die Flora in der Umgebung von Trier etwas näher kennenlernen wollten. Nachdem man sich Halbtrockenrasen mit Orchideen und anderen Raritäten angesehen hatte und botanisch voll auf seine Kosten gekommen war, wollte man noch die schöne Aussicht von der Liescher Kapelle aus genießen und überlegte, ob man auf direktem Weg dorthin wandern oder noch einen kleinen Umweg machen sollte. Nach einigem Zögern entschied man sich für den Umweg. Einer der Teilnehmer, ein Student, eilte voraus und ging etwas vom Wege ab, um an der Rinde eines Baumes Flechten zu untersuchen.

Dabei fiel sein Blick auf eine große, dunkelrosa gefärbte Rosenblüte, wie er sie in freier Natur noch nie gesehen hatte. Herbeigerufen, erkannte der Verfasser schon aus einigen Metern Entfernung die so lange Verschollene. Es standen wenige Exemplare da, fast versteckt im Gras, und wäre nicht gerade eine Blüte offen gewesen, hätte man das Vorkommen mit Sicherheit übersehen, und der Dornröschenschlaf hätte wohl noch weitere Jahre gedauert. Auch am folgenden Tag hätte man nichts mehr bemerkt, denn die schon sehr lockeren Kronblätter hätten den Nieselregen, der bald nach der Entdeckung einsetzte, nicht überstanden. Zum Glück gab es noch einige Knospen, die einige Tage später aufblühten, so daß die in Wasserliesch wohnenden Freizeit-Botaniker Peter Kohns und Hans-Jörg Dethloff das Vorkommen durch Farbfotos dokumentieren konnten.

Aufgabe der nächsten Jahre wird es sein, intensiv nach weiteren Exemplaren zu suchen und falls nötig durch biotopgestaltende Maßnahmen die Wuchsbedingungen für die Essigrose zu verbessern, damit dieses Juwel der trierischen Flora erhalten bleibt.

Literatur

Reichert, H. (1989): Der Reiniger Berg bei Wasserliesch an der Obermosel, ein bedeutender Wildrosen-Fundort. - Decheniana, 142: 14-28, Bonn

Rosbach, H. (1880): Flora von Trier. - 1. Aufl., XV + 428 S., Trier: Groppe

Vier Zwerge unter den botanischen Raritäten unserer Heimat

JTS 1995

In dieser Folge sollen vier kleine und unauffällige Pflanzen vorgestellt werden, die man nicht im Vorbeigehen bemerkt, sondern nur bei intensiver Suche findet. Meist sind sie zwischen Gräsern und anderen Kräutern versteckt. Dies erschwert auch das Fotografieren am Standort, da man keinen ruhigen Hintergrund hat, vor dem sich die Pflänzchen abheben. So waren denn auch keine geeigneten Aufnahmen verfügbar, weshalb die vier Pflanzen anhand von Zeichnungen vorgestellt werden.

Alle vier wurden in den letzten Jahren entdeckt bzw. wiederentdeckt. Eine war im Kreis Trier-Saarburg bisher noch nie gefunden worden. Die drei übrigen seit vielen Jahren verschollen. Die Funde hängen damit zusammen, daß die Erforschung der Pflanzenwelt in der Umgebung von Trier seit etwa 15 Jahren viel intensiver betrieben wird als zuvor. Das hat zum einen etwas mit der Wiederbegründung der Trierer Universität zu tun, deren Abteilung Geobotanik im Rahmen von Examensarbeiten und Forschungsprojekten viele Geländeuntersuchungen durchführt. Zum anderen ging aus dem Naturschutzbund (NABU) eine Arbeitsgemeinschaft zur floristischen Kartierung im Regierungsbezirk Trier hervor, die von dem Biologen Ralf Hand geleitet wird und sich eine flächendeckende Bestandsaufnahme der Farn- und Blütenpflanzen des gesamten Regierungsbezirkes zum Ziel gesetzt hat.

Alle vier seltenen Pflanzen wurden auf kargen Schieferböden rechts der Mosel, also auf der Hunsrückseite, gefunden. Sie wachsen dort in mageren Wiesen, die wohl ehemals als extensive Mähwiesen, zum Teil wohl auch als Schafweiden genutzt wurden und heute größtenteils brach liegen. Wie bei so vielen gefährdeten Pflanzen unserer Heimat treffen wir also wieder auf Biotope, die durch alte landwirtschaftliche Nutzungsformen entstanden sind. Diese lohnen sich heute nicht mehr.

Bleiben die Flächen brach liegen, wachsen allmählich höhere Stauden auf, nach längerer Zeit auch Büsche und Bäume. Das bedeutet das Ende für die kleinwüchsigen und lichtbedürftigen Pflanzen, um die es in diesem Beitrag geht. Will man sie erhalten, müssen die Flächen entweder weiter bemäht oder gelegentlich durch Wanderschafherden beweidet werden.

Nun seien die vier seltenen Arten im einzelnen vorgestellt:

1. Streifenklee (Trifolium striatum), Abb.1

Seine Sprossen (Abb.1a) wachsen meist niedrigliegend und werden nur etwa 10 cm lang. Auch im blühenden Zustand ist das Pflänzchen sehr unauffällig. Zwar sind wie bei allen Kleearten zahlreiche Blüten zu einem Köpfchen zusammengefaßt; die einzelnen Blüten (Abb.1b) sind jedoch nur 2 mm lang, zartrosa gefärbt und wenig geöffnet. Am ehesten fällt bei genauem Hinsehen noch der rotbraun gestreifte Kelch auf. Zusammen mit den ebenfalls gestreiften Nebenblättern am Grunde der Blattstiele hat er der Pflanze den Namen gegeben. Das Pflänzchen blüht im Juni und Juli. Nach der Blüte vergrößern sich die Köpfchen und aus jeder Blüte geht wie bei allen Kleearten eine nußartige Hülse hervor. Das Fruchtköpfchen des Streifenklees mit seinen bräunlichgelben, stark gerieften Früchten (Abb.1c) ist auffälliger als das Blütenköpfchen, weshalb Vorkommen der Pflanzen schon öfter erst anhand der Fruchtköpfchen entdeckt wurden. Heinrich Rosbach gibt in seiner Flora von Trier (1880, 1896) Fundstellen im Saarland und in der Eifel, aber keine im Kreis Trier-Saarburg an. Peter Josef Busch, der als einziger in der ersten Hälfte unseres Jahrhunderts die Flora um Trier studierte, fand die Pflanze anscheinend überhaupt nicht. Unseres Wissens war es die vor kurzem verstorbene Mainzer Freizeit-Botanikerin Lieselotte Rosenau, die als erste den Streifenklee im Kreis Trier-Saarburg nachwies, und zwar bei einer vom Verfasser geführten Wanderung im Jahr 1981 in der Flur „Mossems Anwand" bei Waldrach. Seither haben die Kartierungen der oben erwähnten Arbeitsgemeinschaft weitere Nachweise bei Waldrach, bei Konz und an mehreren Stellen im unteren Saartal bei Wiltingen und Ayl erbracht.

2. Platterbsen-Wicke (Vicia lathyroides), Abb.4

Wie der Streifenklee gehört diese Wicke zur Familie der Schmetterlingsblütler oder Hülsenfrüchtler. Sie ist die kleinste unter den einheimischen Wicken und bildet wie der Streifenklee niederliegende bis etwas aufsteigende Triebe von nur 7 bis 20 cm Länge. Die 5 bis 8 mm langen, hellviolett gefärbten Blüten stehen einzeln und fallen deshalb wenig auf. Übersehen wird die Pflanze aber auch, weil sie schon im zeitigen Frühjahr (April, Mai) blüht und nach der Blüte rasch verwelkt. Auch hier sind es manchmal die Früchte, die einen am ehesten auf die Pflanze aufmerksam machen. Schon im Mai findet man an den Trieben vollentwickelte Hülsen. Im nicht blühenden Zustand kann man die Pflanze von anderen Wicken dadurch unterscheiden, daß das Ende der Fiederblätter nur von einem grünen Spitzchen oder allenfalls einer unverzweigten, ziemlich kurzen Ranke gebildet wird. Von der Platterbsen-Wicke kannte Rosbach nur eine unsichere Fundmeldung von Kyllburg. Für den Kreis Trier-Saarburg gibt es keine einzige Angabe in der älteren Literatur. Doch sollen in wissenschaftlichen Herbarien in Bonn und München einige wenige Belege vorhanden sein, die um die Jahrhundertwende an der unteren Saar gesammelt wurden.

Vor wenigen Jahren entdeckte Frau Prof. Dr. Barbara Ruthsatz (Universität Trier, Geobotanik) zusammen mit dem Diplomanden Oliver Kuhnen ein Vorkommen mit zahlreichen Exemplaren am Hochbüschkopf bei Waldrach. Dadurch zur Suche angeregt, fanden der Verfasser und später Ralf Hand am Hochbüschkopf weitere Wuchsstellen. Allein schon durch das Vorhandensein der Platterbsen-Wicke, aber auch durch die Untersuchungen von Oliver Kuhnen ist nachgewiesen, daß es im Umkreis von Waldrach gut erhaltene Silikat-Magerwiesen gibt, die in hohem Maße schutzwürdig sind. Es ist deshalb vorgesehen, Teile des Hochbüschkopfs als Naturschutzgebiet auszuweisen.

3. Frühe Haferschmiele, Nelkenhafer (Aira praecox), Abb.2

Es handelt sich um eines unserer kleinsten Gräser. An besonders nährstoffarmen Stellen bildet es Zwergformen, die nur 5 cm hoch werden und dennoch zum Blühen kommen. Auch an günstigen Standorten erreicht es selten eine Länge von mehr als 20 cm. Es blüht von Mai bis Juni und damit früher als die nah verwandte Haferschmiele (die keinen Beinamen hat), welche etwas häufiger ist und sich durch eine stärker verzweigte, lockere Rispe unterscheidet. Die Frühe Haferschmiele ist eine ausgesprochene Sandpflanze und kommt in den weiten Sandgebieten Norddeutschlands in größeren Beständen vor. In Süddeutschland ist sie dagegen sehr selten und zudem in starkem Rückgang begriffen, weshalb sie in Rheinland-Pfalz und weiteren Bundesländern in die Rote Liste der gefährdeten Pflanzenarten aufgenommen wurde. Als Wuchsorte kommen bei uns nämlich nur solche Stellen in Frage, wo silikatreiches Gestein zu feinem Sand oder zumindest zu sandigem Lehm verwittert. Dies tut vor allem der Sandstein, in geringerem Maß jedoch auch der Schiefer. Stark beschattet dürfen die Stellen nicht sein, weshalb geschlossene Wälder kein geeigneter Lebensraum sind. Am ehesten kommen deshalb Magerwiesen, trockene Wegränder, Felsplateaus und ähnliches in Frage. Rosbach (1880, 1896) gab Fundstellen im Buntsandsteingebiet links der Mosel (Weißhaus, Kockelsberg) und auf dem Hauptfriedhof an. Friedhöfe sind übrigens öfter Zufluchtsorte für seltene Pflanzen, die in der freien Landschaft wegen der intensiven Nutzung selten geworden sind. In der Zeit nach Rosbach wurden diese Vorkommen nicht mehr bestätigt. Vor kurzem gelang dem jungen Botaniker Steffen Caspari ein Nachweis bei Pellingen in einem Gebiet, das außerordentlich reich an seltenen Pflanzen, aber auch sehr gefährdet ist. 1992 glückte ihm dort ein noch viel bedeutenderer Fund, den man gut und gern als Sensation bezeichnen kann. Er entdeckte die in weiten Teilen Mitteleuropas ausgestorbene Weißmiere (siehe folgenden Abschnitt).

4. Weißmiere (Moenchia erecta), Abb.3

Dieses nur 3 bis 10 cm hohe Nelkengewächs gehört zu den größten Raritäten der europäischen Pflanzenwelt. Es ist zweifellos die seltenste Pflanze, die in der gesamten Artikelserie über gefährdete Pflanzenarten des Trierer Landes beschrieben wurde.

In Rheinland-Pfalz und in vielen anderen Bundesländern wird sie in den Roten Listen als ausgestorben oder verschollen geführt. Wir wissen noch nicht genau, weshalb gerade diese Pflanze der sandigen, kalkfreien Magerrasen so enorm zurückgegangen ist. Andere Arten solcher Standorte sind zwar mehr oder weniger selten, aber keineswegs überall verschwunden. Das Pflänzchen, das nach dem im 18. Jahrhundert tätigen hessischen Botaniker C. Moench benannt ist, gehört zu einer Untergruppe der Nelkengewächse, die man als Mieren im weitesten Sinne bezeichnet. Wie alle Nelkengewächse hat es gegenständige Blätter; am Stengelgrund sind diese zu einer Rosette zusammengedrängt. Wie bei allen Mieren und im Gegensatz zu den Nelkengewächsen im engeren Sinne sind die Blütenblätter nicht im unteren Teil röhrenartig verwachsen, sondern völlig getrennt. Typisch für Mieren sind auch die geringe Größe und die weiße Farbe der Kronblätter. Jedoch kann man die Weißmiere leicht an der Anzahl der Kelchblätter und Kronblätter erkennen: Es sind vier und nicht fünf wie bei allen ähnlichen Gattungen. Die Weißmiere war noch nie häufig, doch gab es im vorigen Jahrhundert im Kreisgebiet und im Bereich der Stadt eine größere Zahl von Vorkommen. Michael Schäfer, der Verfasser der Trierischen Flora (1826) nennt den Markusberg, den Kockelsberg und den Wolfsberg als Fundstellen. Heinrich Rosbach gibt folgende Vorkommen an: Kürenz, Mariahof, St. Matthias, am Altenhof im Biewertal, in einem Straßengraben hinter Pellingen, bei Kommlingen und Morscheid.

In unserem Jahrhundert wurde die Pflanze aber nicht mehr gefunden, obwohl immer wieder danach gesucht wurde. So nahm man sie unter der Rubrik „verschollen“ in die Rote Liste auf. In diesem Zusammenhang ist Rosbachs Angabe „Straßengraben hinter Pellingen“ von besonderem Interesse. Diese Fundstelle muß ganz in der Nähe der jetzt entdeckten gelegen haben. Möglicherweise hat die Pflanze in diesem Bereich seit dem vorigen Jahrhundert überlebt, ohne daß dies jemand bemerkte. Ob es ihr weiter gelingen wird, hängt davon ab, ob die Eigentümer des Geländes Naturschutzmaßnahmen unterstützen. Das Vorkommen beschränkt sich nur auf wenige Quadratmeter und ist schon von daher sehr gefährdet. Leider war in vergangenen Jahren zu beobachten, daß gerade dort die Magerwiesen mit Blaukorn gedüngt wurden. Düngung jedoch bekommt der Weißmiere nicht, da sie der Konkurrenz höherwüchsiger Pflanzen nicht standhalten kann.

Mit dieser Folge kommt die Artikelserie über gefährdete Pflanzenarten im Trierer Land, die 1982 begann, zum Abschluß. Von Fall zu Fall können Nachträge folgen, vor allem dann, wenn weitere verschollene Pflanzenarten wieder entdeckt werden. Ansonsten soll vom nächsten Jahr an über Neulinge in unserer Pflanzenwelt berichtet werden, die aus anderen Regionen, meist aus fernen Ländern, eingewandert sind.

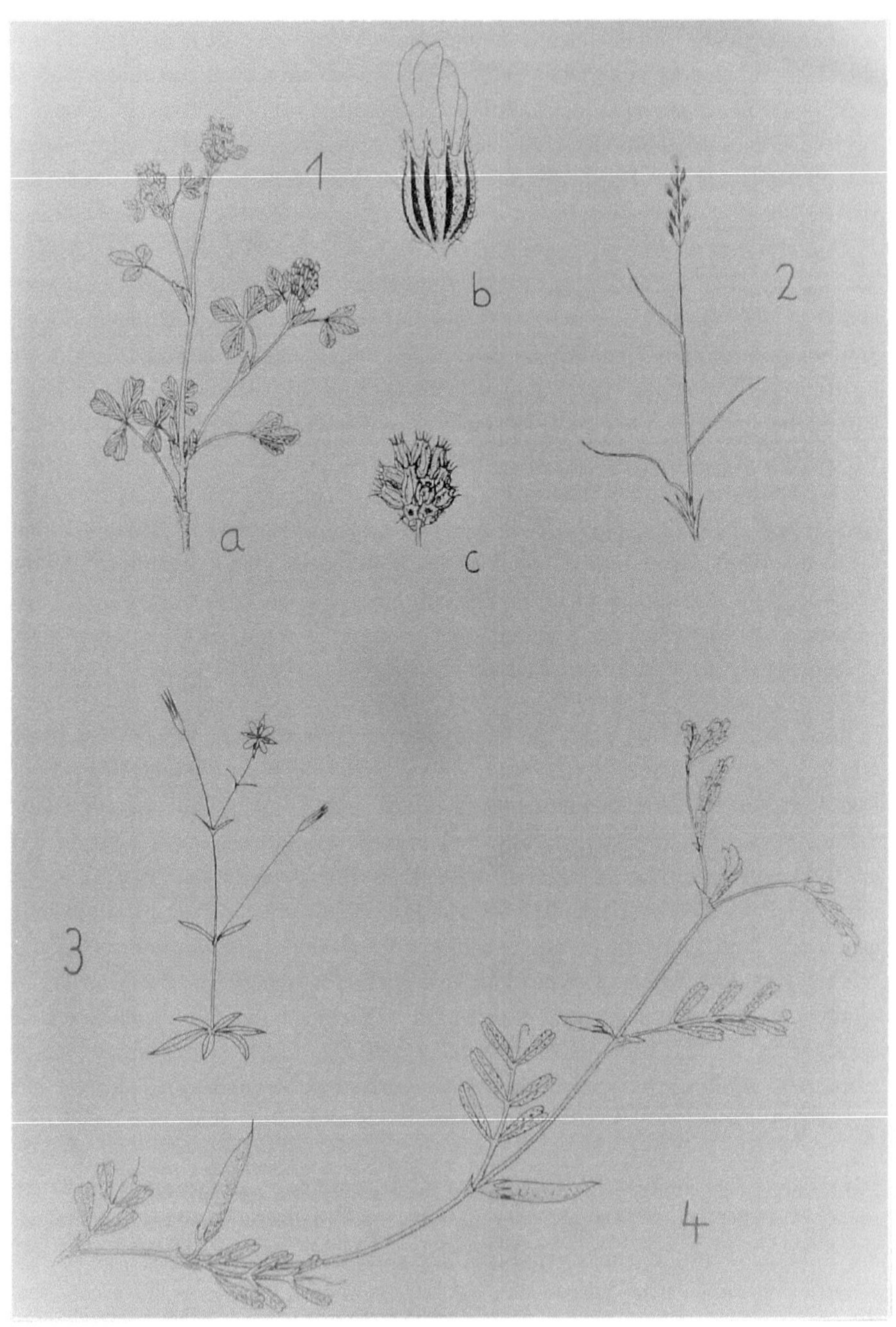

Zeichnungen: Hans Reichert

Gefährdete Pflanzenarten im Trierer Land, Teil 2

Orchideen – Die Ragwurzarten

JTS 1984

Die Ragwurz-Arten (Gattung Ophrys-Orchideen)
Zu den Kostbarkeiten der heimischen Pflanzenwelt gehören die Orchideen. Im Gegensatz zu ihren tropischen Verwandten, die überwiegend auf Humusansammlungen im Geäst von Bäumen als „Aufsitzerpflanzen" (nicht als Schmarotzer, wie oft fälschlich angegeben) wurzeln und große und prächtig gefärbte Blüten hervorbringen, wachsen die einheimischen Orchideen am Boden und sind meist ziemlich klein, so daß sie oft übersehen werden. Erst bei näherem Hinsehen entdeckt man, daß ihre Blüten ganz ähnlich gestaltet sind wie die der tropischen Arten und zum Teil mit leuchtenden Farben und reizvollen Mustern verziert sind. Weltweit sind die Orchideen mit etwa 20.000 Arten zwar die größte Pflanzenfamilie, doch bedeutet das nicht, daß sie in Massen vorkommen. Die riesige Artenzahl rührt daher, daß ihre Erbanlagen nicht stabil sind und deshalb ständig neue Formen und Rassen entstehen. Im Laufe einiger Jahrtausende (erdgeschichtlich eine sehr kurze Zeit) entwickeln sich aus den untereinander noch fortpflanzungsfähigen Rassen Arten, die nicht mehr kreuzungsfähig sind. Die meisten Arten besiedeln nur kleinere Areale, da bei jeder Ausbreitung über eine größere Region schon wieder eine Aufsplitterung in Rassen und Arten erfolgt. Fast alle mitteleuropäischen Orchideen sind selten geworden, einige sogar akut vom Aussterben bedroht. Das hängt mit besonderen Merkmalen und Umweltansprüchen zusammen: Alle Orchideen bilden in ihren Fruchtkapseln winzige, fast mikroskopisch kleine Samen, die vom Wind wie Staub über größere Strecken verweht werden. Diese wirksame Art der Verbreitung wird mit dem Nachteil erkauft, daß die Samen keinerlei Nährgewebe als Starthilfe für den Keimling enthalten. Der Orchideenkeimling ist deshalb außerstande, aus eigener Kraft Keimwurzeln und Keimblätter zu bilden, die ja als erster Schritt zur eigenständigen Ernährung notwendig sind.

Die Orchideen haben dieses Unvermögen auf ganz eigenartige Weise ausgeglichen: Der noch unentwickelte Keimling nimmt, wahrscheinlich mit Hilfe ausgeschiedener Lockstoffe, Kontakt mit bestimmten Bodenpilzen auf. Deren Fadengeflecht dringt in den Keimling ein, auf die gleiche Weise, wie parasitische Pilzschädlinge Pflanzenwurzeln befallen. Der Orchideenkeimling unterjocht gleichsam den eingedrungenen Pilz und nutzt ihn aus, indem er ihn in seinem äußeren Gewebe wuchern läßt, weiter innen jedoch kurzerhand verdaut.

So gelangt der Keimling an Bodennährstoffe und Eiweiß, ohne viele eigene Wurzeln bilden zu müssen. Diese merkwürdige Gemeinschaft mit Pilzen (wissenschaftlich Mycorrhiza genannt) behalten die Orchideen ihr ganzes Leben lang bei, so daß sie sich den Aufbau eines weitverzweigten Wurzelsystems sparen können.

Nur ein Bruchteil der vom Wind verwehten Samen findet freilich einen Boden, in dem die zum Gedeihen benötigten Pilze vorkommen. In der Regel muß es ein gut durchlüfteter, humusreicher, aber nitratarmer Boden sein. Die Orchideen verschwinden, sobald gedüngt wird. Dies auch wegen ihrer Konkurrenzschwäche: Sie können sich im dichten Bewuchs nicht durchsetzen, unter anderem wegen großen Lichtbedürfnisses. Lebensraum vieler Orchideenarten sind deshalb ungedüngte oder schwach gedüngte Wiesen (Magerwiesen), und unter ihnen besonders diejenigen auf Kalkboden. Da die trockenen Kalkböden sich im Sommer rasch erwärmen, gedeihen dort auch solche Orchideenarten, die als Vorposten der Mittelmeerflora nach Mitteleuropa vorgedrungen sind. Zu ihnen gehören die vier Arten der Gattung Ragwurz (*Ophrys*), die im folgenden Text und auf einer farbigen Bildtafel vorgestellt werden.

Wenn Orchideenliebhaber von ihnen reden, fallen Worte wie „Hummel", „Biene" und „Fliege". Gemeint sind dann nicht Insekten, sondern eben diese Orchideen. Bei ihnen hat sich nämlich ein kurioses Verhältnis zu Insekten entwickelt, die ihre Blüten bestäuben. Während andere Blumen ihre Bestäuber mit auffälligen Farben und angenehmen Düften anlocken, so wie der hungrige Wanderer von den Wohlgerüchen und vom Schild einer Gastwirtschaft zur Einkehr ermuntert wird, arbeiten die Ophrys-Arten mit Werbemethoden, die eher an Sex-Shops erinnern. Mit besonderen Drüsen auf dem Blütengewebe sondern sie nämlich Sexuallockstoffe ab, die die Männchen bestimmter Insektengruppen in Paarungsdrang versetzen. Sie nähern sich den Blüten und bekommen dort auf raffinierte Weise das Bild eines Weibchens vorgegaukelt. Wie die Abbildungen erkennen lassen, sind zwei der Blütenkronblätter bei einigen Arten zu fühlerähnlichen Zipfeln verkümmert. Das dritte, nach unten gerichtete Kronblatt (Lippe genannt) ist dagegen kräftig entwickelt und täuscht mit seiner gewölbten Form, seiner teilweise pelzigen Behaarung und seiner Färbung einen Insektenkörper vor.

Zwei glänzende Höckerchen im oberen Bereich (bei den Blüten der Bienen- und Spinnenragwurz gut zu erkennen) ahmen sogar Augen nach. Die weiter hinten stehenden Kelchblätter haben bei zwei der vier Arten bleiche bis grünliche Färbung. Sie bilden somit einen unauffälligen Hintergrund, der die Insekten-Nachahmung umso deutlicher hervortreten läßt. Die Namen der vier Arten sollen auf Ähnlichkeiten der Blüte mit bestimmten Insektengruppen bzw. mit Spinnen hinweisen.

Die herankommenden Insektenmännchen lassen sich so sehr täuschen, daß sie nach ihrer Landung eindeutige Paarungsversuche unternehmen. Dabei stoßen sie mit dem Kopf gegen das auf den Bildern gut zu erkennende Säulchen, das im oberen Bereich der Lippe nach vorn ragt und zwei Säckchen mit Blütenstaub präsentiert (besonders gut bei der Hummel-Ragwurz zu sehen). Ein raffinierter Mechanismus bewirkt, daß die beiden Säckchen mit Hilfe eines klebrigen Stiels auf der Stirn des Insektenmännchens festgeheftet werden. Wie mit Hörnern versehen, verläßt dieses die Blüte. Wenn es kurz darauf die nächste besucht, wirken die angehefteten Staubbeutel wie Puderquasten, und Blütenstaub gelangt auf die klebrige Narbe an der Vorderseite des erwähnten Säulchens. Dieses ist übrigens ein nur bei Orchideen vorkommendes Verwachsungsprodukt aus Griffel und Staubfäden.

Wer die Ragwurz-Arten nur von Bildern her kennt, ist am natürlichen Standort meist von der Kleinheit der Pflanzen überrascht. Der aufrechte, unverzweigte Stengel ist nur zwischen 10 und 20 cm hoch, und die Größe der Blüten bewegt sich zwischen 1 und 2 cm. Zu einer Zeit, als es noch extensiv genutzte Schafweiden gab, fanden die Ragwurz-Arten im Saargau, im Sauertal, im Bitburger Gutland und in anderen Kalkgebieten der Eifel ausgedehnten Lebensraum. Heute nehmen die Biotope durch Aufforstung, Bebauung, Schuttablagerung usw. rapide ab. Selbst Brachliegen führt allmählich zum Verschwinden der Orchideen, da diese vom Gestrüpp überwuchert werden.

Leider gibt es auch rücksichtslose „Naturfreunde“, die beim Photographieren einer Orchidee die umgebende Vegetation zertrampeln; andere graben Orchideen aus, um sie in ihren Garten zu verpflanzen. In der Regel mißlingt die Ansiedlung im Garten, da ja die Lebensgemeinschaft mit dem Wurzelpilz gestört wurde. Die Naturschutzverbände und -behörden versuchen im Wettlauf mit der Zeit zu retten, was noch zu retten ist. Als wirksamste Maßnahme hat sich der Ankauf schutzwürdiger Flächen durch Naturschutzverbände erwiesen, da mit dem Erwerb auch die notwendige Pflege durch Mähen oder extensive Schafbeweidung übernommen werden kann. Mit Rücksicht auf die besondere Gefährdung der Orchideen auch durch sammelwütige Liebhaber werden hier bewußt keine genaueren Angaben zur Verbreitung und zur Häufigkeit der Ophrys-Arten im Trierer Land gemacht.

Die Spinnen-Ragwurz (Orphrys sphegodes) ist im Trierer Land verschollen und kommt nur noch im benachbarten Saarland vor.

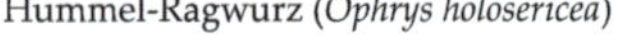

Hummel-Ragwurz (*Ophrys holosericea*) *MH*

Bienen-Ragwurz (*Ophrys apifera*) *MH*

Fliegen-Ragwurz (*Ophrys insectifera*) *HK*

Spinnen-Ragwurz (*Ophrys sphegodes*) *HK*

Vier Orchideenarten als Vorposten südländischer Flora

JTS 1985

Die bisherigen Folgen dieser Reihe waren jeweils einer Pflanzenart oder einer Gattung, das heißt einer Gruppe eng verwandter Arten, gewidmet.

Diesmal sollen hier Orchideenarten vorgestellt werden, zwischen denen es keine so unmittelbare Zusammengehörigkeit gibt. Sie sind sozusagen Einzelgänger in der Orchideenfamilie, denn keine von ihnen hat in der heimischen Pflanzenwelt nahe Verwandtschaft.

Gemeinsam ist ihnen aber die südländische Herkunft. Alle vier haben sich nach der Eiszeit vom Mittelmeergebiet aus in klimatisch begünstigten Gegenden Mitteleuropas bis hin nach Südengland ausgebreitet. Es gibt verblüffende Ähnlichkeiten zwischen dieser botanischen „Einwanderung" und dem Vordringen der Römer nach West- und Mitteleuropa.

Die römischen Siedlungsgebiete, in großen Teilen bis heute durch den von Römern eingeführten Weinbau gekennzeichnet, decken sich ungefähr mit den Verbreitungsgebieten etlicher Orchideen. Abweichungen ergeben sich dadurch, daß viele Orchideen Kalkböden bevorzugen und deshalb in so typischen Weinbaugebieten wie dem Mittelrheintal und dem mittleren Moseltal fehlen.

Neben dem Kaiserstuhl in Südbaden gehört die weitere Umgebung von Trier zu den bedeutendsten Orchideengebieten Deutschlands. Das hängt damit zusammen, daß sich von Südfrankreich über Burgund und Lothringen fast ununterbrochen Kalkgebiete bis zur Eifel erstrecken, die den Orchideen nach der Eiszeit das Vordringen nach Norden erleichterten. So konnten viele Arten in den Trierer Raum gelangen. Die meisten davon haben sich bis heute dort gehalten, sind aber heutzutage durch den Schwund ihrer Biotope mehr oder weniger gefährdet.

Nach dieser für alle vier Arten zutreffenden Einleitung sollen nun die Orchideen einzeln vorgestellt werden:

Hängender Mensch (Aceras anthropophorum)[5]

HK

Der Name bezieht sich auf die Blütengestalt. Betrachtet man von den bis zu 60 Blüten des langgestreckten Blütenstandes eine einzige, so sieht man, daß die Unterlippe einem menschlichen Körper mit zwei langen Armen und zwei Beinen ähnlich ist. In der Färbung ist dieser Blütenteil variabel: Er kann grünlichgelb oder rot bis rotbraun sein. Der überdimensionale Hut, den dieses Körperchen trägt, besteht aus den zusammenneigenden oberen Blütenblättern.

Der wissenschaftliche Gattungsname Aceras (= ohne Horn) weist auf die Tatsache hin, daß die Blüte keinen Sporn hat. Als Sporn bezeichnet man eine bei den meisten Orchideenblüten vorhandene röhrenförmige Ausstülpung der Unterlippe, die meist nach hinten ragt. An ihrem Ende wird Nektar gebildet.

Der Hängende Mensch ist insgesamt selten und gefährdet, doch gibt es an der Obermosel und an der unteren Sauer noch einige Stellen mit zahlreichen Exemplaren. Wie die im vorigen Jahrbuch beschriebenen Ragwurz-Arten wächst auch der Hängende Mensch auf mageren Mähwiesen und Schafweiden, die heute immer mehr verschwinden.

Hängender Mensch HK

Will man solche Lebensräume erhalten, genügt es nicht, sie unter Naturschutz zu stellen. Es sind laufend Pflegemaßnahmen wie das Entfernen aufkommenden Gebüsches, Mähen oder Beweiden durch Wanderschafherden notwendig.

---

[5] Heute: *Orchis anthropophora*

Pyramiden-Orchis (Anacamptis pyramidalis)

Ein auffälliges Merkmal dieser hübschen Orchidee ist die gedrungene, fast pyramidenartige Form des Blütenstandes mit seinen dicht gedrängten Blüten zu Beginn der Blütezeit. Ebenso wie der Hängende Mensch ist die Pyramiden-Orchis an magere Wiesen auf Kalkböden gebunden und ebenso hat sie ihre Hauptverbreitung im Mittelmeergebiet; dort blüht sie nicht wie bei uns dunkelrosa bis rot, sondern hellrosa bis weiß. Sie ist offenbar wärmebedürftiger als andere in Deutschland vorkommende Orchideenarten, denn ihr Verbreitungsgebiet reicht gerade noch bis nach Süd- und Südwestdeutschland. Weiter nördlich gibt es nur ganz wenige, kleine Vorkommen. Auch im Trierer Land ist die Pyramiden-Orchis schon recht selten.

Pyramiden-Orchis *MH*

Bocks-Riemenzunge (Himantoglossum hircinum)

Von allen einheimischen Orchideen hat diese zweifellos die bizarrste Blütenform. Die mittleren Lappen der dreiteiligen Unterlippe ist zu einem langen Riemen ausgezogen, der teilweise spiralig gewunden ist. Da viele Blüten zu einem dichten Blütenstand vereinigt sind, ergibt sich ein geradezu verworrenes Bild. Die Blütenfarbe reicht von weißlich bis olivgrün. Auffällig sind rote Flecken auf der Unterlippe, die bei der Betrachtung mit der Lupe eine weitere Besonderheit zeigen: Sie sind mit einem roten Haarpelz besetzt. Die oberen Blütenblätter neigen wie beim Hängenden Mensch zu einem stumpfen Helm zusammen. Die Blüten sollen angeblich nach Ziegenböcken riechen, doch können dies nicht alle Beobachter bestätigen. Die Pflanze ist kräftiger als andere Orchideen und kann die stattliche Höhe von 80 cm erreichen. Die derzeitigen Wandlungen in der Landschaft, die den meisten Orchideenarten arg zusetzen, bringen der Bocks-Riemenzunge hier und da vorübergehende Vorteile:

Bocks-Riemenzunge *MH*

Wo in klimatisch ungünstiger Randlage der Weinbaugebiete Weinberge aufgegeben werden, kann sie sich auf den Brachflächen rasch vermehren. Auf längere Sicht wird sie dort aber durch aufkommendes Gebüsch wieder verdrängt werden.

Dingel (Limodorum abortivum)

Die größte Kostbarkeit in der Orchideenflora des Trierer Landes ist der Dingel, obwohl er recht unscheinbar aussieht und nur mit Mühe so fotogen darzustellen ist wie auf dem hier gezeigten Bild. Er kommt nämlich in Deutschland nur an einigen Stellen am Kaiserstuhl und im Trier-Bitburger Raum vor.

Die bis 50 cm hohe Pflanze besteht aus einem fleischigen Stengel, der sich fast wie ein Spargel aus dem Boden schiebt und schuppenförmige Blätter trägt. Am oberen Teil des Stengels sitzen in größeren Abständen die Blüten, die sich nacheinander öffnen. Ebenso wie die ganze Pflanze sind die Blüten bräunlich-violett gefärbt. Da sie früh welken, findet man selten eine Pflanze von makelloser Schönheit.

Die merkwürdige Färbung beruht auf dem völligen Fehlen von Blattgrün, das auf eine besondere Ernährungsweise der Pflanze hindeutet. Zu typischer Pflanzenernährung gehört es ja, daß mit Hilfe des Blattgrüns aus Sonnenlicht Energie gewonnen und diese dazu verwendet wird, aus Wasser und Kohlendioxid organische Stoffe wie Zucker, Stärke und Zellulose herzustellen. Somit kann die Pflanze im wahren Sinne des Wortes von Luft, Wasser und Bodensalzen leben. Fehlt jedoch wie beim Dingel Blattgrün, ist diese Lebensweise unmöglich, und es muß organische Nahrung zur Verfügung stehen. Als solche dienen dem Dingel die Pflanzenreste der Laubstreu. Um an die darin enthaltenen Nährstoffe zu gelangen, braucht er die Hilfe von Pilzen, mit denen er eine enge Lebensgemeinschaft bildet. Die Pilze zersetzen die Pflanzenreste und geben die gewonnenen löslichen Nährstoffe zum Teil an den Dingel weiter. Umgekehrt fördert dieser die Pilze wahrscheinlich durch Abgabe bestimmter Stoffwechselprodukte. Dieser besonderen Ernährungsweise wegen ist der Dingel keine Pflanze der Magerwiesen. Sein Biotop sind lichte Wälder. Mit Vorliebe wächst er unter Kiefern.

Die wenigen Wuchsorte, die es in dem Kalkgebiet zwischen Trier und Bitburg gibt, sind zum Teil gefährdet. Es ist zu hoffen, daß der Dingel zumindest in einem vor kurzem geschaffenen Naturschutzgebiet erhalten bleibt.

Violetter Dingel *HK*

Orchideen auf saurem und kalkarmem Boden

JTS 1986

In den vorausgegangenen Folgen dieser Serie wurde mehrmals erwähnt, daß man die meisten Orchideen unserer Heimat in Gegenden mit Kalkboden findet. Kalkhaltiger Boden hat eine neutrale bis basische Bodenreaktion, ist also nicht sauer. Daß die meisten Orchideen auf solche Bodenbedingungen angewiesen sind, überrascht insofern etwas, als sie ja mit Pilzen eine enge Lebensgemeinschaft (Symbiose) bilden und Pilze im allgemeinen saure Standorte bevorzugen oder zumindest vertragen. Anscheinend sind die Pilzpartner der Orchideen in dieser Hinsicht zum Teil Außenseiter. Immerhin gibt es unter den einheimischen Orchideen einige Arten, die auch auf kalkarmem, saurem Boden gedeihen können oder sogar darauf angewiesen sind. Vier davon sollen in dieser Folge vorgestellt werden.

Geflecktes Knabenkraut (Dactylorhiza maculata)

Früher zählte man alle Knabenkräuter zur Gattung Orchis. Der wissenschaftliche Name kommt aus dem Griechischen und bedeutet Hoden. Hodenähnlich sehen nämlich die unterirdischen Wurzelknollen der Knabenkräuter aus. Es ist nicht schwer zu erraten, daß auch der Name Knabenkraut auf die Gebilde hinweist, die männlichen Geschlechtsorganen ähnlich sehen. Genaugenommen hat aber nur eine Untergruppe der Knabenkräuter hodenähnliche Knollen; bei der anderen Untergruppe haben diese fingerförmigen Fortsätze und sehen eher einer Hand ähnlich. Vor einigen Jahren einigte man sich darauf, diese Gruppe als eigene Gattung Dactylorhiza (wörtlich „Fingerwurzel") von der Gattung Orchis abzutrennen. Auch unser geflecktes Knabenkraut gehört zu der Gruppe mit handförmigen Wurzelknollen. Gefleckt heißt es, weil seine schmal ovalen, ganzrandigen Blätter stets mit dunklen Flecken übersät sind. Die Blüten sind blaßrot bis fast weiß und mit einem dunkelroten Schleifenmuster verziert. Gelegentlich ist auch das Muster recht blaß. Mehrere Blüten sind zu einem Blütenstand vereinigt, der in der Regel nicht länger als 10 cm und durch den steif aufrechten Stengel deutlich über die Blätter emporgehoben ist. Das ist ein einfaches Unterscheidungsmerkmal gegenüber dem Breitblättrigen Knabenkraut, dessen Blätter ebenfalls gefleckt sind; bei ihm reicht das oberste Blatt in

Geflecktes Knabenkraut (*D. fuchsii*) *HK*

der Regel bis zum Blütenstand. Das Gefleckte Knabenkraut wächst in feuchten Wiesen und Waldlichtungen und ist wahrscheinlich an sauren Boden gebunden[6]. Im Hochwald und in den Buntsandsteingebieten der Eifel, wo es noch ziemlich viele saure Magerwiesen gibt, kann man ihm öfters begegnen. Leider werden aber gerade in unserer Zeit durch Ablagerung von Bauschutt und Erdmassen viele Wuchsorte zerstört.

Weißzüngel (Pseudorchis albida)

Das Weißzüngel ist – abgesehen von den Alpen – eine der seltensten Orchideen Deutschlands. Es ist streng an saure Böden gebunden und kommt in Kalkgebieten nur dort vor, wo in Folge von hohen Niederschlagsmengen der Kalk aus der oberen Bodenschicht ausgewaschen ist und verschiedene Ursachen zu einer oberflächlichen Versauerung geführt haben. Biotope des Weißzüngels sind Bergwiesen, Bergheiden und Moore. Schon im vorigen Jahrhundert wurde eine Reihe von Vorkommen im engeren und weiteren Umkreis von Trier entdeckt: im Stadtwald vom Sievenicher Hof über den Kockelsberg bis Biewer, in der Eifel bei Prüm und an mehreren Stellen des Hochwaldes. Derzeit sind nur noch einige wenige Fundstellen im Hochwald außerhalb des Kreises Trier-Saarburg bekannt. Die Pflanze ist recht klein. Die in einem dicht gedrängten Blütenstand vereinigten weißen Blüten sind nur wenige Millimeter groß. Das Weißzüngel ist deshalb leicht zu übersehen und durch blumenpflückende Wanderer nicht gefährdet. Der starke Rückgang der Orchidee ist darauf zurückzuführen, daß ungedüngte, saure Wiesen immer seltener werden. Mähen oder Wildäsung ist für das Weißzüngel lebensnotwendig, weil es die Konkurrenz hochwüchsiger Gräser und Stauden nicht verträgt. Leider werden die mageren Wildäsungswiesen, auf denen das Weißzüngel seine letzten Zufluchtsorte gefunden hat, zunehmend gedüngt, um dem Rotwild genügend Nahrung zu verschaffen und die Verbißschäden im Wald dadurch zu verringern.

Weißzüngel oder Weiße Höswurz *MH*

[6] Die früher als Geflecktes Knabenkraut (*Dactylorhiza maculata*) bezeichneten Populationen in Deutschland werden heute aufgrund genetischer Resultate weitaus überwiegend zum Fuchs-Knabenkraut (*Dactylorhiza fuchsii*) gerechnet. Darunter fallen auch die von Hans Reichert erwähnten Vorkommen.

Grünliche Waldhyazinthe (Platanthera chlorantha)

An den an einem steif aufragenden Stengel locker verteilten gelblich- bis grünlichweißen Blüten ist diese Orchidee gut zu erkennen. Auffällig sind auch die breit ovalen Blätter, die meist nur zu zweit am Grunde des Stengels stehen. Auf mageren Wiesen der Eifel und des Hunsrücks gehört diese Orchidee zu den nicht gerade seltenen Arten. Vielleicht hängt dies damit zusammen, daß sie sowohl auf kalkhaltigem, basischem, als auch auf saurem Boden gedeihen kann. Letzteres wird selbst in neueren Fachbüchern bestritten, ist aber in unserem Gebiet durch zahlreiche Beobachtungen gesichert. Nicht selten wächst sie zusammen mit der sehr ähnlichen zweiblättrigen Waldhyazinthe, deren Blüten etwas zierlicher und rein weiß sind.

WB

Beide Arten werden auch Kuckucksblume genannt. Die Blüten haben bei beiden Arten einen langen, fadenförmigen, nach hinten ragenden Sporn, in dessen Ende die nektarabsondernden Drüsen liegen. Nur Nachtfalter mit ihrem ebenso langen Rüssel können an den Nektar herankommen.

Wie fast alle Nachtfalterblumen haben die Waldhyazinthen weiße Blüten, da diese in der Dämmerung am besten zu sehen sind.

WB

Grüne Hohlzunge (Coeloglossum viride[7])

Diese Orchidee ist so unauffällig, daß ein Foto der gesamten Pflanze etwas trist wirken würde. Man muß sich bei der Betrachtung vergegenwärtigen, daß die Blüte mit ihrer schmalen rötlichen Zunge in Wirklichkeit nur etwa 1 cm lang und das ganze Pflänzchen nur ungefähr 20 cm hoch ist. Wenn es dann mit seiner überwiegend grünen Färbung noch zwischen Gräsern steht, muß man sich tief bücken, um es entdecken zu können.

HK

Auch der Hohlzunge droht deshalb keine Gefahr durch das Blumenpflücken. Wieder ist es der Schwund geeigneter Biotope, der das einstmals um Trier nicht seltene Pflänzchen heutzutage zu einer Rarität werden läßt.

Wie viele seltene Pflanzen ist die Hohlzunge konkurrenzschwach und nicht imstande, den dichten Graswuchs gedüngter Wiesen zu ertragen. Ihr idealer Lebensraum waren die nur einmal im Jahr gemähten oder durch Wanderschafherden beweideten, mageren Wiesen, die meist am Rande der Gemarkungen lagen. In früheren Jahrhunderten, als es an Düngemitteln mangelte, war man froh, auch solche dürftig bewachsenen Wiesen wenigstens extensiv nutzen zu können. Heute hat an solcher Nutzung kaum jemand noch Interesse, und die Wiesen werden durch Aufforstung, Umwandlung in Weiden oder durch Brachliegenlassen so verändert, daß Pflanzen wie die grüne Hohlzunge verschwinden müssen. Um die wenigen noch vorhandenen Vorkommen der Orchidee im Kreis Trier-Saarburg zu retten, muß versucht werden, die weitere Existenznutzung der betreffenden Wiesenparzellen zu sichern. Dies könnte dadurch geschehen, daß Landwirte, denen solche Flächen gehören, sich vertraglich zu weiterer Extensivnutzung ohne Düngung verpflichten und einen finanziellen Ausgleich für die Ertragsminderung gegenüber einer gleichgroßen gedüngten Fläche erhalten. Auch Ankauf und Pflege durch einen Naturschutzverband wären eine Lösungsmöglichkeit.

---

[7] Heute: *Dactylorhiza viridis*

Die Knabenkräuter (Gattung Orchis)

JTS 1987

Gelegentlich werden alle auffällig blühenden Orchideen unserer Heimat als Knabenkräuter bezeichnet. Streng genommen fällt unter diesen Begriff aber nur jene Artengruppe, bei der die unterirdischen Knollen hodenförmig gestaltet sind. Schon die Naturforscher des Altertums wie z. B. die Griechen Theophrastos und Dioskurides gaben dieser Gattung den Namen Orchis (griechisch: Hoden). Paracelsus entwickelte im 16. Jahrhundert die Signaturenlehre. Sie besagt, daß Heilpflanzen schon in ihrer äußeren Gestalt zeigen, wozu sie zu gebrauchen sind. Die Hodenform der Knollen deutet nach dieser Auffassung natürlich auf eine potenzsteigernde Wirkung hin. Hieronymus Bock schreibt in seinem 1539 erschienenen Kräuterbuch: „Die runde und vollkommliche süße wurzel ... möge die schwache Männer in der speiß brauchen ... um die menschen zu erhalten un zu mehren."

Dafür untauglich sind nach Bocks weiteren Ausführungen die Wurzeln anderer Pflanzen, welche schrumpfen und welk werden. Denn sie unterdrücken und „legen zu boden" das „eheliche Werck". Sie sind gut für die, die Keuschheit gelobt haben und ein Klosterleben führen.

Wir wissen heute, daß die Signaturenlehre hier wie auch in anderen Fällen irrte. Wirkungen der von Bock genannten Art haben die Orchideenknollen nicht; dagegen enthalten sie reichlich Schleimstoffe, die entzündete Schleimhäute einhüllen und somit deren Heilung fördern.

Noch bis ins vorige Jahrhundert war vor allem das Salep-Knabenkraut eine viel gesammelte Droge. Heute verbietet sich das Sammeln natürlich wegen der Seltenheit der Knabenkräuter. Man kann gleichwirksame Schleimstoffe im übrigen von nicht gefährdeten Pflanzenarten gewinnen, z. B. aus Leinsamen.

Zurück zu den Namen: Vom Gattungsnamen Orchis leitet sich das Wort Orchideen ab, mit dem man die ganze Pflanzenfamilie bezeichnet. Von den Knabenkräutern im engeren Sinne wachsen im Trierer Land fünf Arten, die allesamt wegen eines deutlichen Rückgangs in die Rote Liste der gefährdeten Pflanzenarten in Rheinland-Pfalz aufgenommen wurden. Auch fallen sie unter die Bundesartenschutzverordnung von 1980.

Brand-Knabenkraut (Orchis ustulata[8])

Vor allem was die Blütengröße anbetrifft, ist es der Zwerg unter den fünf Knabenkrautarten, zugleich jedoch eine der schönsten heimischen Orchideen. Die äußeren Blütenblätter bilden einen Helm von braunroter Farbe. Im Knospenzustand hüllen sie die gesamte Blüte ein und sind dann fast schwarz gefärbt. Die an der Spitze des Stengels dicht gedrängten Knospen erwecken den Eindruck, als sei die Pflanze oben angebrannt. Daher rührt der deutsche Name.

Einen hübschen Kontrast dazu bilden die geöffneten, etwa acht Millimeter großen Blüten mit ihrer dreiteiligen, weißen und mit roten Punkten verzierten Lippe. Die Pflanze kommt in mageren Mähwiesen, seltener Weiden, auf Kalkboden oder zumindest basenreichem Boden vor. Auf der Hunsrückseite, wo das Knabenkraut früher z. B. bei Tarforst vorkam, ist es in neuerer Zeit nicht mehr gefunden worden. Auch in der Eifel gehört es zu den seltensten Arten.

Brand-Knabenkraut *HK*

---

[8] Heute: *Neotinea ustulata*

Purpur-Knabenkraut (Orchis purpurea)

Dieses Knabenkraut kann achtzig Zentimeter hoch werden und ist somit die kräftigste Orchidee Mitteleuropas. Sie fällt an ihrem Standort schon von weitem auf, zumal die in dichter Traube gedrängten Blüten ebenfalls groß und dazu recht farbenprächtig sind. Die äußeren Blütenblätter sind mit braunen bis schwarzroten Punkten dicht besetzt und bilden einen schwach zugespitzten, breiten Helm. Die Blütenlippe besteht aus zwei schmalen Seitenlappen und einem sehr breiten Mittellappen. Auf weißem bis rosafarbenem Grund ist die Lippe mit kleinen roten Punkten verziert. Betrachtet man diese unter der Lupe, so sieht man, daß sie winzige rote Haarbüschel tragen.

Solche Farbmale üben auf blütenbesuchende Insekten eine starke Anziehung aus. Es ist sehr sinnvoll, daß deren Instinkt auf solche Strukturen programmiert ist, weisen diese doch in der Regel auf Eßbares bzw. Aufsaugbares hin. Durch die Tupfen auf der Blütenlippe wird zwar das Insekt zunächst getäuscht; die immer dichter werdenden Punkte leiten aber zum Inneren der Blüte und damit zu den Nektarquellen.

Das Purpur-Knabenkraut findet sich hie und da in Kalkmagerrasen; seine bevorzugten Biotope sind aber Gebüsche und lichte Wälder.

Wahrscheinlich ist es auf die ausgeglichenen Temperatur- und Feuchtigkeitsverhältnisse der halbschattigen Standorte angewiesen. Da solche Biotope noch etwas verbreiteter sind als Magerwiesen, ist das Purpur-Knabenkraut nicht so selten wie das Brand-Knabenkraut.

Trotzdem muß dafür gesorgt werden, daß möglichst viele seiner Wuchsorte unter Schutz gestellt werden.

Purpur-Knabenkraut *HK*

Helm-Knabenkraut (Orchis militaris)

Der „kleinere Bruder" des Purpur-Knabenkrautes ist das Helm-Knabenkraut. Die nahe Verwandtschaft der beiden Arten drückt sich darin aus, daß sie öfters am gleichen Wuchsort vorkommen und dann Bastarde bilden.

Das helmartige Zusammenneigen der äußeren Blütenblätter ist so ausgeprägt, daß sowohl der deutsche Name Helm-Knabenkraut als auch der lateinische Artname militaris davon abgeleitet wurde. Die Farbzusammenstellung ist noch reizvoller als beim Purpur-Knabenkraut. Der Helm ist außen zartrosa bis fast weiß, innen auf ebenso hellem Grund mit kräftigen dunkelrosa Längsstreifen versehen.

Die Lippe hat schmale Seitenzipfel und einen recht schmalen, am Ende gabeligen Mittellappen. Auch diese Orchidee ist an kalkhaltige oder zumindest basenreiche Böden gebunden. Außer trockenen besiedelt sie gelegentlich auch feuchte bis sumpfige Biotope. Im Umkreis von Trier kommt sie ebenso wie das Purpur-Knabenkraut nur im Saargau und in der Eifel vor.

Helm-Knabenkraut *MH*

Manns-Knabenkraut (Orchis mascula)

Dieses Knabenkraut nähert sich in seiner Blütengestalt den im Jahrbuch 1986 beschriebenen Dactylorhiza-Arten an: Die Blüte ist einheitlicher gefärbt (überwiegend rot) und die äußeren Blütenblätter neigen sich nicht helmförmig zusammen, sondern die seitlichen sind abstehend bis zurückgeschlagen.

Der deutsche Name weist mit den Bestandteilen „Mann“ und „Knabe“ überdeutlich auf die Hodengestalt der unterirdischen Knollen hin. Von den fünf in dieser Folge behandelten Knabenkräutern ist es das häufigste, da seine Umweltansprüche geringer sind als die der anderen Arten; es gedeiht sowohl auf kalkhaltigen als auch kalkfreien, schwach basischen bis sauren Böden, sowohl auf Wiesen als auch in lichten Gebüschen und Wäldern. Einzige Bedingung ist geringe Konkurrenz durch Gräser und andere dicht und üppig wachsende Arten. Der Standort muß deshalb nährstoffarm oder ziemlich trocken sein.

Standorte dieser Art gibt es sowohl in der Eifel als auch im Hunsrück, weshalb das Manns-Knabenkraut beiderseits der Mosel vorkommt. In den Flußtälern fehlt es, da dort die Wiesen zu nährstoffreich und demzufolge zu dicht und hoch bewachsen sind.

Manns-Knabenkraut *HK*

Kleines Knabenkraut, Salep-Knabenkraut (Orchis morio[9])

Das meist nur zwanzig Zentimeter hohe Kleine Knabenkraut ähnelt mit seinen sich helmförmig zusammenneigenden Blütenblättern wieder mehr den drei zuerst beschriebenen Arten. Die Blütenlippe ist in drei breite, fast gleich lange Lappen gegliedert. Der Mittellappen hat eine helle Zone mit auffallenden Punkten. Ein sicheres Erkennungsmerkmal ist die rotgrüne Streifung der äußeren Blütenblätter. Ebenso wie das Manns-Knabenkraut ist auch das Kleine Knabenkraut nicht auf Kalkböden angewiesen. Es ist auch weniger wärmebedürftig als die bisher beschriebenen Arten. Man sollte deshalb meinen, es sei in Deutschland weit verbreitet. Das war es auch bis zum Beginn unseres Jahrhunderts. Von der norddeutschen Tiefebene bis in mittlere Gebirgslagen konnte man es überall antreffen. Mit der Intensivierung der Landwirtschaft setzte dann aber ein rapider Rückgang ein, der noch anhält. Anscheinend ist das Kleine Knabenkraut hochwüchsigen Konkurrenten stark unterlegen und verschwindet sehr schnell, wenn Wiesen gedüngt werden. Immerhin gibt es im Landkreis Trier-Saarburg noch einige wenige Vorkommen.

Kleines Knabenkraut *HK*

[9] Heute: *Anacamptis morio*

Die Orchideengattung Epipactis (Stendelwurz, Sitter)

JTS 1988

Die Stendelwurzarten sind von allen anderen einheimischen Orchideenarten anhand ihrer Blütengestalt gut zu unterscheiden. Die Lippe, das nach unten gerichtete und bei fast allen Orchideen durch seine Größe und Färbung hervorgehobene Blütenblatt, ist bei ihnen durch eine scharfe Einschnürung in einen vorderen und einen hinteren Abschnitt gegliedert. Der vordere Abschnitt ist herzförmig gestaltet und bei einigen Arten sehr auffällig gefärbt. Im Gegensatz zu dieser kunstvollen Gestaltung der Lippe steht die schlichte Form der übrigen Blütenblätter. Sie sehen in etwa so aus wie die Blütenblätter von Lilien und Wildtulpen in Miniatur und weisen so auf die Abstammung der Orchideen von lilienähnlichen Vorfahren hin. Was ihre Lebensweise betrifft, zeichnen sich die Stendelwurzarten durch eine besonders starke Bindung an Wurzelpilze (siehe Jahrbuch 1984, Seite 256-257) aus. Bei einigen Spielarten kann diese so weit gehen, daß die Pflanze vom Pilz sämtliche Nährstoffe bezieht und auf die Bildung von Blattgrün verzichtet. Wie die meisten Pilze sind auch die Wurzelpilze der Stendelwurzarten recht anspruchsvoll in Bezug auf Umweltbedingungen. Das gilt dann natürlich auch für die von den Pilzen abhängigen Orchideenpflanzen. So überrascht es nicht, daß die meisten Stendelwurzarten äußerst empfindlich auf Biotopveränderungen reagieren. Sie lassen sich auch nur schwer durch Aussaat neu ansiedeln, was z. B. bei manchen Knabenkrautarten leicht gelingt. Dies sind die Gründe dafür, daß mit einer Ausnahme die Epipactis-Arten selten und gefährdet sind.

Übrigens wissen wir nicht mit letzter Sicherheit, wie viele Arten in Deutschland vorkommen. Einige Stendelwurzarten haben labile Erbanlagen, so daß sich im Laufe von Jahrtausenden eine große Formenmannigfaltigkeit entwickeln konnte. Es ist oft schwer zu entscheiden, ob eine abweichende Form als Rasse (Unterart, Varietät) oder als eigene Art zu betrachten und zu benennen ist. Die Feststellung, ob solche Formen untereinander kreuzbar sind oder nicht, hilft auch nicht in allen Fällen weiter. Etliche Epipactis-Sippen sind nämlich zur Selbstbestäubung übergegangen. Man erkennt sie daran, daß ihre Blüten unauffällig gefärbt sind, schlaff herunterhängen und sich kaum öffnen. Verhindert die Blütengestalt die Fremdbestäubung total, so ist die Sippe genetisch isoliert und kann – falls sie gestaltlich einigermaßen einheitlich ist – als Art betrachtet werden. Was aber, wenn gelegentlich doch Fremdbestäubung stattfindet und demzufolge durch Kreuzung mit ähnlichen Sippen Übergangsformen entstehen? Dann verwischen sich die Artgrenzen. Das macht es verständlich, daß z. B. bis heute keine Einigkeit darüber herrscht, ob es in Norddeutschland eine besondere Stendelwurzart mit dem bezeichnenden Namen *confusa* gibt.

Breitblättrige Stendelwurz (Epipactis helleborine)
Sie kann bis 90 cm hoch werden und gehört von der Größe her zu den stattlichsten Orchideen unserer Heimat. Dennoch ist sie recht unauffällig. Die Blütenblätter sind nämlich außen oft grün oder gelblich gefärbt und nur hin und wieder rötlich überlaufen. So übersieht man Knospen und junge Blüten leicht.

Intensivere Farben zeigen sich, wenn überhaupt, erst auf den Innenseiten der voll geöffneten Blüten. Die Blütenblätter sind zart rot bis violett angehaucht und in den gleichen Farben kräftiger geadert. Auch die Lippe ist, vor allem in ihrem vorderen Abschnitt, etwas intensiver gefärbt. Am Stengel, der wie bei allen Orchideen unverzweigt ist, sind bis zu 50 kurz gestielte Blüten aufgereiht.

Die Breitblättrige Stendelwurz ist eine Pflanze der Wälder. Sie benötigt lockere, humose, nährstoffreiche Böden und stellt darüber hinaus keine besonderen Umweltansprüche. Das ist der Grund dafür, daß sie zu den recht verbreiteten Orchideen gehört und derzeit nicht gefährdet ist. Wie alle einheimischen Orchideen zählt sie jedoch vollkommen zu den geschützten Arten und darf nicht gepflückt oder gar ausgegraben werden.

Breitblättrige Stendelwurz *MH*

Ihr sehr ähnlich und deshalb nicht abgebildet ist Müllers Stendelwurz (*Epipactis muelleri*), die erst in neuerer Zeit als eigene Art betrachtet wird. Während die Breitblättrige Stendelwurz von Insekten (vorwiegend Wespen) bestäubt wird, gehört Müllers Stendelwurz zu den Arten mit Selbstbestäubung. Ihre Blüten sind grünlich, gelblichweiß oder bräunlich und hängen ziemlich schlaff nach unten. Die Blätter sind ziemlich schmal, gefaltet und sichelförmig gebogen. Sie ist selten und an Kalk gebunden. Demzufolge beschränken sich ihre Vorkommen im Raum Trier auf die Südeifel und das obere Moselgebiet.

Violette Stendelwurz (Epipactis purpurata)

Diese bei uns nur an wenigen Stellen vorkommende Art zeichnet sich durch kurze Blätter aus. Sie sind nur wenig länger als die Stengelglieder zwischen ihnen. Die Pflanze hat ihren Namen daher, daß sie gelegentlich, aber keinesfalls immer, violett angehaucht ist. Wie schon oben erwähnt, gibt es bei den Stendelwurzarten Formen, die wenig oder überhaupt kein Blattgrün bilden. Ist dies bei der Violetten Stendelwurz der Fall, tritt die violette Farbtönung deutlich hervor und verleiht der Pflanze ein ganz eigenartiges Aussehen.

Violette Stendelwurz *HSb*

Rotbraune Stendelwurz (Epipactis atrorubens)
Die recht kleinen Blüten dieser Stendelwurz duften stark nach Vanille oder Schokolade. Man wird dadurch an die Tatsache erinnert, daß die Vanilleschoten ja auch von einer Orchidee stammen, allerdings von einer tropischen. Die Blütenblätter einschließlich der Lippe sind gleichmäßig violettrot oder braunrot gefärbt. Lediglich das aus dem Stempel und dem einzigen Staubblatt zusammengewachsene Säulchen hebt sich als heller Fleck von der recht dunklen Blütenfarbe ab.

Die Rotbraune Stendelwurz ist eine Pflanze sommerwarmer, trockener Standorte. Ihre Hauptverbreitung hat sie in lichten Wäldern und Gebüschen mit Kiefern und Eichen, wie man sie am Rande der asiatischen Steppengebiete und in den Bergregionen des Mittelmeergebietes findet. Bei uns kommt sie nur an besonders warmen, kleinklimatisch begünstigten Stellen wie z. B. im unteren Sauertal vor.

Rotbraune Stendelwurz *HK*

Sumpf-Stendelwurz (Epipactis palustris)

Von allen einheimischen Stendelwurzarten hat diese die prächtigsten Blüten. Der große, herzförmige Vorderteil der Lippe ist weiß und hat ein gelbes Farbmal. Der Hinterteil ist ebenso wie die beiden übrigen inneren Blütenblätter zartrosa gefärbt und hat rote Längsstreifen. Die drei äußeren Blütenblätter sind rötlich gefärbt und hell gesäumt. Das alles fügt sich zu einem Gebilde zusammen, das in seiner Form- und Farbenpracht an tropische Orchideen erinnert. Allerdings muß man die Blüten ganz aus der Nähe betrachten, um ihre Schönheit zu erkennen, denn sie sind höchstens 2 cm groß. Die Pflanze wird etwa 50 cm hoch.

Wie schon der Name verrät, ist diese Orchidee an Sumpf-Biotope gebunden; allerdings an ganz besondere: es muß Kalk im Untergrund sein, der für eine neutrale bis basische Bodenreaktion sorgt. Es muß andererseits Armut an Stickstoff herrschen, so daß gedüngte Naßwiesen als Lebensraum nicht in Frage kommen.

Wer sich mit Mooren und Sumpfwiesen befaßt hat, weiß, daß es sich meist um Standorte mit ausgesprochen sauren Böden handelt. Man spricht ja gelegentlich von „sauren Wiesen". Kalkhaltige Sümpfe und Moore sind in Deutschland eine seltene Erscheinung. Man findet sie in der Regel in Gebieten mit fruchtbaren Böden und intensiver Landwirtschaft, und viele von ihnen sind deshalb Entwässerungsmaßnahmen zum Opfer gefallen. Das gilt auch für die Kalkgebiete um Trier, wo die Sumpf-Stendelwurz nur noch an ganz wenigen Stellen vorkommt

Sumpf-Stendelwurz *AS*

Die Orchideengattung Waldvöglein (Cephalanthera)

(Letzte Folge Orchideen)

JTS 1989

In einer der früheren Folgen dieser Artikelserie wurde auf die tierähnliche Gestalt mancher Orchideenblüten hingewiesen. Die Gattung Ophrys (Ragwurz) betreibt damit ja ein raffiniertes Täuschungsmanöver. Die Blüten der Ragwurzarten ähneln so sehr Insektenkörpern, daß die Männchen bestimmter Insektenarten versuchen, die Blüten zu begatten. Dabei bestäuben sie diese. Wegen der Insektenähnlichkeit der Blüten tragen die Ragwurzarten entsprechende Namen: Fliegenragwurz, Hummelragwurz, Bienenragwurz usw.

Man könnte daraufhin vermuten, daß eine Orchideengattung, die Waldvöglein heißt, in ähnlicher Weise etwas mit Vögeln zu tun hat. In den Tropen wäre dies denkbar, denn dort gehören bestimmte Vogelgruppen zu den Blütenbestäubern. Bei uns gibt es so etwas aber nicht. Der Name Waldvöglein kann deshalb keine so weitreichende Bedeutung haben. Er rührt wohl daher, daß bei einigen Arten zwei Blütenblätter weit abstehen und deshalb wie ausgebreitete Vogelflügel aussehen. Der wissenschaftliche Name Cephalanthera enthält die griechischen Wörter kephale und antheros. Das erste bedeutet hier „Gipfel", das zweite im botanischen Sprachgebrauch „Staubblätter". Es soll damit gesagt sein, daß das Staubblatt (die meisten Orchideenarten haben nur ein einziges) in der Blüte weit nach oben ragend, sozusagen auf dem Gipfel, angebracht ist.

In Deutschland gibt es drei Arten von Waldvöglein. Noch im vorigen Jahrhundert waren alle drei um Trier herum zu finden. Doch beobachtete schon damals der Trierer Arzt und Botaniker Heinrich Rosbach (siehe Jahrbuch 1979) einen starken Rückgang des Roten Waldvögleins. Er hatte es um 1840 noch in größerer Zahl am Nordostrand des Eurener Waldes gefunden, später jedoch dort vergeblich gesucht. In neuerer Zeit wurden nur ganz sporadische und unbeständige Vorkommen beobachtet, und man muß damit rechnen, daß die Art im Kreis Trier-Saarburg ausstirbt.

Die beiden anderen Arten sind im Kreisgebiet noch an zahlreichen Stellen zu finden, so daß von einer akuten Gefährdung nicht gesprochen werden kann. Doch hat auch ihre Häufigkeit deutlich abgenommen. Ursache dürften in erster Linie Biotopveränderungen sein. Als Laub- und Mischwaldbewohner verschwanden die Arten, wenn mit Fichten aufgeforstet wurde. Vor allem im Privatwald geschah dies oft ohne Rücksicht auf die Standortbedingungen.

Rotes Waldvöglein (Cephalanthera rubra)
Dies ist die auffälligste und schönste Art. Ihre Blüte erinnert mit den beiden weit abstehenden Blütenblättern tatsächlich etwas an eine Vogelgestalt.

Die Pflanze zeigt eine starke Bindung an kalkhaltige Böden. Sie bevorzugt sommerwarmes Klima und wird deshalb in Deutschland nach Norden hin immer seltener. Ihre Biotope sind Buchen-Eichen-Mischwälder und Kiefernwälder auf lockeren, sandigen oder lehmigen Böden.

Die Blüten werden von Bienen bestäubt. Wie schon oben gesagt, sind Vorkommen des Roten Waldvögleins im Kreis Trier-Saarburg heute fraglich; in benachbarten Kalkgebieten findet man die Pflanze aber noch hie und da.

Rotes Waldvöglein *HK*

Weißes Waldvöglein (Cephalanthera damasonium)[10]

Man tat sich schwer, für diese Art einen treffenden deutschen Namen zu finden. Die Blüten sind eher cremefarben als weiß, und weiße Blüten hat auch die folgende Art. Auch der zuweilen gebrauchte Namen „Großes Waldvöglein" paßt nicht, da das Rote Waldvöglein ebenso groß wird. Trotz seines stattlichen Wuchses kann das Weiße Waldvöglein an Schönheit mit dem Roten nicht konkurrieren. Zwar sind seine Blüten größer als bei vielen anderen einheimischen Orchideenarten; sie öffnen sich aber nicht so recht. Es hängt damit zusammen, daß die Pflanze zur Selbstbestäubung übergegangen ist. Die halb geschlossenen Blüten bieten pflanzenfressenden Insekten gute Schlupfwinkel, und so sind die Blütenblätter öfters angefressen und halb vergilbt. Auch das vermindert oft die Schönheit der Pflanze, und Pflanzenfotografen müssen meist lange suchen, bis sie ein makelloses Exemplar finden. Auch das Weiße Waldvöglein bevorzugt kalkhaltige Böden und fehlt deshalb in den Sandstein-, Quarzit- und Schiefergebieten der Eifel und des Hunsrücks. Dagegen trifft man es im Bereich des Muschelkalkes im Saargau, an der Obermosel und im Sauertal an vielen Stellen an. Es wächst dort vor allem im Kalk-Buchenwald und ist eine Kennart dieser Pflanzengesellschaft. Merkwürdig ist der wissenschaftliche Artname *damasonium*. Er geht auf einen Pflanzennamen des griechischen Arztes und Kräuterkundlers Dioskurides zurück.

Bleiches Waldvöglein *HK*

Nach Plinius, dem römischen Schriftsteller und Naturbeobachter, soll es sich um ein „Froschkraut" handeln, welches das Gift von Kröten und Quallen unwirksam macht. Die Autoren, die vom 18. Jahrhundert an die wissenschaftlichen Pflanzennamen schufen, griffen gern auf solche antiken Namen zurück. Dabei verfuhren sie recht großzügig, wenn mangels Abbildung oder mangels genauer Beschreibung unklar blieb, welche Art die antiken Schriftsteller überhaupt gemeint hatten. Sie verliehen den Namen dann einer Art, zu der die Beschreibung wenigstens teilweise paßte. So dürfte auch das Weiße Waldvöglein zu einem fragwürdigen wissenschaftlichen Artnamen gekommen sein. Da dieser aber den formalen, international festgelegten Vorschriften entspricht, ist er gültig.

[10] Heute: Bleiches Waldvöglein, das Weiße Waldvöglein ist C. *longifolia*

Schwertblättriges Waldvöglein (Cephalanthera longifolia)

Im Gegensatz zu den beiden zuvor beschriebenen Arten benötigt das Schwertblättrige Waldvöglein keine kalkreichen Böden. Ihm genügt es schon, wenn der Boden nicht allzu sauer und gut mit Mineralsalzen versorgt ist. Das gilt da, wo sich unter einer Humusdecke reiches Bodenleben entwickeln kann, auch für die Schiefergebiete in Eifel und Hunsrück. Das Schwertblättrige Waldvöglein kommt deshalb in allen Landschaften um Trier vor. Merkwürdigerweise ist es dennoch seltener als das Weiße Waldvöglein. Das scheint zunächst ein Widerspruch zu sein. Trägt man jedoch die Fundstellen als Punkte in eine Karte ein, so stellt man fest, daß das Weiße Waldvöglein zwar auf die Kalkgegenden beschränkt ist, dort aber die Fundpunkte fast gleichmäßig über alle Buchenwälder verteilt sind. Man kann sagen, daß die Pflanze zwar nur in einem bestimmten Biotop, dort aber sehr stetig auftritt. Das Schwertblättrige Waldvöglein ist dem gegenüber viel unsteter. Es gibt viele Stellen, wo es von der Zusammensetzung des Waldes und der Bodenbeschaffenheit zu erwarten wäre, aber aus noch unbekannten Gründen nicht wächst. Deswegen sind Funde des Schwertblättrigen Waldvögleins meist nicht das Ergebnis gezielter Suche, sondern Zufallsentdeckungen. Wenn auf diese Weise sogar ein Massenvorkommen aufgespürt wird, wie vor Jahren in der Nähe von Franzenheim, so ist dies schon etwas ganz besonderes. Das Schwertblättrige Waldvöglein hat etwas kleinere Blüten als das Weiße; dafür trägt es am Stengel jedoch zehn bis zwanzig Blüten, das Weiße Waldvöglein nur drei bis acht. Man kann deshalb darüber streiten, welche Art die stattlichere und hübschere ist. Recht auffällig sind auch die schmalen, fast waagerecht abstehenden und ungefähr zweizeilig angeordneten Blätter; auf sie bezieht sich der deutsche Name.

Schwertblättriges Waldvöglein *HK*

Mit diesem Beitrag endet die Darstellung der gefährdeten und durch die Artenschutzordnung geschützten Orchideen unserer Heimat. Das soll Anlaß sein, auf eine Vereinigung hinzuweisen, die sich seit einigen Jahren auch im Raum Trier schwerpunktmäßig dem Studium und dem Schutz der wildwachsenden Orchideen und ihrer Biotope widmet. Es ist der Arbeitskreis heimische Orchideen (AHO). Die im Raum Trier tätige Gruppe wird von Herrn Guido Becker [...], geleitet. Wer sich für den Naturschutz nicht nur ideell, sondern mit praktischem Handeln einsetzen will, findet in dieser Vereinigung reichlich Gelegenheit. Jährlich werden nämlich in schutzwürdigen Biotopen Pflegemaßnahmen (z. B. Auflichtung von Gebüsch, Mähen von Magerwiesen) durchgeführt. Dabei kommt auch die Geselligkeit nicht zu kurz.

Farnpflanzen unserer Heimat

Adler- und Königsfarn

JTS 1974

Farnpflanzen unserer Heimat
Versteinerungen aus dem Altertum der Erdgeschichte geben uns davon Kunde, daß damals Farne, Schachtelhalme und Bärlappgewächse das Bild der Vegetation beherrschten. Manche Arten aus diesen Pflanzengruppen wuchsen zu mächtigen Bäumen heran. In den folgenden Jahrmillionen eroberten die Samenpflanzen den Erdball, und die farnartigen Gewächse traten immer mehr in den Hintergrund.

In der Flora des Trierer Landes z. B. gibt es heute annähernd 1.000 Samenpflanzen, aber nur wenig über 30 Farnpflanzen. Gerade die Übersichtlichkeit dieser kleinen Pflanzengruppe bietet vielen Naturfreunden einen Anreiz, sich mit ihr zu beschäftigen. In diesem und in kommenden Jahrbüchern sollen deshalb Farne, Schachtelhalme und Bärlappe des Kreises Trier-Saarburg vorgestellt werden. Den Anfang machen die beiden Farne mit den stolzesten Namen, der Adlerfarn und der Königsfarn.

Fast mannshohe Gestrüppe des stets herdenweise auftretenden Adlerfarns säumen Waldwege, Sumpfwiesen und Kahlschläge *HR*

Der Adlerfarn (Pteridium aquilinum)

Von den häufigeren Farnen Deutschlands ist der Adlerfarn der größte. Seine Wedel können mannshoch werden. Wie bei fast allen einheimischen Farnen wächst der Stengel waagerecht unter der Erde. Er ist braun gefärbt und sieht eher wie eine Wurzel aus, weshalb man ihn irreführend als „Wurzelstock" bezeichnet. Über den Erdboden gelangen nur die Blätter.

Man kann es kaum glauben, daß der gesamte mächtige Wedel mitsamt seinem langen Stiel ein einziges Blatt darstellt. Dieses Blatt ist mehrfach fein zerteilt, weshalb man es „Fiederblatt" nennt. Vom Blattstiel zweigen – großen Flügeln vergleichbar – die Fiedern 1. Ordnung ab. Diese sind wiederum in Fiedern 2. Ordnung aufgeteilt. Doch damit nicht genug: Die Fiedern 2. Ordnung sind in Fiederchen 3. Ordnung zergliedert, welche ihrerseits wiederum so tiefe Einschnitte haben, daß man schließlich noch von Fiedern 4. Ordnung sprechen kann. Betrachtet man die Unterseite der kleinen Fiederchen, so erkennt man, daß deren Rand wie ein schmaler Saum umgeschlagen ist. Unter diesem Saum versteckt, entwickeln sich im Herbst winzige Büschel von Sporenbehältern (Sori). Die darin erzeugten mikroskopisch kleinen Sporen werden zu Milliarden vom Wind fortgetragen und dienen der Vermehrung und Ausbreitung des Farns. Es gibt keinen anderen einheimischen Farn, bei dem die Sporenbehälter durch einen solchen Saum geschützt sind, weshalb man den Adlerfarn an diesem Merkmal sicher erkennt.

Die Fiederchen dritter Ordnung am Wedel des Adlerfarns sind nochmals tief eingeschnitten. Die Ränder dieser kleinsten Fiederlappen sind als Saum nach unten umgebogen. Die Makroaufnahme zeigt die Unterseite *JK*

Das Wappentier im Blattstiel

Seinen Namen verdankt der Adlerfarn nicht, wie man meinen könnte, den mächtig ausladenden Wedeln, die wahrhaftig an Vogelschwingen erinnern. Das namengebende Merkmal ist vielmehr ein recht verborgenes. Um es zu finden, muß man sich als „Pflanzen-Anatom" betätigen und den Stiel des Wedels mit einem scharfen Messer nur wenig über der Erdoberfläche durchschneiden. Für den Schnitt sucht man sich am besten die Stelle aus, wo die Farbe des Stiels von braun in grün übergeht. Man erblickt dann auf der Schnittfläche eine Figur, in der man mit einiger Phantasie einen Wappenadler erkennen kann.

Was da wie Schwingen und Krallen aussieht, sind die Leitbündel, in denen Wasser und Nährstoffe auf- und abwärtsströmen. Sehr deutlich sind auf dem Makrofoto die Querschnitte der Röhrchen zu erkennen, in denen das Wasser geleitet wird.

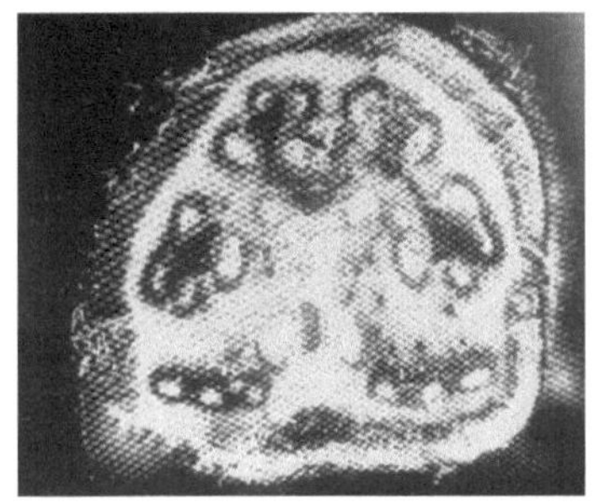

Schneidet man den Stiel des Adlerfarnwedels durch, so erblickt man auf der Schnittfläche eine Figur, die an ein Wappentier erinnert. Sie wird von den Leitbündeln gebildet. Bei etwa 10facher Vergrößerung erkennt man deutlich die quergeschnittenen Röhrchen, die der Wasserleitung dienen.

Ein „Weltbürger" unter den Farnen

Der Adlerfarn ist ein echter „Kosmopolit", d. h. er ist über die ganze Erde verbreitet. Er fehlt lediglich in den extremen Klimazonen, in denen Pflanzenwuchs überhaupt erschwert ist, und meidet außerdem Gebiete mit kalkreichen Böden. In Deutschland ist er besonders im westlichen Gebiet sehr häufig, vor allem in waldreichen Landschaften. Er besiedelt dort in großen Herden die Ränder von Waldwegen, Mooren und Kahlschlägen und dringt auch in lichtere Eichen- und Kiefernwälder ein. Forstleute sehen ihn nicht gern, da er verjüngungshemmend wirkt; das bedeutet, daß er durch sein rasches Wachstum jungen Bäumchen Licht und Nahrung wegnimmt. Wegen seines kriechenden Wurzelstocks ist der Adlerfarn da, wo er einmal Fuß gefaßt hat, schwer auszurotten.

Gefahr für Weidevieh

Der Naturfreund hat mit Recht etwas dagegen, wenn Pflanzen und Tiere nur danach eingeschätzt werden, ob sie dem Menschen nützen oder schaden. Der Adlerfarn käme bei einer solchen Beurteilung sehr schlecht weg: Abgesehen davon, daß er in Ermangelung eines besseren gelegentlich als Streu in der Viehhaltung verwendet wird, ist er anscheinend zu nichts nütze. Dagegen schadet er, wie schon erwähnt, dem Jungwuchs im Forst; und auch auf Viehweiden ist er nicht gern gesehen. Seine Giftigkeit für das Weidevieh ist schon seit jeher bekannt. Erst vor kurzem aber wurde entdeckt, daß es sich nicht nur um eine Giftwirkung im üblichen Sinne handelt: Der Adlerfarn kann beim Weidevieh sogar Krebs auslösen. Zuerst wurde man auf diese Tatsache in der Türkei aufmerksam. Schafe, die auf adlerfarnreichen Weiden grasten, erkrankten in hohem Prozentsatz an Blasenkrebs. Bei Fütterungsversuchen wurde festgestellt, daß der Adlerfarn auch bei Rindern und Ratten Blasenkrebs und darüber hinaus Darmkrebs auslöst.

Diese Beobachtungen zeigen, daß krebserzeugende Stoffe nicht erst im Gefolge der Umweltverschmutzung entstanden; es gab solche Substanzen seit eh und je in der Natur. In jahrtausendelangem Lernprozeß gelang es dem Menschen und sogar den meisten Weidetieren, Pflanzen mit giftigen und krebserregenden Inhaltsstoffen zu meiden. Wie man nicht selten bei Haustieren beobachtet, kann solche Kenntnis auch wieder verlorengehen. Nicht anders scheint es dem Menschen unserer Tage zu gehen. Wie wäre es sonst möglich, daß in einem kürzlich erschienenen Taschenbuch der Adlerfarn als Wildgemüse empfohlen wird? Zwar ist es denkbar, daß der krebserregende Stoff des Farnes beim Kochen und Dünsten zerstört wird, oder daß er auf den Menschen überhaupt nicht wirkt. Ehe dies nicht geklärt ist, muß aber dringend davor gewarnt werden, das Rezept des erwähnten Taschenbuches anzuwenden und den Blattstiel junger Adlerfarnwedel nach Art des Spargels zuzubereiten. Es könnte eine gefährliche Mahlzeit werden.

Der Königsfarn (Osmunda regalis)

Der Königsfarn steht dem Adlerfarn an Größe nicht nach. Auch er bildet mächtige Wedel, die aber nur zweifach gefiedert sind. Sie entspringen einem kurzen, dicken Stamm, der ein wenig aus der Erde herausragt – eine seltene Erscheinung in der heimischen Farnflora. Mit ihren schlichten, ausgewogenen Formen und ihrem frischen Grün begeistern die Königsfarnblätter jeden, der sich Sinn für Schönheit bewahrt hat. Es mag allerdings sein, daß die Begeisterung auch ein wenig durch die Seltenheit des Farns hervorgerufen wird. Man ertappt sich oft dabei, daß man mindestens ebenso schöne „Unkräuter" unbeachtet läßt. Auch beim Königsfarn sind die Sporenkapseln auf ganz einmalige Weise angeordnet. Sie finden sich dicht gedrängt an der Spitze des Wedels, der dort sehr auffällig umgestaltet ist. Die Fiedern sind extrem schmal, aufgerichtet und über und über mit Häufchen von Sporenkapseln bedeckt. So wird jeder fruchtbare Wedel von einem auffälligen, braunen Büschel gekrönt. Wahrscheinlich bezieht sich der Name „Königsfarn" auf diese „Krone". Wenn botanische Laien die fruchtbare Wedelspitze wegen ihrer auffälligen Färbung für eine Blüte halten, haben sie damit nicht ganz unrecht. Echte Blüten gibt es zwar bei Farnen nicht, doch darf man in einer

Unbehaarte, glattrandige Fiedern mit frischgrüner Farbe kennzeichnen das Blatt des seltenen Königsfarns. Die Spitzen der Blätter sind zur Erzeugung von Sporen eigenartig umgestaltet. Wegen ihrer braunen Färbung wirken sie von weitem wie verwelkt. *MH*

derartigen Umgestaltung sporentragender Blattabschnitte eine stammesgeschichtliche Vorstufe zur Blütenbildung sehen.

Warum ist der Königsfarn selten? Wenn wir Allerweltsgewächse mit Geringschätzung betrachten, tun wir ihnen in biologischer Hinsicht Unrecht; wir müßten sie ganz im Gegenteil wegen ihrer Robustheit und Anpassungsfähigkeit an die verschiedensten Umweltbedingungen bewundern. Seltene Pflanzen müßten demgegenüber beinahe bemitleidet werden. Sie sind viel empfindlicher, anfälliger gegen Störungen ihres Lebensbereiches und recht anspruchsvoll.

Auch der Königsfarn ist eine recht wählerische Schönheit: Er verlangt milde Winter, hohe Luftfeuchtigkeit, Halbschatten, sehr feuchte bis nasse, aber trotzdem einigermaßen durchlüftete Böden; diese müssen kalkarm, aber trotzdem etwas basenhaltig sein. Solche Umweltbedingungen gibt es fast nur in Sumpfwäldern, insbesondere in den sogenannten Erlenbrüchen. Diese sind infolge von Entwässerungsmaßnahmen selten geworden, und wären vielleicht schon ganz verschwunden, wenn man nicht einige als Naturschutzgebiete weiteren Zugriffen entzogen hätte. Die meisten seltenen und geschützten Pflanzen (der Königsfarn gehört zu den vollkommen geschützten) sind durch derartige Einengung ihres Lebensraumes zu Raritäten geworden. Das Ausrotten durch Sammler spielt nur bei wenigen besonders bekannten Arten, wie dem Edelweiß, eine Rolle. Dem Königsfarn könnte allerdings von daher in geringerem Maße Gefahr drohen, da seine Wedel immerhin recht auffällig sind. Zum Glück liegen aber die wenigen noch vorhandenen Vorkommen weit abseits der Wege und recht versteckt.

Während in der Gegend von Bollendorf zu Beginn unseres Jahrhunderts noch Wagenladungen von Königsfarn zur Streunutzung „geerntet" wurden, gibt es heute im Regierungsbezirk Trier nur noch 11 Königsfarn-Vorkommen, davon 8 im Hunsrück und 3 in der Schneifel. Im Kreis Trier-Saarburg wachsen im Bereich der Revierförsterei Klink bei Mandern im Hochwald noch drei Königsfarn-Stöcke.

Literatur:

Breuer, K., und Laska, Ch.: Die Verbreitung des Königsfarns (Osmunda regalis L.) (Pteridophyta: Osmundaceae) in der Südwesteifel und Hunsrück (Reg.-Bez. Trier). Decheniana 123, 271-273 (1971)

Lichtenstein, H.: Wildgemüse, Goldmanns gelbe Taschenbücher Nr. 2944. W. Goldmann Verlag, München 1972

Schmähl, D.: Cancerogene Faktoren in der Umwelt. Verhandlungen der Deutschen Gesellschaft für Innere Medizin, 78. Kongreß, Wiesbaden 1972, Bergmann Verlag, München 1972.

Der Wurmfarn

JTS 1975

Im vergangenen Jahr wurden am Beginn dieser Aufsatzreihe zwei besonders auffällige Farne unserer heimischen Wälder vorgestellt: der Adlerfarn und der Königsfarn. Die diesjährige Folge befaßt sich mit dem häufigsten und bekanntesten Farn, dem Wurmfarn, sowie mit seinen Verwandten und Doppelgängern.

Der Wurmfarn und seine Doppelgänger

Der Wurmfarn (*Dryopteris filix-mas*) hat seinen Namen aus der Kräuterheilkunde. Sein Wurzelstock enthält Stoffe, mit denen man Bandwürmer aus dem Darm vertreiben kann. Allerdings hat dieser Farnextrakt auch Giftwirkung, weshalb man ihn heute nur noch selten anwendet. Was man etwas irreführend als „Wurzelstock" bezeichnet, ist – wie bei allen einheimischen Farnen – ein waagerecht unter der Erde entlangwachsender Stengel. In dem Maße, in dem er vorn weiterwächst, stirbt er von hinten her ab, weshalb er etwa nur handlang wird. Aus ihm sprossen zahlreiche Wurzeln und Blätter. Allein die großen, doppelt gefiederten Blätter entfalten sich über der Erdoberfläche. Sie wachsen nahe beieinander aus dem unterirdischen Stock hervor und bilden eine weitausladende Rosette.

Die Blätter des Wurmfarns bilden eine breite Rosette
MH

Eine besondere Eigenart der Farnblätter ist es, daß sich ihr Wachstumszentrum an der Spitze befindet. Diese hat demzufolge sehr zartes Gewebe und ist leicht zu verletzen. Zerstört man sie, so kann das Blatt nicht mehr weiterwachsen. Fast alle Farne können deshalb auf die Dauer keine Mahd ertragen – ein Grund, weshalb Farne nicht zu den Wiesenpflanzen gehören. Diese haben ihre Wachstumszentren am Grunde der Blätter oder sie besitzen nahe der Erde Ersatzknospen; so können sie nach jedem Schnitt wieder neu emporsprießen. Auch gegen Austrocknung ist die zarte Blattspitze der Farne empfindlich.

Junge Blätter schützen sich auf besondere Weise: solange sie noch in die Länge wachsen, bleibt ihre Spitze eingerollt. In dem Maße, wie die unteren Teile schon ausgewachsen und gefestigt sind, „entrollen" sich die Blätter von unten nach oben. Im Hochsommer sind die Blätter des Wurmfarns auf ihrer Unterseite von vielen kleinen „Pusteln" bedeckt. Es sind winzige, an einer Seite eingebuchtete Schirmchen. Ihr Rand berührt fast die Blattfläche, an der sie mit einem recht kurzen Ständerchen befestigt sind. Unter ihrem Schutz reifen Büschel winziger Sporenkapseln heran, die ebenfalls an kurzen Stielchen hängen.

Man nennt ein Schirmchen mit den darunter versteckten Sporenkapseln Sorus (Mehrzahl: Sori). Das Schirmchen allein heißt Indusium. Im Spätsommer schrumpfen die zarthäutigen Indusien, und die Sporenkapseln kommen darunter zum Vorschein. Bei trockenem Wetter platzen die mikroskopisch kleinen Sporenkapseln, und das Farnblatt gibt einen Staub von vielen Milliarden Sporenkörnern frei, die vom Wind weggeweht werden. Gelangen die Sporen an feuchtschattige Stellen, so keimen sie.

Eigenartigerweise wächst aus ihnen nicht eine neue Farnpflanze hervor, sondern ein nur wenige Millimeter großes algenähnliches Gebilde. Auf ihm spielt sich – oft erst nach Jahren – ein Befruchtungsvorgang ab und erst danach entsteht der Keimling einer neuen Farnpflanze.

Für den Naturfreund sind die sporenerzeugenden Sori auf der Blattunterseite als Erkennungsmerkmale verschiedener Farngattungen wichtig. Verwandtschaft – das lehrte jahrhundertelange Forschungsarbeit – zeigt sich bei Farnen wie auch bei anderen Pflanzen selten in gleicher Blattform oder Größe. Gerade bei Farnen sind diese Merkmale oft bei allernächsten Verwandten sehr verschieden.

In Abwandlung eines Bibelzitates könnte man von den Farnen sagen: „An ihren Sori werdet ihr sie erkennen". Form und Lage der Sori erlauben zum Beispiel eine sehr einfache Unterscheidung des Wurmfarns von zwei Doppelgängern, denen man in den Wäldern unseres Gebietes öfters begegnet.

Dem aufgeschlossenen Wanderer sei empfohlen, hie und da einen Wedel der großen, rosettenbildenden Farne umzuwenden. Nur wenn er mitten auf der Fläche der kleinen Blattfiederchen kräftige, runde Sori mit einem nierenförmigen Indusium findet, hat er den Wurmfarn oder einen seiner nächsten Verwandten vor sich. Der gewöhnliche Wurmfarn wächst in Wäldern aller Art sowie auf Heiden, an Wegböschungen und auf humusbedeckten Felsen. Auch sonnige, etwas trockenere Stellen sagen ihm zu.

Die nierenförmigen „Pusteln" auf der Blattunterseite sind dünnhäutige Schirmchen, unter denen sich winzige Sporenkapseln entwickeln. *MH*

Einige Wochen später sind die Schirmchen (Indusien) geschrumpft, und die Sporenkapseln kommen zum Vorschein *MH*

In höheren Lagen des Hochwaldes, besonders im Umkreis von schattigen Waldbächen und Sümpfen, findet man einen Farn, der aus einiger Entfernung dem Wurmfarn täuschend ähnlich sieht. Schaut man sich aber die Blattfiedern von unten an, so findet man kleine Sori, die ganz an die Ränder der Fiederchen gerückt sind. Die Büschel von Sporenkapseln sind nicht von einem Indusium bedeckt, sondern werden anfangs von dem etwas eingebogenen Rand der Blattfiedern geschützt. Es handelt sich um den Bergfarn oder Berg-Lappenfarn (*Thelypteris limbosperma*), einen Bewohner feuchter Mittelgebirgs- und Hochgebirgswälder, den man in wärmeren Tälern vergeblich suchen wird.

An Bachrändern und in feuchten Schluchten beliebiger Höhenlage ist ein weiterer rosettenbildender Farn von der Größe des Wurmfarns weit verbreitet, der Frauenfarn (*Athyrium filix-femina*). Bei ihm findet man kommaförmige Sori. Auch sind die Blattfiederchen schmaler und stärker gezähnt als beim Wurmfarn, weshalb die Wedel insgesamt feiner zerteilt und zierlicher wirken. Darauf ist auch der Name „Frauenfarn" zurückzuführen, der übrigens auch in der wissenschaftlichen Bezeichnung wiederkehrt: filix-femina. Der robustere Wurmfarn bekam demgegenüber den wissenschaftlichen Artnamen „filix-mas"; das bedeutet „Männerfarn".

Die so ganz unterschiedlich geformten und angeordneten Sori verraten, wie gesagt, daß trotz ähnlicher Wuchsform zwischen dem Wurmfarn und seinen beiden Doppelgängern keine nahe Verwandtschaft besteht. Es überrascht kaum noch, daß die wirklichen Verwandten des Wurmfarns auf den ersten Blick zum Teil ganz andersartig aussehen.

Der Dornige Wurmfarn (*Dryopteris spinulosa*) zum Beispiel, der in feuchten Wäldern, Sumpfwiesen und an grasigen Böschungen vorkommt, ist viel kleiner als der gewöhnliche Wurmfarn. Seine Blätter bilden keine deutlichen Rosetten, sondern stehen mit langen Stielen einzeln oder in kleinen lockeren Gruppen. Die Blattfiedern enden mit borstenartigen Zipfeln, die fast wie kleine Dornen aussehen (daher der Name des Farns), aber ganz weich sind und nicht im geringsten stechen. Erst wenn man die sehr ähnlichen Sori betrachtet, erkennt man, daß es sich um einen Farn aus der Wurmfarn-Sippe handelt. Eine Abart dieses Farns (*Dryopteris dilatata*) hat größere, dunkelgrüne Wedel und wächst in humusreichen Wäldern. Im oberen Moseltal und im Sauertal bzw. im benachbarten Luxemburg kommen noch zwei seltene Wurmfarnarten (*Dryopteris pseudo-mas* und *Dryopteris tevelii*) hinzu, die nur durch Feinheiten vom gewöhnlichen Wurmfarn unterschieden sind: die Mittelrippe ihrer Blätter ist stärker mit dunklen Spreuschuppen besetzt, und ihre Fiederchen sind am Ende abgestumpft.

Der aufmerksame Leser wird festgestellt haben, daß der Wurmfarn und seine Verwandten mit dem gemeinsamen Gattungsnamen Dryopteris bezeichnet werden. Darin sind die griechischen Wörter drys (Eiche) und pteris (Farn) enthalten. Dryopteris heißt also „Eichenfarn".

Unter diesem deutschen Namen ist ein kleiner Waldfarn bekannt, der in der nächsten Folge dieser Reihe beschrieben werden soll. Man hielt ihn früher für einen nahen Verwandten des Wurmfarns, zählt ihn heute aber nicht mehr zur Gattung Dryopteris.

Unterseite eines Blattfieders vom Wurmfarn (Mitte), vom Frauenfarn (links) und vom Berg-Lappenfarn (rechts) *HR*

Eichen- und Buchenfarn

JTS 1977

In den beiden ersten Folgen dieser Reihe (Jahrbücher 1974 und 1975) wurden die stattlichsten Farne unserer Wälder und Moore vorgestellt. Es gibt auch kleine und unscheinbare Waldfarne, die man leicht übersieht oder für Keimlinge der großen Farne hält. Mit ihnen befaßt sich diese Folge.
Zwei kleine Waldfarne:

Der Eichenfarn und der Buchenfarn
An feucht-schattigen Waldstellen trifft man auf Farne, deren kleine, höchstens 30 cm lange Wedel herdenweise größere Flächen bedecken. Es sei daran erinnert, daß jeder Farnwedel ein stark gegliedertes Blatt ist. Die Blätter sind bei den einheimischen Farnen das einzige, was man über der Erde sieht. Der Stengel wächst stets waagerecht als dicker brauner „Wurzelstock" unter der Erdoberfläche entlang. Da seine älteren Teile von hinten her absterben, ist dieser Stengel bei manchen Farnarten sehr kurz, fast knollenförmig. Die Blätter sprießen deshalb nahe beieinander; dadurch entsteht ein meist kreisförmiges Blattbüschel, das man Rosette nennt. Die kleinen herdenbildenden Waldfarne, von denen diesmal die Rede ist, haben dagegen einen lang dahinkriechenden unterirdischen Stengel, aus dem die Blätter in größeren Abständen hervorwachsen. An der charakteristischen Blattform sind diese Farne gut zu erkennen.

Eichenfarn (Gymnocarpium dryopteris)
Er ist an der kurzen dreieckigen Form seines Wedels zu erkennen. Diese Form kommt dadurch zustande, daß die Seitenfiedern von der Wedelspitze nach unten rasch an Größe zunehmen.

Die beiden untersten Seitenfiedern sind nochmals stark zergliedert und allein fast so groß wie der gesamte Spitzenteil des Blattes darüber.

MH

Dem Eichenfarn zum Verwechseln ähnlich ist der nah verwandte Ruprechtsfarn (*Gymnocarpium robertianum*). Seine Blätter sind etwas derber und dunkler grün, und die untersten Seitenfiedern sind deutlich kleiner als der übrige Teil des Blattes. Er gehört zu den Seltenheiten der heimischen Pflanzenwelt und besiedelt kalkhaltige, lockere Geröllhalden und Mauern. Dementsprechend findet man ihn fast nur im Muschelkalkgebiet in Richtung Sauer und Obermosel und an Mauern in der Stadt Trier. Es war eine besondere Überraschung, als vor fünf Jahren ein auswärtiger Botaniker den Ruprechtsfarn auf Schieferhalden der stillgelegten Gruben bei Thomm entdeckte. Ganz streng ist der Farn demnach nicht an Kalk gebunden, obwohl das in Büchern immer wieder behauptet wird.

Buchenfarn (Thelypteris phegopteris[11])

Der Buchenfarn ist etwas seltener als der Eichenfarn und feuchtigkeitsbedürftiger. Man findet ihn deshalb meist im Bereich schattiger und sumpfiger Bachtäler oder am Rande von Waldmooren. Auch er ist an der auffälligen Form des kleinen Wedels gut zu erkennen. Dieser ist viel weniger zerteilt als der des Eichenfarns und länglicher geformt. Die Seitenfiedern, die nach unten nur allmählich größer werden, sind selbst nicht mehr gefiedert, sondern nur tief eingekerbt. Von Fiederung würde man erst sprechen, wenn die Einschnitte bis zur Mittelrippe reichten und so wiederum kleine Teilblättchen entstünden. Auffällig ist das unterste Fiederpaar. Während die oberen Paare geradlinig einander gegenüberstehen, bildet das unterste einen Winkel und wirkt wie abgeknickt. Dieses Merkmal fällt bereits von weitem auf.

Der Buchenfarn tritt herdenweise auf *MH*

[11] Heute: Phegopteris connectilis

Verwirrende Namen

Die Namen Eichen- und Buchenfarn wurden den beiden Pflanzenarten mehr zufällig gegeben und haben geringen Aussagewert. Beide Farne wachsen nämlich unter den verschiedensten Baumarten; allenfalls kann man beim Buchenfarn eine gewisse Vorliebe für Buchenwälder feststellen. Merkwürdigerweise werden die ziemlich nichtssagenden deutschen Namen auch von den Botanikern, die ansonsten lateinische Pflanzennamen bevorzugen, gern benutzt. Das rührt daher, daß es mit den wissenschaftlichen Namen der beiden Farne besondere Probleme gab.

Der Schöpfer der wissenschaftlichen Namensgebung, der große schwedische Naturforscher Carl von Linné, verfolgte seinerzeit das Anliegen, dem großen Wirrwarr volkstümlicher Pflanzennamen im wissenschaftlichen Bereich ein Ende zu bereiten. Bis zum 17. Jahrhundert gab es nämlich vor allem im Erfahrungsaustausch über Ländergrenzen hinweg immer wieder Mißverständnisse, weil in verschiedenen Gegenden Pflanzen und Tiere unterschiedlich benannt wurden. Und genaue Abbildungen konnte man aus Kostengründen nicht jeder Veröffentlichung beifügen.

Linné nahm das gewaltige Werk in Angriff, alle ihm bekannten Pflanzen und Tiere gleichsam in einem Katalog genau zu beschreiben und jeder Art einen international gültigen – zweiteiligen – Namen zu geben. Der erste Teil des Namens wird groß geschrieben und bezeichnet die Gattung. Alle Rosen z. B. haben den Gattungsnamen „Rosa". Der zweite Teil ist ein Eigenschaftswort, wird also klein geschrieben und bezeichnet die Art. Die Hundsrose z. B. hat den Artnamen „canina", ihr ganzer Name lautet „Rosa canina". Die Namen entstammen in der Regel der lateinischen, teilweise auch der griechischen Sprache.

Leider brachte Linnés System nicht in jedem Fall eine Beseitigung des Namenswirrwarrs. Übereifrige Nachfolger, die sein Werk fortsetzten, beschrieben nämlich öfter unabhängig voneinander dieselbe Pflanzenart gleich mehrmals und gaben ihr verschiedene Namen.

Auch Linnés Arbeit konnte man nicht unangetastet lassen, da er im Zusammenfassen zu Gattungen manchmal zu großzügig verfahren war: Lebewesen, die nicht sehr nahe mit einander verwandt waren, trugen denselben Gattungsnamen. Man war gezwungen, diese „künstlichen" Gattungen in mehrere echte Verwandtschaftsgruppen aufzuteilen, was natürlich die Bildung neuer Gattungsnamen erforderlich machte.

So geriet die Wissenschaft in Gefahr, selbst wieder eine neue babylonische Sprachverwirrung zu stiften. Um diese Gefahr abzuwenden, stellte man in einer internationalen Konferenz strenge Regeln für die wissenschaftliche Namensgebung auf. Eine dieser Regeln sagt, daß der älteste Namen, der einer Pflanze im Rahmen einer eindeutigen Beschreibung gegeben wurde, gültig ist.

Das reizt nun einige Bücherwürmer unter den Wissenschaftlern, in alten Folianten und Kräuterbüchern herumzuspüren und nachzusehen, ob von dieser oder jener Pflanze nicht noch eine ältere, bisher übersehene Beschreibung vorliegt.

Man muß mit einem Stoßseufzer feststellen, daß das wissenschaftliche Namenssystem aus den genannten und anderen Gründen wohl nie ganz stabil wird und daß der ernsthafte Pflanzen- und Tierfreund immer wieder umlernen muß. Daß der Stoßseufzer berechtigt ist, sollen nun die Beispiele unserer beiden Farne deutlich machen. In den letzten hundert Jahren gab es bei ihnen laufend Umbenennungen, manchmal im Abstand von nur zehn Jahren.

Der Eichenfarn hieß nacheinander:
Polypodium dryopteris, Phegopteris dryopteris, Nephrodium dryopteris, Dryopteris disjuncta, Dryopteris linnaeana, Gymnocarpium dryopteris.

Den Buchenfarn zierte folgende Namenreihe:
Polypodium phegopteris, Phegopteris polypodioides, Nephrodium phegopteris, Thelypteris phegopteris, Phegopteris connectilis, Dryopteris phegopteris.

Die Streifenfarne

JTS 1978

Die Streifenfarne – Bewohner von Felsen und Mauern

Die Streifenfarne sind ausgesprochene Lieblinge vieler Hobby-Botaniker und Farnspezialisten. Das hat leider auch dazu geführt, daß Vorkommen seltener Arten von leidenschaftlichen Sammlern ausgerottet wurden. Bei diesen Pflanzenräubern handelt es sich um Menschen, deren Interesse an Naturschönheiten zu einer Sucht nach Raritäten ausgeartet ist. Sie können dem Drang nicht widerstehen, seltene und vom Aussterben bedrohte Pflanzenarten in ihren Besitz zu bringen. Leider begnügen sie sich nicht damit, ihr Finderglück mit einem Foto zu dokumentieren. Ihr Besitztrieb ist erst befriedigt, wenn sie die Pflanze ausgerissen und gepreßt und getrocknet ihrem Herbar einverleibt haben.

Man kann diesen Pflanzen-Kleptomanen nur schwer auf die Schliche kommen, da es sich um durchaus ehrbare Leute handelt, die ihre schon krankhafte Leidenschaft wohl zu verbergen wissen. Es liegt in der Natur der Sache, daß sie ihre Untaten lautlos und oft in einsamen Gegenden begehen und deshalb kaum Gefahr laufen, beobachtet zu werden. Die seriösen Botaniker sehen sich deshalb gezwungen, Standorte äußerst gefährdeter Pflanzen geheimzuhalten oder da, wo ein wissenschaftliches Interesse an der Fundortregistrierung besteht, nur ungefähre Ortsangaben zu machen.

Woher rührt nun das besondere Interesse an den Streifenfarnen? Zunächst könnte man denken, daß diese Zwerge im Reich der Farne – ihre Wedel werden im allgemeinen nur handlang – keine besondere Aufmerksamkeit erwecken. Wenn man die Abbildungen betrachtet, sieht man allerdings sogleich, daß es sich um zierlich geformte Pflänzchen handelt, die vor dem Hintergrund der Felsen und Mauern, auf denen sie wachsen, recht dekorativ wirken. Die Bilder zeigen auch eine Vielfalt der Blattformen, so daß man sich fragt, warum man denn diese Farne überhaupt zu einer Gattung zusammenfaßt. Schon in einer früheren Folge dieser Aufsatzreihe wurde darauf hingewiesen, daß die Blattform im Pflanzenreich innerhalb von Verwandtschaftsgruppen so variabel ist, daß sie kein gutes Merkmal zum Erkennen von Familienzugehörigkeiten ergibt. Bei den Farnen verrät die Form der Sporenhäufchen viel mehr über die Verwandtschaft. Diese Sporenhäufchen oder Sori finden sich als braune Pusteln auf der Blattunterseite. Es sind Büschel vieler winziger, gestielter Sporenkapseln. Bei der Gattung Streifenfarn (*Asplenium*) sind sie länglich bis strichförmig – daher auch der Name Streifenfarn oder Strichfarn.

Die zwölf Arten, die in Deutschland vorkommen, wachsen durchweg an Felsen oder Mauern, wo sie in Humusansammlungen in kleinen Fugen und Löchern wurzeln. Fünf von diesen zwölf Arten stellen ganz besondere Ansprüche hinsichtlich der Gesteinsart und der Licht- und Feuchtigkeitsverhältnisse und sind deshalb auf wenige Standorte beschränkt. So gedeiht der Lanzett-Streifenfarn (*Asplenium billotii*) nur in gleichmäßig feuchten, nach Süden und Westen geöffneten Nischen überhängender Sandsteinfelsen. Er kommt in unserer Nähe nur an einer einzigen Stelle im luxemburgischen Sandsteingebiet vor. Seltenheitswert haben auch Kreuzungen zwischen Streifenfarnarten. Die Tatsache, daß sich auch Arten mit ganz verschiedener Blattform kreuzen, beweist die nahe Verwandtschaft der auf den ersten Blick einander unähnlichen Farne. Es ist reizvoll, das Ergebnis solcher Kreuzungen mit den Elternarten zu vergleichen. Deren Merkmale treten in den Bastarden in oft recht seltsamer Mischung zutage. Werfen wir nun anhand der Bilder einen Blick auf die Arten, die im Kreis Trier-Saarburg vorkommen:

Am häufigsten ist der **Braunstielige Streifenfarn** (*Asplenium trichomanes*), der an schattigen Felsen und Mauern wächst, keine besonderen Ansprüche stellt und deshalb weltweit verbreitet ist. An seiner dünnen, braunen Blattrippe sind zierliche rundliche Blattfiederchen regelmäßig einander gegenüberstehend angeordnet.

Der Braunstielige Streifenfarn wächst häufig an schattigen Felsen und Mauern. *MH*

Die **Mauerraute** (*Asplenium ruta-muraria)* hat sich von allen Streifenfarnen am besten an die menschliche Kultur angepaßt. Sie gedeiht sehr gut in Mörtelfugen von Mauern und ist dort häufiger anzutreffen als an Felsen.

In fast allen Dörfern und Städten ist an alten Mauern die Mauerraute, einer der zierlichsten Streifenfarne, anzutreffen. *MH*

Es gibt kein Dorf und keine Stadt, wo man sie nicht an alten Mauern findet. Ihre Blattform ist ausgesprochen hübsch, und man würde sie wahrscheinlich mehr bewundern, wenn sie nicht so häufig wäre.

Ein wenig seltener ist der Nordische **Streifenfarn** (*Asplenium septentrionale*). Man hat ihm einen falschen Namen gegeben, denn er ist eine etwas wärmeliebende, mittel- und südeuropäische Pflanze. „Nordisch" ist er höchstens seinen nächsten Verwandten gegenüber, die in den Tropen zu Hause sind. Daß er zu einer eigenen Gruppe innerhalb der Streifenfarn-Sippe gehört, verrät seine recht absonderliche Blattform: das Blatt besteht aus fast fadenförmigen Zipfeln, die in spitzen Winkeln gespalten sind. Sie erinnern an Schlangenzungen. Viele solche Blätter bilden dichte Büsche, die aus Felsritzen gleichsam hervorquellen. Der Farm meidet Kalk und wächst mit Vorliebe auf sonnigen Schieferfelsen an Mosel und Saar und im Hunsrück.

Der „Nordische" Streifenfarn hat fadenförmige, gegabelte Blätter. *MH*

Schon zu den Raritäten der deutschen Flora gehört der **Schwarzstielige Streifenfarn** (*Asplenium adiantum-nigrum*). Er verlangt kalkarme, licht bis halbschattige, humose Felsklüfte in Gebieten mit wintermildem Klima. Er kommt in Deutschland deshalb nur im südwestlichen Teil, vor allem im Rheingebiet, vor. Um Trier herum gibt es auf Schiefer verhältnismäßig viele Fundorte.

Ein anderer seltener wärmeliebender Farn gehört nur in weiterem Sinne zu den Streifenfarnen: der **Milzfarn oder Schriftfarn** (*Asplenium ceterach* oder *Ceterach officinarum*). Er hat sein Hauptverbreitungsgebiet in den Mittelmeerländern. Von dort strahlen seine Vorkommen bis in die Wärmegebiete Mitteleuropas aus. Er zeigt deutliche Anpassungen an Trockenheit und Hitze, die er auf seinen exponierten Fels- und Mauerstandorten zeitweise ertragen muß. Man hat an solchen Stellen an Sommertagen schon Temperaturen um 60 Grad gemessen. Die Wedel sind unterseits dicht mit braunen Schuppen bedeckt, die wie ein Haarfilz die Verdunstung einschränken und als Isolierschicht gegenüber dem erwärmten Gestein wirken. Bei sehr großer Trockenheit rollen sich die Wedel von der Seite her nach oben zusammen, so daß die schuppige Unterseite nach außen gekehrt ist. Der Farn sieht dann wie vertrocknet aus und man ist überrascht, wenn er nach dem ersten Regen wieder frisch und grün ist.

Der in Deutschland insgesamt seltene Schwarzstielige Streifenfarn ist um Trier herum an vielen Stellen anzutreffen. *MH*

Der Milzfarn besiedelt in den Weinbaugebieten an Mosel und Saar kleine Felsköpfe und Weinbergsmauern. Leider haben ihm dort Flurbereinigungen und das Versprühen von Herbiziden viel Schaden zugefügt. Durch Wind werden Unkrautvernichtungsmittel oft über die Weinbergsflächen hinausgeweht. Das führt zur zunehmenden Verarmung der Fels- und Mauerflora, die früher einmal reich war an seltenen und schön blühenden Pflanzenarten.

Eine bis in unsere Gegend vorgedrungene Pflanze des Mittelmeergebietes: der Milzfarn. *MH*

Hirschzungen- und Rippenfarn

JTS 1979

Im vorherigen Jahrbuch wurden die Streifenfarne vorgestellt, die den wissenschaftlichen Gattungsnamen Asplenium tragen. Nahe verwandt mit ihnen ist ein Farn, der wegen seines dekorativen Aussehens immer wieder ausgegraben und in Gärten verpflanzt wird und deshalb unter strengen Naturschutz gestellt werden mußte:

Der Hirschzungenfarn

MH

Er hat den wissenschaftlichen Namen *Phyllitis scolopendrium*[12]. Der Gattungsname *Phyllitis* wurde ihm nicht erst im 18. Jahrhundert verliehen, als man die wissenschaftlichen Tier- und Pflanzennamen einführte; schon der bedeutendste Pflanzenheilkundler des griechischen Altertums, Dioskurides, beschrieb den Farn unter diesem Namen. Der Artname scolopendrium geht auf eine griechische Bezeichnung für Asseln und Tausendfüßler zurück. An die zahlreichen Beine eines Tausendfüßlers erinnern die dunkelbraunen Striche auf der Blattunterseite des Farns. Jeder dieser Striche besteht aus zahlreichen Sporenkapseln, den Fortpflanzungsorganen des Farns. Unter allen einheimischen Farnen ist dieser der Einzige, der eine glattrandige, unzerteilte Blattfläche hat. Er wirkt mit seinen zungenförmigen, glänzenden Blättern wie ein exotisches Gewächs warmer Zonen. Seine nächsten Verwandten leben tatsächlich in tropischen Regionen. Möglicherweise waren die Vorfahren des Hirschzungenfarns ebenfalls dort zu Hause, und im Laufe von Jahrmillionen erfolgte dann eine Anpassung an das Leben in kühleren Zonen. Geblieben ist ein großes Feuchtigkeitsbedürfnis. Nicht nur Bodenfeuchte braucht der Hirschzungenfarn, sondern auch ständig hohe Luftfeuchtigkeit. Diese Bedingungen findet er im allgemeinen nur in engen, schluchtartigen, mit Wald bewachsenen Tälern. Er gilt als Charakterpflanze („Kennart“) der sogenannten Schluchtwälder, in denen Bergahorn, Spitzahorn und Esche ihre natürlichen Standorte haben. Weiterhin beansprucht der Farn einen gewissen Kalkgehalt im Boden, wenn er auch nicht an reines Kalkgestein gebunden ist.

---

[12] Heute Asplenium scolopendrium

Das Moseltal gehört zu den deutschen Landschaften, in denen der Farn recht häufig vorkommt, während er andernorts selten geworden ist. Die reichsten Vorkommen liegen in den tief eingeschnittenen Seitentälern der unteren Mosel nahe Koblenz. Moselaufwärts tritt der Farn immer spärlicher auf, und zwischen Bernkastel und Trier gibt es ganz wenige Fundorte. Häufiger trifft man die Hirschzunge wieder im Muschelkalkgebiet westlich Triers und an der unteren Saar an.

Auf ein Massenvorkommen mit Hunderten kräftiger Pflanzen im Randbereich der Stadt machte kürzlich Herr Peter Kohns (Wasserliesch) aufmerksam. Das Vorkommen war wahrscheinlich schon dem 1957 verstorbenen Heimatforscher Peter Josef Busch bekannt, danach aber bei den Pflanzenkennern in Vergessenheit geraten. Wie fast alle Standorte seltener Pflanzen in unserem dicht besiedelten Land ist auch dieser bereits gefährdet: eine Wochenendsiedlung hat sich bis dicht an den Rand des Farnbestandes ausgedehnt.

Die streifenförmig angeordneten Sporenkapseln auf der Blattunterseite erinnern an die Beine eines Tausendfüßlers. *MH*

Der Rippenfarn

Der Rippenfarn wächst in schattigen Fichtenwäldern und Erlenbrüchen der Mittelgebirge *MH*

Zu den zierlichsten Farnen der Heimat gehört der Rippenfarn (*Blechnum spicant*[13]). Er ist in Fichtenwäldern und Erlensümpfen der Mittelgebirge zu Hause. Zum Gedeihen benötigt er ein luftfeuchtes Klima mit relativ hohen Niederschlägen. In den warmen, trockenen Tallagen ist er deshalb nicht oder nur selten anzutreffen. Er braucht Schatten und modrig-torfigen, sauren Boden. Alle diese Bedingungen findet er in den Kammlagen des Hunsrücks, beispiels-weise im Osburger Wald, wo man ihn entlang von Waldbächen auf Schritt und Tritt antrifft. Links der Mosel kommt der Farn im Buntsandsteingebiet vor, vereinzelt schon beim Weißhaus und am Kockelsberg. Der Rippenfarn gehört zu einer besonderen Familie der Farnpflanzen, deren Arten heute hauptsächlich auf der Südhalbkugel der Erde vorkommen. Es gibt Anhaltspunkte dafür, daß vor der Eiszeit, im Alter des Tertiär, die Familie der Rippenfarne auch auf der Nordhalbkugel verbreitet war. Die Eiszeit mit ihren starken Klimaveränderungen vernichtete die tertiäre Flora weitgehend. Nur wenige „alte" Pflanzenarten überstanden diese Periode. Zu diesen Überbleibseln der Tertiärflora gehört der Rippenfarn. Seine 20 bis 30 cm langen dunkelgrünen Wedel sind sehr regelmäßig fiederförmig eingeschnitten. Sie sind etwas dicklich und lederartig und bleiben deshalb auch bei Wind und Wetter wohlgeformt. Mehrere Wedel bilden eine Rosette, die ziemlich flach über der Erde ausgebreitet ist. Im Sommer entstehen in der Mitte der Rosette abweichend geformte Blätter, die fast senkrecht stehen. Sie vor allem brachten der Pflanze den Namen „Rippenfarn" ein. Die Fiedern dieser Blätter sind nämlich ganz schmal, so daß die Blätter wie verdorrt wirken. Wegen der leichten Biegung der Fiedern wird man tatsächlich etwas an die Rippen eines Skeletts erinnert.

[13] Heute: *Struthiopteris spicant*

Diese Blattform ist das Ergebnis einer Arbeitsteilung: Während die flach ausgebreiteten Blätter dem Auffangen des Sonnenlichtes und damit der Ernährung und Energiegewinnung dienen, besteht die Aufgabe der senkrechten Blätter im wesentlichen nur noch in der Erzeugung von Sporen. Die Makroaufnahme läßt erkennen, daß die ähnlich wie bei den Streifenfarnen in schmalen Reihen angeordneten Sporenkapseln durch die umgebogenen Ränder der Blattfiedern fast eingeschlossen werden. Mit dem sondern in „unfruchtbare" und „fruchtbare" Wedel (letztere nennt man Sporenblätter) hat der Rippenfarn eine Entwicklungsrichtung eingeschlagen, die bei einer ausgestorbenen Gruppe von Farnen der Kreidezeit sehr zukunftsträchtig wurde: Aus ihren Sporenblättern entwickelten sich im Laufe von Jahrmillionen die Blüten, und so entstanden aus den Farnpflanzen die Blütenpflanzen. Der Rippenfarn hat sozusagen nur einen zaghaften Versuch in dieser Richtung gemacht. Dafür hat er sich aber in anderer Hinsicht so gut angepaßt, daß er auch nach dem Siegeszug der Blütenpflanzen als Nachkomme eines uralten Geschlechts überleben konnte.

Die länglichen Sporenhäufchen auf der Blattunterseite sind das Erkennungsmerkmal der ansonsten so vielgestaltigen Streifenfarne. *MH*

Die Schildfarne

Blasen- und Tüpfelfarn

JTS 1980

Die Schildfarne
Den Pflanzenkennern ergeht es ähnlich wie Münz- oder Briefmarkensammlern; in der Regel wird ihre Neugier zunächst durch die abwechslungsreiche Fülle der Beobachtungs- und Sammlungsobjekte geweckt. Je intensiver sie sich mit ihrem Steckenpferd befassen, desto mehr neigen sie dazu, sich zu spezialisieren. Die Beschränkung auf ein Spezialgebiet schärft den Blick für unauffällige Besonderheiten der Gegenstände und für feine Unterschiede. Die Pflanzenkenner beispielsweise, die sich nur mit Orchideen befassen, entdecken bei einzelnen Arten eine schier unendliche Fülle von Farb- und Formverschiedenheiten der Blüten. Ein gutes Demonstrationsobjekt für die Wichtigkeit genauer Beobachtung sind auch die Schildfarne (Gattung Polystichum). Man findet sie an feuchten und felsigen Hängen in Bach- und Flußtälern. Sie kommen dort in schattigen Schluchtwäldern oft zusammen mit dem im Jahrbuch 1979 vorgestellten Hirschzungenfarn vor, sind aber etwas weiter verbreitet als dieser. Die großen Wedel der Schildfarne sind dunkelgrün, glänzend und ziemlich steif; sie wirken daher derber und strenger in ihrer Form als beispielsweise die des Wurmfarns. Die Gestalt der Sporenhäufchen (Sori) auf der Blattunterseite, die ja für die Verwandtschaftseinteilung der Farne von großer Bedeutung ist, kennzeichnet auch die Schildfarne als eigenständige Farngruppe. Auch ihren deutschen Namen verdanken sie dieser Gestaltung: die kleinen, schildförmigen Schutzhüllen, unter denen die Büschel von winzigen Sporenbehältern versteckt sind, haben in Flächenansicht fast kreisrunde Form und erinnern in ihrer Derbheit an Schutzschilde. Nierenförmige Einbuchtungen wie beim Wurmfarn (vgl. Jahrbuch 1975, Seite 226) sind höchstens schwach angedeutet.

Die alten Kräuterbuchautoren nahmen an, daß es in Deutschland außerhalb der Alpen nur eine Schildfarnart gibt, den Dornigen Schildfarn (so genannt wegen dornförmiger, aber nicht stechender Borsten an den Blatträndern). Erst im vorigen Jahrhundert wurden sehr genau beobachtende Botaniker auf feine Unterschiede aufmerksam, die für das Vorhandensein zweier nah verwandter Arten sprechen. Die eine ist der Dornige Schildfarn im engeren Sinne (*Polystichum aculeatum*), die andere der Grannen-Schildfarn (*Polystichum setiferum*). Selbst gute Pflanzenkenner lernen die beiden Arten erst dann zu unterscheiden, wenn sie Vergleichsmaterial in Händen haben. Die besten Bestimmungsmerkmale bieten die von der Hauptrippe des Blattes abzweigenden Fiedern erster Ordnung.

Die links abgebildete stammt vom Dornigen Schildfarn, die rechts vom Grannen-Schildfarn. Die Fieder in der Mitte stammt von einem Bastard, also einem Farn, der durch Kreuzung der beiden Arten entstanden ist. Solche Bastarde entstehen relativ häufig. Wie man deutlich erkennen kann, sind die Fiederchen zweiter Ordnung beim Dornigen Schildfarn (links) flächenhaft miteinander verbunden. Nur die untersten sind stärker von den anderen abgetrennt und am Grunde beinahe zu einem Stiel verschmälert. Beim Grannen-Schildfarn (rechts) sind fast alle Fiederchen scharf voneinander getrennt und mit einem dünnen Stielchen an der Mittelrippe befestigt. Lediglich im Spitzenteil der Fieder fügen sich die Fiederchen flächenhaft zusammen. Beiderseits der Mittelrippe entsteht durch die deutliche Abtrennung der Fiederchen eine freie „Gasse", die vor allem bei hellem Hintergrund sehr auffällt. Der Bastard (Mitte) nimmt in seiner Merkmalsausprägung eine Zwischenstellung ein. Nur in der unteren Fiederhälfte sind die Fiederchen in einen Stiel verschmälert. Nur dort sind auch die „Gassen" einigermaßen ausgebildet.

Die einander äußerst ähnlichen Schildfarnarten kann man am besten anhand der Blattfiedern unterscheiden. Erläuterung im Text.

Mehr als durch ihre Gestalt unterscheiden sich die beiden Schildfarnarten durch ihre Lebensweise und ihre Verbreitung. Der Dornige Schildfarn hat derbere Blätter, die den Winter überdauern. Er gehört also zu den immergrünen Gewächsen, wie sie für die wintermilden Gebiete West- und Südeuropas charakteristisch sind. Der Grannen-Schildfarn hat weniger robuster Blätter, die in kalten Wintern absterben. Während der Dornige Schildfarn in den deutschen Mittelgebirgen zwar nirgends häufig, aber doch weit verbreitet ist, kommt der Grannen-Schildfarn nur im Mittelrheingebiet und sonst nirgends in Deutschland vor.

Im Kreis Trier-Saarburg findet man den Dornigen Schildfarn im Saartal, im Moseltal und in fast allen Seitentälern, jedoch nur an bestimmten Stellen mit schluchtartigem Charakter. Vereinzelt trifft man dort auch den Bastard an. Den Grannen-Schildfarn in reiner Form gibt es im Kreisgebiet wohl nur an einigen Stellen im Saartal.

Der Blasenfarn

Auch er ist ein Bewohner feuchter, schattiger Schluchten, Felsen und Mauern. Seine kleinen Wedel gehören zu den zierlichsten, die man bei heimischen Farnen antrifft. Sie sind so fein zerteilt und dünn, daß sie leicht abbrechen. Im wissenschaftlichen Namen des Farns (*Cystoperis fragilis*) deutet die Artbezeichnung fragilis = zerbrechlich auf diese Eigenschaft hin. Recht hinfällig sind auch die kleinen Schutzhüllen über den Sporenbehältern.

Die Fachbezeichnung „Schleier" paßt recht gut zu ihnen, viel besser als zu den derben Schildchen der Schildfarne. Zur Zeit der Sporenreife schrumpfen sie, so daß dann die Büschel von Sporenbehältern auf der Blattunterseite offen daliegen. Noch weniger behütet sind die Sporenbehälter bei der Farngattung, die im folgenden Abschnitt beschrieben wird.

Der Blasenfarn hat zarte und zerbrechliche Wedel. Sie zieren feuchte, schattige Felsen und Mauern. *MH*

Die Tüpfelfarne

Die Tüpfelfarne (Gattung Polypodium), die auch Engelsüß genannt werden, sind Bewohner feuchter bis trockener, meist schattiger Felsen. Gelegentlich siedeln sie sich auch auf humusbedeckten Baumwurzeln an.

Tüpfelfarn (P. vulgare) *MH*

Auch bei den Tüpfelfarnen gibt es in unserem Gebiet zwei nahe verwandte Arten, die allerdings noch schwerer zu unterscheiden sind als die Schildfarne. Die eine davon (*Polypodium vulgare*) ist im Kreis Trier-Saarburg ebenso wie im gesamten Deutschland weit verbreitet. Sie stellt keine erhöhten Ansprüche an ihren Standort und verträgt sowohl gelegentliche Trockenheit als auch rauhes Klima.

Die andere Art (*Polypodium interjectum*) ist anspruchsvoller. Sie verlangt wintermildes und luftfeuchtes Klima. Ihr Vorkommen in Deutschland beschränkt sich deshalb im wesentlichen auf die Tallagen im Westen.

Gesägter Tüpfelarn (P. interjectum) *MH*

Da der Trierer Raum ganz im Bereich wintermilden (ozeanischen) Klimas liegt, kann es nicht überraschen, daß diese seltenere Tüpfelfarnart an Mosel und Saar recht häufig vorkommt.

Wie schon dargelegt, sind beide Arten schwer zu unterscheiden. Lediglich die recht langen Blattfiedern und die plötzlich verschmälerte, lang vorgestreckte Blattspitze deuten auf die seltenere Art Polypodium interjectum hin. Doch sind diese Merkmale allein nicht zuverlässig genug, und eine sichere Bestimmung ist meist nur unter Zuhilfenahme einer Lupe oder eines Mikroskops möglich.

Die Büschel von Sporenbehältern (Sori) liegen bei den Tüpfelfarnen von vorherein offen. Ein schützender Schleier fehlt. Der Name Engelsüß rührt daher, daß die wie bei allen Farnen waagerecht in der Erde wachsenden Stengel (Rhizome) Zucker als Speicherstoff enthalten. Der Geschmack ist aber eher bittersüß, da außerdem noch ein Bitterstoff vorhanden ist. Dieser ist für Eingeweidewürme äußert giftig, weshalb der Farn ebenso wie der Wurmfarn als Hausmittel gegen diese Parasiten verwendet wurde.

Die Sporenbehälter auf der Blattunterseite sind bei den Schildfarnen unter derben, kreisrunden Schildchen versteckt. *SE*

Neulinge in der Flora von Trier und Umgebung

JTS 1996

Einführung in die Artikelserie

„Alles fließt und nichts dauert." Dieser Ausspruch des griechischen Naturphilosophen Heraklit gilt auch für die Pflanzen- und Tierwelt. Nicht nur, daß im Jahreslauf ein ständiges Werden und Vergehen zu beobachten ist. Auch längerfristig vollziehen sich Änderungen. Wir wollen hier gar nicht von den umfangreichen Wandlungen reden, die sich in den Zeiträumen der Erdgeschichte vollzogen haben; da starben ganze Gruppen von Lebewesen aus, wie z. B. die Saurier, und neue verbreiteten sich über die Erde und brachten zahlreiche neue Formen hervor.

Wer seine heimatliche Natur aufmerksam beobachtet, wird feststellen, daß sich auch im Laufe eines Menschenlebens die Pflanzen- und Tierwelt eines Gebietes ändert. Zum einen dadurch, daß der Mensch die Landschaft umgestaltet. Man denkt da zunächst an Eingriffe, die zur Zerstörung von Biotopen und Lebensgemeinschaften führen, wie z. B. Straßenbau oder Erweiterungen von Baugebieten; oder an Herbizidanwendung und Saatgutreinigung, die den Rückgang oder das Verschwinden von Ackerwildkräutern zur Folge hatten. Genauso folgenreich ist es aber, wenn bestimmte Formen der wirtschaftlichen Nutzung aufhören. Wir erleben dies zur Zeit am Beispiel des rapiden Schwundes landwirtschaftlicher Betriebe. Durch das Brachfallen von Äckern, Wiesen und Weinbergen wird sich das Landschaftsbild erheblich verändern. Der in Teilen des Kreisgebietes ohnehin schon reichlich vorhandene Wald wird sich ausdehnen, die offene Feldflur kleiner werden. Manche Biotope, wie Mager- und Sumpfwiesen mit ihren zahlreichen seltenen Pflanzen- und Tierarten, werden noch seltener werden, als sie es ohnehin schon sind. Wie man sieht, münden die Betrachtungen über die Veränderungen in unserer Landschaft schnell in ein Klagelied über den Schwund von Biotopen und Arten.

Der Objektivität halber muß man aber auch erwähnen, daß sich für manche seltenen Arten die Lebensbedingungen in den letzten Jahren wieder verbessert haben. Einige profitieren vom Rückgang der Landwirtschaft, wenn auch vielleicht nur vorübergehend. Andere werden durch Naturschutzmaßnahmen gefördert; nicht nur durch große Projekte, für welche die Behörden zuständig sind, sondern auch durch viele kleine Aktionen naturliebender Privatleute in Haus und Garten. Es gibt aber noch eine ganz andere Gegenbewegung zum Artenschwund, nämlich das Auftreten neuer Arten, die es vorher im Gebiet noch nie gab.

Sie stammen aus anderen Gegenden der Erde und sind entweder von selbst bei uns eingewandert oder durch den Menschen eingeführt („eingeschleppt") worden. Recht bekannt sind einige Neulinge in der Tierwelt, die erst seit wenigen Jahrzehnten bei uns leben. Dazu gehört die Türkentaube, deren auffälliger Ruf heute in jedem Dorf und jeder Stadt zu hören ist. Die Wacholderdrossel, die früher nur im östlichen Teil Deutschlands vorkam, breitete sich erst in den 70er Jahren bei uns aus. Der Verfasser erinnert sich noch, daß ihn damals immer wieder Leute fragten, was das für ein seltsamer Vogel sei, den sie noch nie gesehen hätten. In den Wäldern ist der Waschbär heimisch geworden, von dem man allerdings wegen seiner nächtlichen Lebensweise fast nur überfahrene Tiere zu sehen bekommt.

Auch in der Pflanzenwelt gibt es zahlreiche Neulinge; so viele, daß sich einige Wissenschaftler fast ausschließlich mit ihnen beschäftigen. Über den Zeitpunkt, wann und auf welche Weise diese Pflanzen zu uns gekommen sind, in welchem Grad sie sich bei uns einbürgern und in welchem Maße sie einheimische Pflanzengemeinschaften verändern oder gar verdrängen, gibt es so viel zu forschen, daß bereits eine umfangreiche Fachliteratur entstanden ist. Wer sie liest, sieht sich mit einer Reihe von Fachbegriffen konfrontiert, wozu solche Wortungetüme wie „Ergasiolipophyten", „Akolutophyten" und „Idiochorophyten" gehören. Man benötigt solche Begriffe, um die recht unterschiedliche Art und Weise, wann und wie die Einwanderer zu uns gekommen sind, zu kennzeichnen, sowie den Grad ihrer Einbürgerung. Manche treten nur vorübergehend auf und können sich aus klimatischen oder sonstigen Gründen bei uns nicht halten (Unbeständige oder Ephemerophyten). Andere haben in heimischen Pflanzengemeinschaften ihren festen Platz gefunden, was man daran erkennt, daß sie sich schon über mehrere Generationen von selbst fortgepflanzt haben. Nur mit solchen wird sich die Artikelserie befassen. Sie wird sich weiterhin auf die sogenannten Neophyten beschränken. So nennt man die Pflanzen, die ab 1500, also seit der Entdeckung Amerikas zu uns gelangt sind.

Im 16. Jahrhundert gab es geradezu eine Einwanderungswelle aus der Neuen Welt, und viele der damals zu uns gelangten Pflanzen haben sich so vollkommen in unsere Pflanzenwelt eingegliedert, daß man gar nicht mehr ahnt, daß es ursprünglich „Ausländer" waren. Nordamerika und Asien sind die wichtigsten Ursprungsgebiete für die Neulinge unserer Pflanzenwelt. Das ist leicht zu verstehen; denn dort gibt es große Gebiete, deren Klima von unserem nicht allzusehr abweicht, so daß die eingewanderten Pflanzen auch bei uns geeignete Lebensbedingungen finden.

Anschließend und in den weiteren Folgen sollen konkrete Beispiele von Neubürgern unserer Flora vorgestellt werden.

Der Riesen-Bärenklau (Heracleum mantegazzianum), ein Neuling mit Tücken
Die über mannshoch werdende Pflanze gehört in die Familie der Doldenblütler und stammt aus Südwestasien; wahrscheinlich nicht speziell aus dem Kaukasus, wie in der Literatur immer wieder angegeben wird. Die Identität ist bei den Fachleuten immer noch umstritten, denn es gibt im asiatischen Raum mehrere einander ähnliche Arten und es ist noch nicht geklärt, ob nur eine davon oder mehrere bei uns Neubürger geworden sind.

Die Mehrzahl der Fachleute gebraucht bis auf weiteres den wissenschaftlichen Namen Heracleum mantegazzianum. Am Gattungsnamen kann man die Verwandtschaft mit dem kleineren einheimischen Wiesen-Bärenklau (*Heracleum sphondylium*) erkennen, den man im Sommer auf fast jeder Wiese antrifft.

Der Name deutet darauf hin, daß der Sage nach der griechische Held Herakles die Heilwirkung einer in Griechenland vorkommenden Bärenklau-Art entdeckt haben soll. Der Riesen-Bärenklau ist mit Sicherheit nicht von selbst aus seiner asiatischen Heimat zu uns vorgedrungen, sondern er wurde vom Menschen eingeführt, wahrscheinlich in Form von Saatgut.

JR

Schon in den zwanziger Jahren wuchs er in Botanischen Gärten und Parkanlagen, wo er wegen seiner imposanten Größe und seiner mächtigen Dolden Eindruck machte. Da es sich herumsprach, daß er leicht durch Samen zu vermehren ist, gelangte er bald auch in Privatgärten. Imker säten ihn hie und da auch außerhalb von Gärten aus, da er ein guter Nektarlieferant ist.

Ungefähr ab 1950 mehrten sich verwilderte Vorkommen in freier Natur, vor allem an Straßenrändern, und zwischen 1960 und 1970 beobachteten die Botaniker mit Sorge, daß sich stellenweise solche Massenbestände entwickelten, daß einheimische Pflanzen überwuchert wurden. In Rhein-Hessen ging dadurch die gesamte Flora eines kleinen Naturschutzgebietes zugrunde.

Auch im Bereich der Stadt Trier gibt es Massenvorkommen, z. B. in der Umgebung der Kläranlage in Trier-Nord und entlang der angrenzenden Bahnlinie. Auch im Landkreis trifft man auf viele kleinere und größere Bestände.

Neuerdings wird beobachtet, daß die Ausbreitung sich verlangsamt und hie und da zum Stillstand kommt. Das kann damit zusammenhängen, daß die Pflanze keine unterirdischen Ausläufer bildet und sich deshalb nur durch Samen vermehren kann. Die Samen sind zwar schwimmfähig, haben aber ansonsten keine besonderen Einrichtungen zur Fernverbreitung und fallen meist im näheren Umkreis der Pflanze zu Boden. Sie können nur dort keimen, wo sie günstige Lebensbedingungen finden. Dazu gehören Helligkeit, nitratreicher Boden und ein gewisses Maß an Feuchtigkeit.

In Einzelfällen mögen auch Bekämpfungsmaßnahmen die weitere Ausbreitung verhindern. Allmählich hat es sich nämlich herumgesprochen, daß der Riesen-Bärenklau eine gefährliche Pflanze ist. Gelangt nämlich sein Saft auf die Haut, können nach einiger Zeit Entzündungen und Geschwüre entstehen, die nur schwer abheilen. Dabei ist das Sonnenlicht mit im Spiel. Gelangt nämlich kein Licht auf die betreffende Hautstelle, kommt es auch nicht zur Entzündung. Bisher nahm man an, es handele sich um eine Art allergische Reaktion, bei welcher ein Stoff im Saft der Pflanze Zellen des Immunsystems so beeinflusse, daß eine erhöhte Lichtempfindlichkeit die Folge ist. Neuerdings tendiert man eher dazu, eine phototoxische Reaktion anzunehmen: Der im Saft der Pflanze enthaltene Wirkstoff wandelt sich unter der Einwirkung von Sonnenlicht in eine giftig wirkende Substanz um (Steigleder 1992).

1977, als in der Literatur die ersten Meldungen über die Gefährlichkeit des Bärenklau-Saftes erschienen, ließ ich mich zu einem Selbstversuch verleiten und verrieb eine kleine Menge auf einem Fingerglied. 14 Tage danach trat dort eine Rötung auf, die wie eine Druckstelle aussah, wie man sie nach harter Arbeit mit einem Werkzeug bekommt. Die Stelle entzündete sich und begann zu eitern. Ärztliche Behandlung wurde notwendig und ich mußte wochenlang einen Verband tragen.

Man kann deshalb nur davor warnen, den Bärenklau mit bloßen Händen anzufassen. Gärtner hüllen sich geradezu in Schutzkleidung ein und tragen Schutzbrillen, wenn sie größere Mengen entfernen müssen. Selbst wenn man Handschuhe benutzt, könnten ja Saftspritzer auf die Gesichtshaut oder gar in die Augen gelangen. Keinesfalls gehört der Bärenklau in Gärten, in denen Kinder herumtollen. Das Ausrotten schon vorhandener Bärenklau-Bestände ist wegen der Riesenmenge ausgestreuter Samen nicht

einfach, jedoch nicht so aussichtslos wie bei Pflanzen mit unterirdischen Ausbreitungsorganen.
Wenn man die Blütenstände entfernt, bevor die Früchte reifen, können sich die Pflanzen nicht vermehren. Da sie zwei- bis mehrjährig sind, werden zwar einige Jahre lang noch Stauden aufwachsen, aber irgendwann kommt nichts mehr nach.

Übrigens verursacht auch der Saft des einheimischen Wiesen-Bärenklaus phototoxische Reaktionen, wenn auch nicht ganz so starke. Vor Jahren gab es einen Presserummel, nachdem einige Jungen im Ruhrgebiet in der Emscher geschwommen waren und nach einigen Tagen auf ihrem Rücken rote Streifen entstanden, die sich entzündeten. Man vermutete illegale Gifteinleitungen in den Fluß und ein Umweltskandal schien sich anzubahnen. Ein Dermatologe fand dann aber die eigentliche Ursache: Die Jungen hatten sich nach dem Schwimmen auf einer Wiese herumgewälzt, auf welcher der Wiesen-Bärenklau reichlich wuchs.

TMe

Literatur:

Adolphi, K. (1995): Neophytische Kultur- und Anbaupflanzen als Kulturflüchtlinge des Rheinlandes. - 272 S., Wiehl: Galunder-Verlag
Steigleder, K. (1992): Dermatologie und Venerologie für Ärzte und Studenten. - 577 S., Stuttgart

Eingeschleppte Pflanzen als Landplage (Japanknöteriche)

JTS 1997

Vor Jahren sah man im Fernsehen einen lustigen Zeichentrickfilm mit ernstem Hintergrund. Der Inhalt war folgender: Ein Strichmännchen sieht am Wegrand ein seltsames, unbekanntes Pflänzchen, zeigt mit dem Finger darauf und sagt: „Da is'n Kraut." In der nächsten Szene sind schon mehrere Exemplare des Pflänzchens zu sehen. Wieder sagt das Männchen: „Da is'n Kraut." Diesmal mit deutlich warnendem Unterton. Niemand hört jedoch zu. Im Laufe des Films wuchert die Pflanze rasch weiter und bildet immer dichtere Gestrüppe. Die Stimme des Männchens wird immer eindringlicher, aber niemand hört sie. Am Schluß hat die Pflanze mit einem undurchdringlichen Dickicht das ganze Land bewuchert, und die Menschen versuchen vergeblich, sich zu befreien. Das Geschehen ist natürlich eine Parabel. Der Film spielt wohl auf die Sorglosigkeit gegenüber gefährlichen Ideologien oder gegenüber der schleichenden Umweltzerstörung an. In Bezug auf einige der fremdländischen Pflanzen, die bei uns eingewandert sind, könnte man den Film aber beinahe wörtlich nehmen. Einige dieser Pflanzen zeigen nämlich eine solche Robustheit und Vermehrungsfreudigkeit, daß sie ausgedehnte Dickichte entwickeln, welche die einheimische Vegetation verdrängen und somit hier und da zu einer Landplage werden.

In ihren Ursprungsländern fallen diese Arten keineswegs so unangenehm auf. Dies ist dadurch zu erklären, daß sie dort in ein System eingebunden sind, das sich in Jahrtausenden oder Jahrmillionen herausgebildet hat. Im Laufe der Erdgeschichte geht die Entwicklung stets dahin, daß die Vermehrung jeder Pflanzen- und Tierart durch andere Arten gebremst wird. Es ist ähnlich wie im Geschäftsleben. Wenn einer eine Marktlücke entdeckt hat, in der es keine Konkurrenz gibt, floriert sein Geschäft zunächst enorm und er kann rasch expandieren. Es ist aber nur eine Frage der Zeit, wann er Konkurrenz bekommt und sein Erfolgskurs gebremst wird. In der Natur entwickeln sich im Laufe der Jahrtausende oder Jahrmillionen garantiert zu jeder Art von Lebewesen „Kontrolleure", die dafür sorgen, daß keine grenzenlose Vermehrung stattfinden kann. Dies geschieht schon allein deshalb, weil eine Art, die sich stark vermehrt hat, eine reiche Nahrungsquelle darstellt. So treten irgendwann Freßfeinde oder Parasiten auf den Plan, welche sich an dieser bisher noch ungenutzten Nahrungsquelle gütlich tun. So entsteht schließlich ein ausgewogenes System des Fressens und Gefressenwerdens, bei dem sich alle Mitglieder sozusagen gegenseitig in Schach halten. Eine Pflanzen- oder Tierart, die in eine ferne Gegend verschleppt wird, bricht aus diesem in Jahrtausenden gewachsenen System aus und gelangt in ein neues System.

Es kann sein, daß es für sie dort keine Widersacher gibt. So kann sie sich zunächst ungehemmt breit machen, ehe sie an Grenzen stößt. In der heutigen Folge sei ein Einwanderer vorgestellt, der sich noch stärker als die im vergangenen Jahr beschriebene Herkulesstaude breitmacht, ein Super-Herkules sozusagen.

Fernöstliche Dschungel an unseren Bächen

Streng genommen sind es drei nah verwandte Kraftprotze, die sich an immer mehr Stellen festsetzen und ausgedehnte Dickichte bilden. Sie sind unter dem Namen Staudenknöterich bekannt. Man unterscheidet den Japanischen Staudenknöterich (*Reynoutria japonica*), den Sachalin-Staudenknöterich (*Reynoutria sachalinensis*) und den Bastard zwischen beiden (*Reynoutria x bohemica*). Wie der Sauerampfer und der Rhabarber gehören sie zu den Knöterichgewächsen. Schon der Rhabarber zeigt, daß es in dieser Familie neben zierlichen Kräutern recht üppige Stauden gibt. Aber selbst der Rhabarber kann sich hinter den genannten Staudenknöterichen verstecken. Diese können nämlich bis annähernd vier Meter hoch werden. Da sie sich durch unterirdische Ausläufer rasch vermehren können, bilden sie dichte Bestände, die fast an tropische Dschungel erinnern.

Reynoutria japonica *TMu*

Wie die beiden ersten Namen verraten, stammen die Staudenknöteriche aus dem fernen Osten. Das natürliche Verbreitungsgebiet des Japanischen Staudenknöterichs umfaßt Japan, Korea und Teile Chinas einschließlich Taiwan. Er wächst dort meist in der Nähe von Flüssen und Bächen, aber auch auf vulkanischen Aschefeldern und gedeiht sowohl an trockenen wie an nassen Standorten vom Tiefland bis in Hochgebirgslagen hinauf. Je weiter es nach Süden geht, umso mehr zieht er sich in die Hochgebirge zurück. In Taiwan wächst er nur in Höhen über 2.400 Meter. Der Sachalin-Knöterich hat seine natürlichen Vorkommen auf den nördlichen Inseln Japans und auf den Kurilen. Er wächst dort in Bachschluchten und entlang von Gebirgsflüssen.

Zumindest der Japanische Staudenknöterich wird in seinem Ursprungsgebiet nicht so hoch wie bei uns. Meist bewegt sich seine Höhe im Bereich um 1,5 Meter; als Maximalhöhe wurden 3 Meter festgestellt. Beide Arten wurden in der Mitte des 19. Jahrhunderts als Zier- und Futterpflanzen nach Europa eingeführt.

Möglicherweise handelte es sich bei den importierten Pflanzen nicht um die Wildformen, sondern um gärtnerisch ausgelesene Sorten mit besonders kräftigem Wuchs. Nach anfänglicher Bewunderung der hochwüchsigen Exoten ärgerten sich die Gartenfreunde über deren wucherndes Wachstum und rissen oder gruben sie aus. Die Abfälle landeten zum Teil auf Schuttplätzen, zum Teil irgendwo in der Landschaft. So kam es zur Verwilderung der Knöteriche. 1983 beobachtete man zuerst in Böhmen Kreuzungen zwischen den beiden Arten. Die dortigen Botaniker beschrieben den Bastard und gaben ihm ihrem Heimatland zu Ehren den Namen x bohemica. Der vorangestellte Buchstabe x kennzeichnet in der Botanik Bastarde (Hybriden), also Kreuzungsprodukte. Man beobachtet öfters, daß pflanzliche Bastarde lebenskräftiger sind als ihre Elternarten. Auch bei den Staudenknöterichen scheint dies so zu sein, denn der Bonner Botaniker Rolf Wißkirchen hat vor kurzem festgestellt, daß zumindest im Rheinland und speziell auch im Trierer Raum viele der Knöterich-Dschungel aus dem Bastard bestehen. So zum Beispiel die ausgedehnten Bestände entlang der unteren Ruwer.

Reynoutria sachalinensis *TMu*

Trotz seiner Höhe von über drei Metern sind die asiatischen Knöteriche Stauden, wie der Name schon sagt. Das bedeutet, daß die oberirdischen Dschungel im Herbst absterben. Im Winter stehen nur noch vergilbte Reste der mehr als daumendicken Stengel herum, die nach und nach umkippen und vermodern. Im Frühjahr stoßen aus den unterirdischen Überwinterungsorganen die kräftigen neuen Triebe hervor und wachsen rasch in die Höhe. Die bis 30 cm langen Blätter sind beim Sachalin-Knöterich herzförmig, während sie beim Japan-Knöterich einen geradlinig abgestutzten unteren Rand haben, so, als habe man die beiden Herzlappen mit einer Schere abgeschnitten. Der Bastard hat Blätter, deren Form zwischen derjenigen der Elternarten schwankt und alle Übergänge zeigt. Unterscheidungsmerkmale findet man auch bei den dekorativen, weißen Blütenständen, welche von Blattansatzstellen abzweigen. Auf diese Unterschiede soll aber hier nicht eingegangen werden.

Daß die Staudenknöteriche sich in Mitteleuropa so sehr breitmachen können und beispielsweise entlang der unteren Ruwer das Feld beherrschen, hängt unter anderem damit zusammen, daß sie hier von den Schädlingen und Konkurrenten verschont bleiben, von denen sie in ihrer Heimat in Schranken gewiesen werden. Schaut man sich die Knöteriche an, so fällt einem sofort auf, daß sie von Gesundheit nur so strotzen.

Alle Blätter sind makellos und unversehrt, selten sieht man etwas Schneckenfraß. Von Pilzkrankheiten gibt es keine Spur. Bis einheimische Käfer oder Schmetterlingsraupen „merken", daß hier eine noch nicht genutzte Nahrungsquelle zur Verfügung steht, dürften Jahrzehnte, Jahrhunderte oder gar Jahrtausende vergehen. Denn eine solche Umstellung auf eine neue Nahrungspflanze ist nicht einfach nur ein Lernvorgang. Meist müssen gewisse zufällige Änderungen des Erbgutes vorausgehen, die ein Tier in die Lage versetzen, zu einer andersartigen Ernährung überzugehen.

Pilzschädlinge dürften es bei den Staudenknöterichen noch schwerer haben. Man hat nämlich entdeckt, daß zumindest der Sachalin-Knöterich pilzhemmende Stoffe enthält. Ein großer Chemiekonzern baut deshalb den Knöterich bereits an und bietet ein Pulver aus getrockneten Blättern als alternatives Bekämpfungsmittel gegen Pilzkrankheiten im Garten an. Somit haben die Staudenknöteriche auch ihre nützlichen Seiten, wozu man auch ihre befestigende Wirkung auf die Ufer von Gewässern rechnen kann. Ihre Ausläufer durchziehen nämlich den Boden recht dicht und wirken dadurch der Abspülung entgegen. Sehr negativ zu bewerten ist jedoch die Tatsache, daß in den Knöterich-Dschungeln andere Pflanzen unterdrückt werden und auch kein Baumwuchs aufkommen kann.

Reynoutria x bohemica *MH*

Soll man weiter zusehen, wie sich die Knöteriche und andere pflanzliche Eroberer in der Natur und stellenweise sogar in den Dörfern breitmachen? Soll man Bekämpfungsaktionen starten oder aus Fernost die Schädlinge importieren, die dort an den Knöterichen fressen? Schon zur Frage, ob man überhaupt fremdländische Pflanzen mit wucherndem Wachstum bekämpfen soll, gibt es bei Botanikern und Naturschützern ganz unterschiedliche Meinungen, über die im nächsten Jahr berichtet werden soll.

Literatur:

HUI-LIN, L. (Hrsg.): Flora of Taiwan, Band 2, 722 Seiten, Taipeh 1976

OHWI, J.: Flora of Japan, 1067 Seiten, Washington 1984

SUKOPP, H. & U.: Reynoutria japonica HOUTT in Japan und in Europa, Veröff. Geobot. Inst. ETH, Stiftung Rübel, 98: 354-372 (1988)

Soll man Fremdlinge dulden? Die Goldruten

JTS 1998

An dieser Überschrift würde man mit Recht Anstoß nehmen, wenn es um Menschen und nicht um Pflanzen ginge. Im Rahmen dieser Artikelserie können jedoch nur fremdländische Pflanzen gemeint sein, die auf irgendeine Weise zu uns gelangt sind und in der heimischen Natur Fuß gefaßt haben. Das Fußfassen – man nennt es auch Einbürgerung – gelingt keineswegs allen exotischen Pflanzen, von denen Samen, Knollen oder sonstige lebende Teile in unsere Umwelt geraten sind. Sie müssen schon aus Ländern kommen, deren Klima dem unseren ähnlich ist. Von den Einwanderern, denen die Einbürgerung bei uns gelungen ist, haben sich etliche so unauffällig in die einheimische Pflanzenwelt eingegliedert, daß viele Naturfreunde sie als bodenständig (autochthon) ansehen und höchst überrascht sind, wenn sie erfahren, daß die eine oder andere davon erst in unserem Jahrhundert in Europa aufgetaucht ist. Andere Einwanderer machen sich jedoch so auffällig breit, daß jedem aufmerksamen Naturbeobachter dieser Expansionsdrang nicht entgehen kann. Man beobachtet auch, daß altbekannte einheimische Pflanzen von den Fremdlingen überwuchert und verdrängt werden. Zu diesen expansiven Neulingen gehört z. B. der Riesen-Bärenklau und der Japan-Knöterich, über die in den beiden letzten Folgen berichtet wurde.

Über die Frage, ob man solche rabiaten Einwanderer dulden oder bekämpfen soll, gibt es unter Botanikern und Naturfreunden Diskussionen, die sich manchmal bis zu hitzigen und emotional geführten Debatten steigern. Ein Leserbriefschreiber verstieg sich zu der Behauptung, diejenigen, welche die Bekämpfung der fremdländischen Pflanzen forderten, seien verkappte Rassisten. Sie hätten eine fragwürdige Auffassung von einer urwüchsigen, rein zu haltenden Natur, die dem Rassenwahn nicht fern sei. Sie könnten aufgrund irgendwelcher Ängste nicht akzeptieren, daß die Natur ebenso wie eine lebendige Kultur sich ständig wandle. Sie empfänden alles Neue als Bedrohung.

So überspitzt dieses Urteil ist, so enthält es doch wohl ein Körnchen Wahrheit. Zu allen Zeiten der Erdgeschichte ist es mit Sicherheit hin und wieder geschehen, daß durch fliegende oder wandernde Tiere, außergewöhnliche Stürme, Treibholz auf dem Meer und andere Naturereignisse Samen oder andere wachstumsfähige Pflanzenteile über große Strecken transportiert wurden. Auf ganz natürliche Weise gelangten Pflanzenarten demzufolge in Gegenden, in denen sie bis dahin nicht vorkamen, und breiteten sich dort aus. Aus- und Einwanderungen sind also bei Pflanzen (und Tieren) etwas Natürliches. Tatsache ist allerdings auch, daß der Mensch solche Vorgänge stark fördert.

Und zwar nicht erst, nachdem er die modernen Transportmittel erfunden hatte und sich dadurch viel mehr Gelegenheiten zum unabsichtlichen oder absichtlichen Verschleppen von Samen ergaben. Viel tiefgreifender war die Wirkung der beginnenden Landwirtschaft in frühgeschichtlicher Zeit und der Rodungsperioden des frühen Mittelalters. Damals gelangten zahlreiche Kulturpflanzen und zusammen mit deren Saatgut auch eine Fülle von Wildkräutern aus dem vorderasiatischen und mittelmeerischen Raum zu uns; diese betrachten wir heute als ganz und gar einheimische Pflanzen. Als Beispiel sei die Kornblume erwähnt. Vor diesem Hintergrund vertreten nicht wenige Wissenschaftler die Meinung, man solle der Natur freien Lauf lassen und selbst gegen aggressive pflanzliche Einwanderer nichts unternehmen. Irgendwann stießen auch sie an Grenzen. Es sei sogar wahrscheinlich, daß im Laufe der Zeit Konkurrenten oder Schädlinge auf den Plan treten, die für ihre Verminderung sorgen. Man verweist auf Fälle wie den der Wasserpest. Im 19. Jahrhundert vermehrte sich diese aus Nordamerika eingeschleppte Schwimmpflanze bei uns so maßlos, daß Kanäle und Flüsse regelrecht verstopft wurden und man für die Schiffahrt das Schlimmste befürchtete. Schon um die Jahrhundertwende ging aber die Pflanze wieder zurück und heute fügt sie sich gut in die Ökosysteme ein. Derzeit gibt es meines Wissens nur einen Neueinwanderer (Neophyten), bei dem sich zumindest in Rheinland-Pfalz eine größere Zahl von Biologen und Landschaftsschützern für eine gezielte Bekämpfung ausspricht. Es ist der Riesen-Bärenklau (siehe Jahrbuch 1996). Bei einem weiteren expansiven Neubürger ist es viel schwieriger, ein Urteil zu fällen, da die Sachverhalte bei genauerer Betrachtung recht kompliziert sind:

Die großen Goldruten aus Amerika – Gewinn oder Belastung für unsere Pflanzenwelt?

Für einen Leser des Jahrbuchs, der mich vor einem Jahr anrief, gibt es keinen Zweifel, daß die Goldruten zu den schlimmsten Eindringlingen in unsere Pflanzenwelt gehören. Wenn man sehe, wie sie sich zum Beispiel im Saartal breit machen, müsse man sich um die heimische Vegetation Sorgen machen. Von Botanikern bekam ich andererseits zu hören, diese Pflanzen seien nicht überall aggressiv und in manchen Gegenden durchaus eine Bereicherung der Flora. Auch Imker sehen die Pflanzen gerne. Die Meinungen sind offenbar geteilt. Wie die Überschrift schon andeutet, sind es zwei nahe verwandte Neubürger, die da aus Amerika zu uns gekommen sind: die Riesen-Goldrute (*Solidago gigantea*) und eine zweite, die bisher als Kanadische Goldrute (*Solidago canadensis*) bezeichnet wurde. Bei der Riesen-Goldrute ist der Name irreführend. Sie ist nämlich die kleinere von beiden und wird meist nur 1,5 Meter hoch, während die Kanadische Goldrute öfters 2 Meter hoch wird. Sinn hat der Name höchstens im Vergleich mit der einheimischen gewöhnlichen Goldrute (*Solidago virgaurea*), einer bis 1 Meter hohen Heilpflanze unserer Waldränder. Diese tritt übrigens nie in großen Massen auf, ist also gut in die natürlichen Wald-Ökosysteme eingebunden.

Anders die Neubürger. Sie können tatsächlich ausgedehnten Massenwuchs bilden. Die Riesen-Goldrute, die man an dem zumindest in der unteren Hälfte glatten, unbehaarten Stengel erkennt, breitet sich vor allem in den Talauen der Flüsse aus. Die Kanadische Goldrute, deren Stengel von unten bis oben behaart ist, kommt auch abseits der Flußtäler auf Schuttplätzen und Brachflächen vor und ist insgesamt weniger häufig. Hinsichtlich ihrer Expansivität sind also die beiden Arten nicht gleich zu beurteilen. Auch stellt man fest, daß beide Arten höchstens in den wärmeren Flußtälern zum Problem werden. Je höher es hinauf in kühlere Mittelgebirgsregionen geht, umso spärlicher werden die Vorkommen. Dort kann auch nicht die Rede davon sein, daß die einheimische Pflanzenwelt von den Goldruten bedrängt wird.

Solidago canadensis *TMu*

Die stattlichen Pflanzen mit ihrem leuchtend gelben Blütenflor sind z. B. für die Hochwaldregion eindeutig eine Bereicherung. Sie blühen nämlich von August bis weit in den September hinein, wenn viele andere Pflanzen bereits verblüht sind und liefern Bienen und anderen Insekten dann reichlich Nahrung. Nicht von ungefähr ist vor allem die Kanadische Goldrute auch als Gartenpflanze geschätzt. Neueste Beobachtungen eines Experten für pflanzliche Neubürger lassen Zweifel aufkommen, ob die sogenannte Kanadische Goldrute überhaupt ein Einwanderer aus Amerika ist. Genaue Vergleiche haben nämlich gezeigt, daß gegenüber der in Amerika wachsenden Pflanze gleichen Namens kleine, aber deutliche und konstante Unterschiede bestehen. Wie es aussieht, wächst also bei uns eine Pflanze, die vielleicht von der Kanadischen Goldrute abstammt, aber erst hier in Europa durch Erbgutänderungen (Mutationen) als neue Art entstanden ist. Sie wird einen neuen Namen bekommen müssen, was nach einem streng festgelegten Verfahren erfolgen muß und deshalb nicht von heute auf morgen geschehen kann. Der Experte hat vorgeschlagen, die Pflanze vorerst Solidago „*anthropogena*“ zu nennen, was soviel heißt wie „den Menschen ihre Entstehung verdankende“. Man kann aber auch bei dem Namen Kanadische Goldrute bleiben und das Wort in Anführungsstriche setzen.

Solidago gigantea *MH*

Während die Riesen-Goldrute also eine echt amerikanische Pflanze ist, die als Einwanderer bei uns lebt, ist die „Kanadische Goldrute" ein total naturalisierter Einwanderer, ja schon eher ein echter Europäer mit amerikanischem Erbe.

Schauen wir uns die Abbildungen noch etwas genauer an: Bei der einheimischen Goldrute kann man gut erkennen, daß die scheinbaren Blüten nach dem Typ des Gänseblümchens oder der Aster aufgebaut sind. Es handelt sich um dichte Köpfchen aus vielen Blüten. Die inneren sind röhrenförmig und dicht gedrängt zu einer Art Bündel zusammengefaßt, während die äußeren zipfelförmig nach außen ragen und Blütenblätter vortäuschen. Man nennt sie wegen ihrer strahlenförmigen Anordnung Strahlenblüten. Auf diese Weise täuschen je ca. 50 Blüten eine Einzelblüte vor. Diese Form des Blütenaggregats nennt man Blütenkorb. Er ist für die Pflanzenfamilie der Korbblütler kennzeichnend und eine so geglückte Konstruktion der Natur, daß diese Pflanzenfamilie im Kampf ums Dasein einen Riesenerfolg hatte und zur größten Pflanzenfamilie wurde. Ist eine Biene durch die scheinbare Blüte angelockt, merkt sie, daß ihre viele Blüten wie auf einem Präsentierteller angeboten werden. Ohne Wege zurücklegen zu müssen, kann sie aus all diesen Blüten Nektar saugen, und sie bestäubt sie dabei alle. Die Folge ist eine enorme Samenproduktion. Bei der Riesen-Goldrute sieht man auf den ersten Blick nur einen federförmigen Blütenflor. Erst bei genauerem Hinsehen bemerkt man, daß jeder Ast mit zahlreichen gelben „Blüten" besetzt ist. Geht man noch mehr heran, entdeckt man, daß jede dieser nur wenige Millimeter großen „Blüten" ein Blütenkorb ist, der aus ca. 15 bis 20 winzigen Blütchen besteht.

Solidago virgaurea *MH*

Bei der Riesen-Goldrute sind die Strahlenblüten trotz der Winzigkeit gut zu erkennen, da sie etwas länger sind als die Röhrenblüten. Bei der sogenannten Kanadischen Goldrute sind beide gleich lang, die Blütenkörbchen „strahlen" deshalb nur undeutlich – ein weiteres Merkmal zur Unterscheidung der beiden Arten. Alle Goldruten, nicht nur die einheimische, enthalten Stoffe, die auf die Niere und die Blase wirken. Die Pharmazie interessiert sich neuerdings gerade auch für die beiden Neubürger. In der Volksmedizin wurde die einheimische Goldrute auch zur Behandlung schlecht heilender Wunden verwendet. Damit hängt der lateinische Namen der Pflanzengattung zusammen. Solidago ist abgeleitet von *„solidus agere"*, d.h. „fest machen". Man meint damit, daß über der Wunde wieder feste Haut gebildet wird.

Topinambur, der Eroberer der Flußufer

JTS 1999

Die vorausgehenden Folgen der Artikelserie handelten von eingewanderten Pflanzenarten, die sich bei uns stark breitmachen und einheimische Pflanzen verdrängen, weshalb sie von vielen Naturfreunden nicht gerne gesehen werden. Die Gründe für ihre Durchsetzungsfähigkeit wurden in der vorletzten Folge (Jahrbuch 1997) erläutert. Auch diesmal soll wieder von so einer robusten und oft in Massen auftretenden Pflanze die Rede sein. Sie scheint aber bereits die Grenzen ihrer Ausbreitungsmöglicheiten erreicht zu haben. In den letzten Jahren wurde keine Zunahme mehr beobachtet.

An vielen Uferabschnitten der Mosel fallen im Herbst dichte, übermannshohe Bestände einer Pflanze auf, die Ähnlichkeit mit der Sonnenblume hat. Die Blüten sind aber nicht einmal halb so groß wie bei dieser. „Blüten" ist nicht das richtige Wort. Der Pflanzenkenner weiß, daß bei der Familie der Korbblütler, zu der beide Pflanzen gehören, die scheinbare Blüte in Wirklichkeit ein aus vielen Blüten zusammengesetztes Gebilde ist. Die innere Scheibe besteht aus dicht zusammengepackten Röhrenblüten. Den gelben Strahlenkranz außen bilden sogenannte Strahlenblüten.

Die Pflanze des Moselufers ist eine nahe Verwandte der Sonnenblume. Sie wird Topinambur, Erdbirne oder Knollen-Sonnenblume genannt. Die letzte Bezeichnung ist eine Übersetzung des wissenschaftlichen Namens *Helianthus tuberosus*. Er weist darauf hin, daß die Pflanze ähnlich wie die Kartoffel Ausläufer mit Knollen bildet. Sie ist somit ausdauernd und nicht einjährig wie die Garten-Sonnenblume, die man ja jährlich neu aus Samen heranziehen muß. Die Knollen sind meist länglich und bis faustgroß. Sie enthalten reichlich den zuckerähnlichen Stoff Inulin, der Diabetikern als Zucker-Ersatzstoff dient, und schmecken deshalb etwas süßlich. Man kann sie als Gemüse, Kartoffelersatz oder zur Herstellung von Branntwein verwenden, was in Süddeutschland heute noch hie und da geschieht. In unserer Gegend wird die Pflanze aber nur noch zur Wildäsung angebaut. Als Gartenpflanze spielt sie wegen der im Verhältnis zur Grünmasse recht kleinen Blütenkörbe keine Rolle.

Die Angaben über die Herkunft der Pflanze sind widersprüchlich. In älteren Büchern heißt es, sie stamme aus dem nördlichen Südamerika, wo Europäer sie zum ersten Mal beim Indianerstamm der Topinambus in Brasilien kennengelernt hätten. Davon sei der Name Topinambur abgeleitet, der in Frankreich zunächst in der Form Topinambou gebräuchlich war, im 17. Jahrhundert sogar als Schimpfwort mit der Bedeutung „Rohling".

Die meisten Lexika schweigen sich übrigens darüber aus, welches Geschlecht das Wort Topinambur hat. Lediglich in einem alten etymologischen Wörterbuch fand ich die Angabe, sowohl „der Topinambur“, als auch „die Topinambur“ sei korrekt.

Nach neuer Fachliteratur ist die Heimat der Pflanze nicht Südamerika, sondern Nordamerika, woher ja viele Neueinwanderer unserer Flora stammen. Die Topinambur komme dort vom südlichen Kanada durch die östlichen USA bis nach Georgia und Alabama vor. Vielleicht wurde die Pflanze schon früh von den Indianern als Kulturpflanze nach Südamerika eingeführt. Oder es war eine andere knollenbildende Sonnenblume, die man in Südamerika antraf und der Name wurde später auf die nordamerikanische Art übertragen. Jedenfalls gelangte die Pflanze um 1600 nach Europa und wurde dort zunächst als Gemüsepflanze angebaut. In der Mitte des 18. Jahrhunderts kam dieser Anbau fast überall zum Erliegen, als die viel ertragreichere und schmackhaftere Kartoffel ihren Siegeszug antrat. Verwilderte Topinambur-Vorkommen waren bis 1900 selten. Das ist wohl darauf zurückzuführen, daß die Früchte der spätblühenden Pflanzen bei uns selten ausreifen. Von den dreißiger Jahren an nahmen aber Verwilderungen zu, wahrscheinlich dadurch, daß Gartenabfälle mit Knollen der Topinambur weggeworfen wurden. Aus einer einzigen Knolle können durch die starke Ausläuferbildung in wenigen Jahren zahlreiche Pflanzen hervorgehen. Dies allerdings nur, wenn die Standortbedingungen günstig sind. Die Knollen sind schwimmfähig und können so auch durch Bäche und Flüsse verbreitet werden. So ist es zu erklären, daß es heute an fast allen Flüssen ausgedehnte Vorkommen gibt. Ein Grund dafür ist aber auch, daß die Topinambur am besten auf schlammigem, nährstoffreichem Boden gedeiht, wie er von Flüssen abgelagert wird.

Gerade auch die vielbeklagte Eutrophierung der Fließgewässer kommt ihr zugute. Die übermannshohen Pflanzen stehen sehr dicht beieinander und bilden wahre Dschungel. Man kann sich durch diese aber gut hindurchzwängen, da die Sprosse ja weder Dornen noch unangenehme Borsten noch ätzenden Saft oder ähnliches aufweisen. Angler bahnen sich deshalb enge Pfade durch diese Dschungel, die einem manchmal wie Labyrinthe vorkommen.

Es fällt auf, daß es solche Massenbestände keineswegs an allen Flußufern gibt. Auch an der Mosel fehlen sie streckenweise, so daß sich insgesamt ein unregelmäßiges Verbreitungsbild ergibt. Das wirft insofern Fragen auf, als die Topinambur sehr konkurrenzkräftig ist und mit ihren Ausläufern sogar Brennesselherden unterwandern und verdrängen kann. Es scheint, daß die Pflanze nur auf tiefgründigen Schlickablagerungen der Flußauen gut gedeiht.

Daß in der Oberrheinebene im Gegensatz zur Mosel große Massenbestände fehlen, erklärt man damit, daß es am Rhein stärkere Wasserstandsschwankungen und weiträumigere Überschwemmungsgebiete gibt, wodurch der Schlamm stärker verteilt und nur in dünnen Schichten abgelagert wird. Im engeren Moseltal bilden sich stellenweise dickere Schlickschichten, die für die Topinambur ideal sind. Abseits der Ufer, z. B. an Wegrändern und auf Schuttplätzen, gibt es nur vereinzelte verwilderte Pflanzen oder höchstens kleinere Gruppen. Die Bodenbedingungen sind dort nicht so, daß sich größere Bestände entwickeln können. Gleich wie man zu der Pflanze steht: Es ist nicht zu leugnen, daß die Massenbestände des Einwanderers zumindest zur Blütezeit einen schöneren Anblick bieten als die öden Herden unserer einheimischen Brennessel, die ansonsten meist überdüngte Gewässer begleiten. Gerade im Spätsommer, wenn das Blühen in der Natur im allgemeinen nachläßt, kann einen der sattgelbe Blütenflor der Topinambur entlang der Mosel erfreuen.

MH

Literatur:

ADOLPHI, K. (1995): Neophytische Kultur- und Anbaupflanzen als Kulturflüchtlinge des Rheinlandes. - 272 S. + 12 S.
Anhang, Wiehl: Galunder Verlag

Springkraut-Arten: ein Ureinwohner und drei Neubürger

JTS 2001

Die Gattung Springkraut (*Impatiens*) ist derzeit in der Flora in der Region Trier mit vier Arten vertreten, von denen nur eine schon immer bei uns einheimisch war. Ihren deutschen Namen hat die Gattung von den Früchten. Es sind einige Zentimeter lange, grünliche Schoten, die im Reifezustand bei der leisesten Berührung explosionsartig aufspringen. Dieser Vorgang, der Kinder und Erwachsene gleichermaßen fasziniert und Abwechslung in manchen Waldspaziergang bringt, kommt dadurch zustande, dass die Fruchtwände einerseits durch Zellsaft-Druck eine Spannung aufbauen, andererseits dünne Längsnähte aufweisen, die als dunkelgrüne Streifen zu erkennen sind. Bei Berührung reißen diese auf, die dazwischenliegenden Fruchtwand-Streifen rollen sich blitzschnell spiralig ein, wobei die Samen weggeschleudert werden. Dies ist eine wirksame Ausbreitungsmethode, durch die allerdings keine großen Entfernungen überwunden werden. Die explodierenden Früchte sind nicht das einzige Interessante an den Springkräutern.

Eine Besonderheit sind auch die saftigen, fast durchsichtigen Stängel, in denen man von außen sehr gut die Stränge sehen kann, in denen Wasser und Nährstoffe geleitet werden. Auffällig sind auch die rachenförmigen, nach hinten bauchförmig ausgebuchteten Blüten. An der Ausbuchtung hängt noch ein gebogener, hohler Zipfel, der sogenannte Sporn, der Nektar enthält. Dieser lockt vor allem Hummeln an, welche mit ihren ziemlich langen Mundwerkzeugen den Sporn leersaugen können. Die Springkräuter gehören zur Familie der Balsaminengewächse und sind verwandt mit den Fleißigen Lieschen, die als blühfreudige und pflegeleichte Zimmer- und Gartenpflanzen beliebt sind.

Großes Springkraut *SE*

1. Das Große Springkraut

MH

Bis in die Mitte des 19. Jahrhunderts gab es unter den wildwachsenden Pflanzen unserer Heimat nur eine einzige Springkraut-Art, nämlich das Große Springkraut, das den wissenschaftlichen Namen *Impatiens noli-tangere* trägt. Übersetzt bedeutet das ungefähr: die Empfindliche, die nicht berührt werden will. Von daher kommt auch der deutsche Name Kräutchen Rührmichnichtan. Auch diese Namen beziehen sich auf die aufspringenden Früchte. Sie stimmen allerdings insofern nicht, als die Pflanze ja berührt werden will, damit die Samen verbreitet werden. Das Große Springkraut ist eine Pflanze schattiger Wälder. Es benötigt etwas feuchten, lockeren, humosen Boden, weshalb man es meist in der Nähe von Bächen, Gräben, in feuchten Mulden und manchmal auch auf wenig benutzten Waldwegen findet. An solchen Stellen bildet es öfters ausgedehnte, dichte, kniehohe Herden. Diese bilden für den Wanderer allerdings kein Hindernis, da die Pflanzen zart, beinahe zerbrechlich sind. Da im schattigen Wald nicht viele Insekten fliegen, ist die Bestäubung durch diese nicht garantiert. Das Große Springkraut begegnet diesem Nachteil durch eine merkwürdige weitere Bestäubungsart: Es bildet sogenannte kleistogame Blüten, die klein bleiben und sich nicht öffnen. In ihnen findet Selbstbestäubung statt, so dass wenigstens auf diesem Wege garantiert Früchte entstehen.

Der Leser könnte jetzt fragen, warum in einer Artikelserie über Neueinwanderer so ausführlich über eine schon immer bei uns heimische Pflanze berichtet wird. Das geschieht deshalb, weil seit der Mitte des 19. Jahrhunderts nacheinander drei fremdländische Verwandte des Großen Springkrautes bei uns eingewandert sind und es recht aufschlussreich ist, die Neueinwanderer mit der einheimischen Art zu vergleichen. Auch soll zur Frage Stellung genommen werden, ob das einheimische Springkraut unter den Zuwanderern leidet.

2. Das Kleine Springkraut

Der erste Neuling kam um 1835 herum. Es war das aus Nordost-Asien stammende Kleine Springkraut (*Impatiens parviflora*). Man hatte es als Park- und Gartenpflanze importiert, was etwas verwundert, da es nicht gerade ansehnlich ist. Es hat zwar recht dekorative Blätter. Die Blüten wirken im Verhältnis dazu ziemlich mickrig, weshalb man die Pflanze heute nicht mehr kultiviert. Damals hielt man sie jedoch wegen ihres geringen Lichtbedürfnisses für eine interessante Neuheit zur Bepflanzung schattiger Ecken in Parks und Gärten, zumal sie sich selbst aussäte und somit trotz ihrer Einjährigkeit nicht immer wieder gepflanzt werden musste. Da die Pflanze bei uns ähnliche klimatische Verhältnisse wie in ihrer nordasiatischen Heimat antraf, gelang es ihr, mit Hilfe der Selbstaussaat, aus Gärten und Parks zu entweichen und in die freie Landschaft hinein zu wandern. Einige Beobachtungen sprechen dafür, dass der Ausgangspunkt des Einwanderns oft Gartenabfälle waren, die man an Waldrändern deponiert hatte.

Das kleine Springkraut stammt aus dem fernen Osten. Gegenüber den Blättern wirken die Blüten unscheinbar, weshalb man sich wundert, daß die Pflanze einst als Gartenpflanze importiert wurde. *MH*

Die meisten Naturfreunde empfinden das Kleine Springkraut nicht als Bereicherung unserer Flora. Es gibt sogar immer wieder Klagen darüber, es verdränge heimische Pflanzen, darunter auch seine „Schwester“, das Große Springkraut. Abb.5[14], die im Salmtal aufgenommen wurde, scheint dies zu bestätigen. Man sieht links und rechts üppige Exemplare des Kleinen Springkrautes und dazwischen kümmerliche Pflanzen des Großen Springkrautes, die anscheinend überwuchert werden. Die Sachlage ist aber komplizierter. Im allgemeinen nämlich kommen sich Großes und Kleines Springkraut nicht ins Gehege. Das letztere bevorzugt nämlich etwas trockenere Standorte als das Große. Im Salmtal war der Sachverhalt so: Es gab eine längere sommerliche Trockenperiode, bei der die Feuchtigkeit an den Standorten des Großen Springkrautes stark abnahm. Dieses entwickelte sich deshalb nur kümmerlich. Das Kleine Springkraut, das sonst an dieser Stelle nur spärlich wächst, profitierte von der Abnahme der

[14] Originalbild nicht reproduzierbar

Feuchtigkeit und gewann die Oberhand. Im nächsten Jahr war dies vielleicht schon wieder anders. Zur wirklichen Gefahr für einheimische Pflanzen wird das Kleine Springkraut in trockeneren Wäldern mit nitratreichem Boden. Das ist z. B. in der Nähe von Städten der Fall, wo intensiver Naherholungsbetrieb herrscht. Hundekot, Urin, weggeworfene Speisereste usw. führen dort zur Nitratanreicherung und dadurch auch zur unerwünschten Förderung des Kleinen Springkrautes und einiger weiterer exotischer Pflanzenarten. Im Mainzer Stadtwald z. B. wird dadurch in weiten Bereichen die einheimische Flora verdrängt. Im Raum Trier ist derartiges noch nicht beobachtet worden.

3. Das Drüsige Springkraut

Nach dem Zweiten Weltkrieg entwich ein weiteres Springkraut den Gärten, nämlich das Drüsige Springkraut (*Impatiens glandulifera*), das bis 2 Meter hoch werden kann. Es stammt aus dem Himalaya. Seine großen, rotvioletten Blüten haben eine entfernte Ähnlichkeit mit Orchideenblüten, weshalb es damals als „Orchidee des kleinen Mannes" Eingang in Gärten fand.

SE

Es ist trotz seines üppigen Wuchses einjährig, stirbt also im Herbst nach der Blüte ab, sät sich aber ebenso wie das Kleine Springkraut selbst aus. Wiederum gelangte es hauptsächlich durch Gartenabfälle in die freie Landschaft, wo es aber im Gegensatz zum Kleinen Springkraut nicht so ohne weiteres Fuß fassen konnte. Es benötigt nämlich ausgesprochen feuchten bis nassen Boden. Seine Stunde kam erst, als es in Gärten gehalten wurde, die unmittelbar an Bachufern lagen oder als Gartenbesitzer ihre Gartenabfälle an Bachufern abkippten.

Von solchen Stellen an breitete sich das Springkraut etwa ab 1950 aus, und zwar immer nur bachabwärts. Das spricht dafür, dass die Samen auch durch das fließende Wasser verbreitet werden. Schon um 1960 herum waren Ufer der Bäche, die aus dem Schwarzwald zum Rhein fließen, von meterhohen Herden des Drüsigen Springkrautes begleitet, und man befürchtete, die Pflanze werde sämtliche Bach- und Flussufer erobern und der heimischen Vegetation – auch dem Großen Springkraut – großen Schaden zufügen. Neuere Untersuchungen zeigen, dass diese Befürchtung übertrieben war.

Es gibt zwar viele Stellen mit enormem Massenwuchs, aber manchmal selbst in geringer Entfernung davon Uferabschnitte, die bis jetzt unbesiedelt geblieben sind. Es scheint, dass das Springkraut nur schwer in eine schon bestehende dichte Ufervegetation einzudringen vermag. Es kann nur Fuß fassen, wenn es eine Störung gegeben hat, bei der Teile der Vegetation vernichtet wurden und freie Stellen entstanden sind. Das ist z. B. bei Hochwasser der Fall, wenn die reißende Strömung die Pflanzendecke mitnimmt und Sand- oder Kiesflächen entstehen. Das erklärt auch, warum das Drüsige Springkraut an den größeren Flüssen nur spärlich zu finden ist. Diese sind ja größtenteils durch Staustufen gebremst, ihre Ufer sind befestigt, und Hochwasser strömt eher langsam.

Experten sind der Meinung, dass an den meisten Gewässern das Drüsige Springkraut schon alle ihm zusagenden Stellen erobert hat und keine weitere Ausbreitung mehr zu erwarten ist.

SE

4. Das Kap-Springkraut

Der neueste Einwanderer ist das Kap-Springkraut (*Impatiens capensis*). Es hat von allen Neulingen die größte Ähnlichkeit mit dem einheimischen Großen Springkraut. Sein Name verleitet zur Annahme, es stamme aus dem Kapland in Südafrika. Das stimmt aber nicht. Es ist im nördlichen Teil Nordamerikas (Neufundland bis Alaska) beheimatet und gelangte als Gartenpflanze nach Europa, wo es in Großbritannien schon um 1820 verwilderte und sich einbürgerte. Auch in Frankreich gibt es schon lange Einbürgerungen, z. B. bei Nancy. Man rechnet deshalb schon länger damit, dass die Pflanze auch in Deutschland auftaucht. Das geschah dann auch, zunächst 1990 in Hessen in der Gegend von Marburg. An der Lahn unterhalb Marburg gibt es mittlerweile eine Reihe von Fundstellen. 1991 entdeckte ich eine Gruppe von ungefähr zehn Exemplaren am rechten Moselufer am Fuß der Pölicher Helt unterhalb Mehring. Im Gegensatz zum Großen Springkraut, das vom Hochsommer an blüht, wächst das Kap-Springkraut zumindest am Moselufer erst sehr spät im Jahr heran und blüht Ende September bis in den Oktober hinein. Es wäre mir nicht aufgefallen, wenn ich nicht an einem sonnigen Herbsttag eine Radtour unternommen hätte. Seine Stängel sind von einem abwischbaren Wachsbelag überzogen und deshalb auffallend blaugrün. Die Blüten sind nicht gelb gefärbt wie beim Großen Springkraut, sondern hell orange mit roten Flecken. Der Sporn liegt dem Blütentrichter eng an, so als ob ein Hund den Schwanz einzieht.

Blüten des Kap-Springkrautes. Der Sporn ist der Blüte angeschmiegt. Man wird an einen Hund erinnert, der den Schwanz einzieht. *HG*

1996 fand ein Botaniker aus dem Wesergebiet, der sich bei einer Urlaubsreise in Mehring aufhielt, weitere Exemplare am Moselufer unmittelbar oberhalb des Ortsrandes. Dort fasste die Pflanze von Lothringen her wohl erstmals Fuß, denn weiter moselaufwärts bis über Trier hinaus blieb die Suche nach dem Springkraut bisher erfolglos. Eine systematische Bestandsaufnahme im Oktober 2000 ergab, dass einzelne Pflanzen das linke Moselufer unterhalb Mehrung Richtung Pölich besiedeln. In der engen Linkskurve der Mosel, die dann folgt, wechseln die Vorkommen auf die rechte Moselseite hinüber. Samen wurden offenbar mit der Hauptströmung an den Außenrand der Kurve geschwemmt. Entlang der Pölicher Helt hat sich das Springkraut dann bis halbwegs nach Detzem ausgebreitet; man findet aber immer nur vereinzelte Exemplare oder kleine Gruppen. Die Pflanze ist weniger konkurrenzstark als ihre zuvor beschriebenen Verwandten.

Die Gattung Greiskraut (Senecio) auf Erfolgs- und Expansionskurs

JTS 2002

Es ist faszinierend, wenn ein Unternehmen dank der Tüchtigkeit seiner Mitarbeiter und seiner Führungskräfte Erfolge erzielt und expandiert, wenn ein technisches Produkt sich als großer Wurf erweist und den Markt erobert oder wenn – wie wir aus Geschichtsbüchern erfahren – eine Herrscherdynastie aus kleinen Anfängen heraus zu Macht und Ruhm gelangt. Parallelen dazu gibt es in der Natur. Gewisse Gattungen von Pflanzen und Tieren scheinen besonders geglückte Schöpfungen zu sein, denn sie brachten eine große Zahl von Arten hervor, die über weite Teile der Erde verbreitet sind. So ist es auch bei der Pflanzen-Gattung Greiskraut oder Kreuzkraut (*Senecio*). Sie gehört zu den Korbblütlern, bei denen zahlreiche kleine, röhrenförmige Blüten eng zu einem sogenannten Blütenkorb und Blütenkopf zusammengefügt sind, der eine Einzelblüte vortäuscht. Auf der Abbildung sieht man solche Blütenkörbe, die in der Natur knapp 2 cm breit sind. Die runde Scheibe in der Mitte besteht aus mehreren Dutzend röhrenförmigen Einzelblüten, die eng aneinander geschmiegt sind. Die kleine Fliege links oben besucht gerade eine dieser Röhrenblüten. Einige sind noch im Knospenzustand, andere sind geöffnet, und es ragen Staubbeutel oder Narben heraus.

Schmalblättrige Greiskraut *MH*

Die am Rand stehenden Blüten sind ebenfalls gelb gefärbt, aber anders gebaut. Die Blütenblätter bilden bei ihnen lange, schmale Zungen. Diese ragen strahlenförmig nach außen. Man nennt die äußeren Blüten deshalb Strahlenblüten. Sie vor allem dienen der Anlockung von Insekten. Während man bei der Margerite bekanntlich viele Strahlenblüten abzupfen und dabei gespannt auf die Antwort warten kann, ob man geliebt wird oder nicht, wäre man bei den Greiskräutern schnell mit dem Zählen fertig: Es gibt meist nicht mehr als ein Dutzend Strahlenblüten. Umhüllt wird das von der Seite her gesehen walzenförmige, manchmal auch mehr glockenförmige Blütenpaket von schmalen, grünen Hüllblättern. Sie dürfen nicht mit den Kelchblättern der einzelnen Blüten verwechselt werden.

Diese sind borstenförmig und zur Blütezeit noch in der Tiefe der grünen Hülle versteckt. Erst bei der Fruchtreife schieben sie sich zwischen den Hüllblättern hervor. Sie bleiben an den Früchten als weiße Haarkrone haften, wodurch der gesamte Blütenstand wie der Bart eines Greises wirkt. Daher rührt der Name „Greiskraut“, der durch ungenauen Gebrauch zum sinnlosen „Kreuzkraut“ abgeändert wurde. Auch der wissenschaftliche Name Senecio (von lat. *Senex* = der Greis) bezieht sich auf die von Haarkelchen gekrönten Früchte. Die Funktion dieses Haarkelches besteht wie beim Löwenzahn darin, die Früchte nach dem Fallschirmprinzip vom Wind verbreiten zu lassen.

Bei den ungefähr 2000 Greiskraut-Arten, die es auf der Erde gibt, unterscheiden sich die Blüten nur geringfügig. Man kann die Gattung an den ziemlich kleinen, durchweg gelb gefärbten Blütenköpfen mit ihren nicht sehr zahlreichen Einzelblüten immer gut erkennen. Verblüffend vielfältig ist aber die Gestalt der Stängel und Blätter. Da zeigt die Gattung eine erstaunliche Anpassungsfähigkeit an verschiedene Klimaverhältnisse. So findet man in Afrika z. B. kakteenähnliche Greiskräuter. In Europa fallen die Arten vor allem durch unterschiedliche Wuchshöhe auf, die von 20 cm bei einer auf Äckern wachsenden Art bis zu 2 m bei einem sumpfbewohnenden Greiskraut reicht.

Frühlingsgreiskraut *MH*

Im Bereich des Landkreises Trier-Saarburg kommen neun Greiskraut-Arten vor. Es wäre verwunderlich, wenn sich bei einer so erfolgreichen, anpassungsfähigen Gattung nicht auch einige Neu-Einwanderer darunter befänden. Tatsächlich sind zwei von den neuen Arten Neulinge. Über sie soll ausführlicher berichtet werden. Da ist zunächst das Frühlings-Greiskraut (*Senecio vernalis*). Der spinnwebartige Haarfilz auf seinen Blättern dient als Schutz gegen Trockenheit und weist ebenso wie die frühe Blütezeit (April bis Mai) auf die Herkunft aus einer warmen und im Sommer trockenen Region hin. Die Pflanze stammt aus den südrussischen Steppengebieten. Von dort wurde sie gelegentlich nach Mitteleuropa eingeschleppt, galt aber noch um 1850 als botanische Rarität. Schon vor 1800 war sie jedoch anscheinend ohne Zutun des Menschen in Ostpreußen eingewandert und drang von dort und von Böhmen her langsam aber unaufhaltsam nach Westen vor. Da das Greiskraut leicht von den einheimischen Verwandten zu unterscheiden ist, gehört die Einwanderung zu den am besten dokumentierten. Um 1860 herum war die Oder erreicht, zwischen 1870 und 1880 die Elbe. Um 1900 tauchte die Pflanze im Rheingebiet auf.

Da der bedeutende Trierer Botaniker Heinrich Rosbach 1879 verstorben war und die botanische Heimatforschung danach stagnierte, wissen wir über die Einwanderung des Greiskrautes im Raum Trier nichts Genaues. Es dürfte wie im benachbarten Saarland um 1910 hier angekommen sein.

Die Beobachtungen der letzten Jahre zeigen, dass es sich zeitweise und stellenweise explosionsartig vermehren kann, z. B. nach warmen Sommern auf frisch geschobenen Straßenböschungen, in Kiesgruben und auf Ackerbrachen. Das deutet darauf hin, dass es neben Wärme auch schwach bewachsene Flächen braucht, wo es ähnlich wie in seiner Steppen-Heimat nicht von anderen Pflanzen bedrängt wird. Der Standort bei Waldrach an einer grasigen Wegböschung ist schon nicht mehr ideal für das Frühlings-Greiskraut. Dass es nicht in Wiesen Fuß fassen kann, ist insofern gut, als alle Greiskräuter Pyrrolizidin-Alkaloide enthalten, die zum großen Teil leberschädigend und krebserregend sind. Äsende Wildtiere und das Vieh auf der Weide verschmähen die anscheinend unangenehm schmeckenden Pflanzen. Im Heu werden sie aber mitgefressen. Da die Giftstoffe beim Trocknen nicht ganz abgebaut werden, kann es zu Vergiftungen kommen, wenn der Greiskraut-Anteil im Heu besonders groß ist. Dann können die Giftstoffe sogar über die Milch der Weidetiere weitergegeben werden. Dazu kommt es aber nur, wenn das Bodengefüge in Wiesen gestört wird, z. B. durch Erdaufschüttungen, durch Befahren mit zu schweren Fahrzeugen bei nasser Witterung usw.

In einer stabilen Wiesen-Pflanzengemeinschaft sind sowohl das Frühlings-Greiskraut als auch die bei uns urwüchsigen Greiskraut-Arten der Konkurrenz der Gräser und anderer Kräuter unterlegen.

Ein weiteres Greiskraut gehört zu den allerneusten Einwanderern. Es ist das aus Südafrika stammende schmalblättrige Greiskraut (*Senecio inaequidens*). Es meidet noch mehr die Konkurrenz einheimischer Arten, kann sich aber an wenig bewachsenen Stellen rasch ansiedeln und ist dort sehr genügsam. Geeignete Wuchsstellen sind vor allem Ränder von Autobahnen und Bahnanlagen. Anscheinend bleiben die mit Fallschirmchen versehenen Samen sehr leicht an Fahrzeugen hängen. So ist es zu erklären, dass sich die Pflanze bei uns besonders entlang von Verkehrswegen ausbreitet. Sie ist von allen übrigen bei uns vorkommenden Greiskraut-Arten an den sehr schmalen, nicht gelappten, sondern teils ganzrandigen, teils unregelmäßig fein gezähnten Blättern zu unterscheiden. Der Artname inaequidens bezieht sich auf die ungleichmäßige Zähnung. Auch der büschelförmige Wuchs fällt auf: fast besenförmig kommen mehrere Stängel nahe bei einander aus der Erde. Die Pflanze wurde vermutlich mit Woll-Lieferungen nach Europa eingeschleppt.

In Südfrankreich und Italien hat sie sich anscheinend schon um 1950 ausgebreitet und dringt dort an vielen Stellen aggressiv in die heimische Vegetation ein. In Deutschland wurde erstmals 1977 in der botanischen Fachliteratur über die beginnende Ausbreitung des Greiskrautes in Norddeutschland und in der Niederrheinischen Bucht berichtet. Im Raum zwischen Aachen und dem Ruhrgebiet säumen mittlerweile Massenbestände die Bahnanlagen und Autobahnränder. So manchem Leser wird dort im Spätsommer der gelbe Blütenflor aufgefallen sein.

Im Trierer Raum tat sich die Pflanze lange Zeit schwer mit dem Fußfassen. Da wuchs einmal ein Büschel auf einem Pfeiler der Trierer Römerbrücke auf und verschwand in den nächsten Jahren wieder. Am Güterbahnhof Trier-Ehrang gab es kleine Bestände und vorübergehend sah man die Pflanze an einem Industriegleis in Trier-Nord. Jetzt geht es aber auch bei uns los: schon findet man einzelne Pflanzen und größere Gruppen entlang der gesamten Bahnlinie von Koblenz über Trier bis Saarbrücken. Größere Bestände haben sich an den etwas abseits gelegenen Stellen der Bahnhöfe entwickelt, wie unser Bild vom Bahnhof Saarburg zeigt. Noch sehr spärlich dagegen sind die Vorkommen an der Strecke durchs Kylltal. Das etwas kühlere Klima behagt der Pflanze anscheinend nicht. Abseits der Bahnlinie spukt das Greiskraut in der Stadt Trier herum. Mehrere Exemplare werden seit dem Jahr 2000 zwischen dem Ratio-Einkaufszentrum und dem Verteilerkreis gesichtet.

Schmalblättriges Greiskraut *JR*

Es ist zu erwarten, dass die Vorkommen der Pflanze in den nächsten Jahren besonders in den wärmeren Tallagen zunehmen werden. Leser, die weitere Vorkommen (vor allem abseits der Bahnlinien) entdecken, werden gebeten diese dem Autor telefonisch oder per E-Mail mitzuteilen.

„Blinde Passagiere" der Eisenbahn

JTS 2003

Schon in der vorjährigen Folge war von einem pflanzlichen Einwanderer die Rede, der sich mit Vorliebe entlang von Eisenbahnlinien ausbreitet. Heute sollen fünf weitere Bahnwanderer vorgestellt werden. Zuvor sei die Frage aufgeworfen, weshalb sich manche Pflanzen ausschließlich oder vorzugsweise entlang von Schienenwegen ausbreiten. In der wissenschaftlichen Fachsprache verwendet man dafür den Begriff „ferroviatische Linienmigration". Zunächst einmal handelt es sich in der Regel um Pflanzenarten, die keine dichte Vegetationsdecke mögen. Das kann daran liegen, dass sie zum Gedeihen viel Licht benötigen oder dass sie in der Konkurrenz um Wasser und Nährstoffe anderen Pflanzen unterlegen sind. Deshalb brauchen sie Abstand und sind auf Standorte angewiesen, die nur locker bewachsen sind. Das können Flächen sein, auf denen aus irgendwelchen Gründen, z. B. durch Planierungsarbeiten oder durch gelegentlichen Herbizideinsatz, die Pflanzendecke zerstört wurde. Dort haben sie freies Feld und können sich als sogenannte Pionierpflanzen ansiedeln. Es geht ihnen dort solange gut, bis die Vegetationsdecke sich wieder schließt. Dann müssen sie konkurrenzfähigeren Arten weichen. Auf Dauer können sie sich jedoch dort halten, wo der Boden so karg und steinig ist, dass sich auf lange Sicht kein dichter Bewuchs entwickeln kann. Das schaffen sie aber nur, wenn sie mit den sehr ungünstigen Bedingungen solcher Standort zurechtkommen. Es mangelt dort an Feinerde und Humus und damit an Nährstoffen. Wasserangebot und Temperaturen schwanken stark. Sengende Sonne und austrocknender Wind können ungehindert einwirken. An solche Widrigkeiten müssen gerade diejenigen Pflanzen angepasst sein, die den Schotter der Bahntrassen besiedeln. Als weitere Voraussetzung benötigen alle Pionierpflanzen eine rasche Ausbreitungsfähigkeit über weite Strecken. Ist irgendwo eine vegetationsarme Fläche entstanden, müssen sie sich rasch dort ansiedeln, ehe aus der nahen Umgebung wieder konkurrenzstarke Arten einwandern und ihnen das Leben schwer machen. Zu diesem Zweck haben sie Früchte bzw. Samen entwickelt, die auf raschen Ferntransport, z.B. durch Wind oder durch Haften an Tieren, eingerichtet sind. Bei den „Eisenbahnwanderern" ist es teils nachgewiesen, teils zu vermuten, dass sie durch Eisenbahnzüge verbreitet werden, z. B. mit Hilfe leicht aufzuwirbelnder oder klebriger Samen bzw. Früchte. Diejenigen Bahnbegleiter, die sich unmittelbar neben den Gleisen oder – bei geringer Benutzung – sogar zwischen ihnen ansiedeln, müssen mit dem groben Schotter des Gleisunterbaues fertig werden. Sie haben die Fähigkeit, lange Wurzeln zu bilden, die durch die ganze Schotterdecke hindurchwachsen und den darunter gelegenen feuchteren Boden erreichen.

Götterbaum (Ailanthus glandulosa)

Der aus China stammende Baum, der 25 Meter hoch werden kann, gehört zu der für uns ganz fremdartigen Pflanzenfamilie der Simaroubaceen, deren sonstige Arten in den Tropen beheimatet sind. Er hat lange, gefiederte Blätter, die Ähnlichkeit mit den Blättern der Esche, ein wenig auch mit jenen des Essigbaums haben, sich jedoch durch die nahezu ganzrandigen und nur am Grunde mit wenigen Zähnen versehenen Fiedern unterscheiden. Im Juni entwickeln sich reich verzweigte Blütenrispen mit unscheinbaren, gelbgrünen Blüten, die außergewöhnlich stark duften.

TMu

Schon in seiner chinesischen Heimat schätzte man den Baum wegen seines guten Holzes und seiner Unempfindlichkeit gegen Frost und Trockenheit. Man nutzte ihn als Pionierpflanze an Stellen, die schwierig aufzuforsten waren. Auch ist er Futterpflanze für eine Seidenraupe, die allerdings nicht so gute Seide liefert wie die am Maulbeerbaum lebende. Bereits im 18. Jahrhundert lernten europäische Reisende den Baum in China kennen und brachten Samen mit. Zusätzlich zu den schon erwähnten Vorzügen des Baumes beobachtete man im Zeitalter der Industrialisierung eine Unempfindlichkeit gegenüber Luftverunreinigung und Salz, weshalb man ihn auch zur Dünenbefestigung an der Meeresküste und zur Begrünung von Straßenrändern und Industrieanlagen verwenden konnte. Nach 1945 breitete sich der Götterbaum sehr rasch auf den Trümmergrundstücken der zerbombten Städte aus. Durch den Wiederaufbau wurde er wieder zurückgedrängt. In den letzten Jahrzehnten beobachtet man eine allmähliche Ansiedlung entlang der Bahnlinien. Wegen seiner Widerstandsfähigkeit gegen zeitweise Trockenheit hat der Götterbaum keine Schwierigkeiten damit, auf dem groben Bahnschotter zu keimen. Andererseits sagt ihm die Wärme zu, die von den Schottersteinen gespeichert und zurückgestrahlt wird. Untersuchungen haben nämlich gezeigt, dass der einzige Klimafaktor, den der Götterbaum nicht verträgt, kühle Sommer sind. In Norddeutschland ist er deshalb ziemlich selten. Die Ausbreitung entlang der Bahn wird durch die geflügelten Früchte begünstigt, die der Götterbaum in großer Zahl bildet. Sie haben Ähnlichkeit mit den Früchten der Esche. Man kann sich gut vorstellen, dass sie vom Fahrtwind der Eisenbahnzüge aufgewirbelt werden, in irgendwelchen Ritzen der Waggons hängenbleiben und an anderer Stelle wieder herunterfallen.

Sommerflieder (Buddleja davidii)
Er ist sehr bekannt und beliebt, da er mit auffälligen, meist dunkelvioletten Blütenrispen gerade im Hochsommer, wenn der Höhepunkt des Blühens schon überschritten ist, die Gärten ziert. Er lockt mit seinem feinen Duft zahlreiche Schmetterlinge an, weshalb er auch Schmetterlingsstrauch genannt wird. Mit dem Götterbaum hat er gemeinsam, dass er aus China stammt und zu einer bei uns sonst nicht vertretenen Pflanzenfamilie, nämlich den Brechnussgewächsen (Loganiaceen), gehört.

Auch der Sommerflieder stellt keine großen Ansprüche an den Boden und konnte sich deshalb auf Bahnanlagen ansiedeln. Anders als der Götterbaum sagt ihm der grobe Schotter des Gleisunterbaues weniger zu, weshalb man ihn auf freier Strecke seltener sieht. Sein Biotop sind mehr die Bahnhöfe, vor allem Rangierbahnhöfe. Dort gibt es zwischen den Gleisen Flächen mit feinerem Schotter. Dort kann der Sommerflieder gut gedeihen und tritt öfters in größeren Gruppen auf. Im Gegensatz zum Götterbaum verträgt er keine starken Fröste, weshalb in den meisten Wintern oberirdische Teile absterben. Aus dem kräftigen Wurzelsystem treiben dann aber wieder neue Schösslinge aus.

Sommerflieder *JR*

Anders als beim Götterbaum sind es keine geflügelten Früchte, welche die Ausbreitung entlang der Bahnstrecken begünstigen, sondern sehr kleine Samen, die fast wie Staub aufgewirbelt werden können. Wegen der zahlreichen Blütenrispen werden sie in ungeheuren Mengen produziert.

Gewöhnliche Nachtkerze (Oenothera biennis)

Von der bis 1 m hoch werdenden Pflanze mit ihren großen gelben Blüten hieß es in älterer Literatur, sie sei im frühen 17. Jahrhundert aus Nordamerika eingewandert. Heute wissen wir, dass die Sache komplizierter ist. Es gelangten nämlich mehrere amerikanische Nachtkerzen-Arten nach Europa. Da diese sich trotz überwiegender Selbstbestäubung gelegentlich kreuzen, entstanden auf europäischem Boden Hybriden (Bastarde). Auch die Gewöhnliche Nachtkerze ist solch ein Kreuzungsprodukt. Normalerweise ist die Merkmalskombination von Hybriden nicht stabil, sondern spaltet sich bei den Nachkommen wieder auf, d. h. die Nachkommen sind untereinander verschieden. Bei den Nachtkerzen sorgen jedoch komplizierte genetische Besonderheiten dafür, dass die Nachkommen der Hybriden ihren Eltern stets völlig gleichen. Das bedeutet nichts anderes, als dass aus der Kreuzung eine neue Art hervorgeht. So geschah es wie gesagt bei der Gewöhnlichen Nachtkerze. Sie entstand wahrscheinlich im 17. Jahrhundert in Europa durch Kreuzung. Es ließ sich nachweisen, dass sie Erbgut zweier amerikanischer Arten enthält. Da sie mit steinigen Böden zurechtkommt, breitete sie sich auf Schuttplätzen, in Steinbrüchen und besonders auch auf Bahn- und Hafenanlagen aus. Begünstigt wird die Ausbreitung durch die kleinen Samen, die in den großen, länglichen Fruchtkapseln in großer Zahl gebildet werden. Obwohl durch Kreuzung entstanden, hat die Gewöhnliche Nachkerze selbst nur eine geringe Neigung zur Bastardierung mit anderen Nachtkerzen-Arten, von denen in Wärmegebieten Deutschlands immerhin 45 beobachtet wurden, in Rheinland-Pfalz allerdings weniger als ein Dutzend. Nachweislich gekreuzt hat sie sich jedoch mittlerweile mit der Rotkelchigen Nachtkerze (*Oenothera glazioviana),* die wegen ihrer besonders großen Blüten in Gärten kultiviert wird und von dort aus hie und da verwildert. Das Kreuzungsprodukt ist der Gewöhnlichen Nachtkerze sehr ähnlich, unterscheidet sich aber durch außen rot gestreifte Blütenknospen.

Gewöhnliche Nachtkerze *MH*

Purpur-Storchschnabel (Geranium purpureum)

Hier handelt es sich um den jüngsten und zugleich striktesten Bahnlinienwanderer. Erst vor sieben Jahren erschienen in der Fachliteratur die ersten Berichte über die Ausbreitung der im Mittelmeergebiet beheimateten Pflanze auf Bahnschotter. Inzwischen hat das Pflänzchen fast alle Bahnstrecken Deutschlands erobert, jedoch fast nirgends abseits der Bahnlinien Fuß fassen können.

Pflanzenkennern, welche die Abbildung betrachten werden eine große Ähnlichkeit mit dem Stinkenden Ruprechts-Storchschnabel (*Geranium robertianum*) bemerken, der zu den häufigsten Arten der einheimischen Pflanzenwelt gehört.

Man muss tatsächlich genau hinschauen, um den Purpur-Storchschnabel davon unterscheiden zu können. Recht gut gelingt dies anhand der Kelchblätter, deren Zipfel beim Purpur-Storchschnabel relativ kurz sind.

Purpur-Storchschnabel *MH*

Kleines Liebesgras (Eragrostis minor)

Dieses zierliche Gras zeigt eine besondere Vorliebe für Bahnrampen und Bahnsteige, die mit feinem Schotterbelag versehen sind und nicht zu stark begangen werden. Eine mäßige Trittbelastung scheint dagegen förderlich zu sein, da sie höherwüchsige Konkurrenten fernhält. Auf solchen mäßig begangenen Flächen schmiegt sich das Gras oft völlig dem Boden an, so dass man es leicht übersieht. Vor dem Hintergrund grauen Schotters ist es schwer zu fotografieren, weshalb für die Abbildung ein gepresstes Exemplar aus dem Herbarium gewählt wurde. Vor dem hellen Papierhintergrund zeichnet sich die zierliche Form der Rispe mit ihren ovalen, meist dunkelviolett überhauchten Ährchen sehr deutlich ab. Links daneben ist ein einzelnes Ährchen vergrößert dargestellt, um seine ebenmäßige ovale Form mit den regelmäßig dachziegelig angeordneten Spelzen zu demonstrieren.

Liebesgras, getrocknetes Exemplar. Links daneben die vergrößeret Abbildung eines Ährchens.

Von der zierlichen Form des Grases soll sich der Name „Liebesgras" ableiten, der eine Übersetzung des wissenschaftlichen Namens Eragrostis ist (zusammengefügt aus dem griechischen Wort *eros* für Liebe und dem mittellateinischen *agrostis*, mit dem bestimmte Gräser bezeichnet wurden).

Das ursprünglich wohl im Mittelmeergebiet beheimatete Gras wurde vereinzelt schon am Ende des 18. Jahrhunderts in Deutschland beobachtet. Eine stärkere Ausbreitung begann aber erst mit dem Bau der Eisenbahnlinien in der zweiten Hälfte des 19. Jahrhunderts. Demnach ist das Gras einer der ältesten Eisenbahnbegleiter. Es kommt allerdings vereinzelt auch abseits der Bahnanlagen vor. So findet man es in der Stadt Trier hie und da zwischen älterem Straßenpflaster auf Bürgersteigen.

Zwei umstrittene Waldbäume aus Übersee

JTS 2004

Wie aus den vorausgegangenen Folgen dieser Serie hervorgeht, sind die Neulinge unserer Flora nur zum geringen Teil von selbst bei uns eingewandert. In den meisten Fällen hat der Mensch die Hand im Spiel. Teils hat er die Pflanzen unabsichtlich eingeschleppt, indem z. B. Samen unbemerkt durch Fahrzeuge, mit Rohstoffen oder zwischen Saatgut von Kulturpflanzen in unsere Flora gelangten. So mancher Neophyt (wie die Neulinge wissenschaftlich genannt werden) wurde jedoch absichtlich eingeführt. Seit dem Zeitalter der Entdeckungen reizte es, Gärten und Parkanlagen um exotische Pflanzen zu bereichern. Voraussetzung für deren Gedeihen war, dass sie aus Gebieten stammten, die wie Mitteleuropa ein gemäßigtes Klima aufweisen. Dies gilt vor allem des fernen Ostens und Nordamerikas. Dort sind viele unserer Ziergehölze und Gartenstauden beheimatet, aber auch Pflanzen, die aus Gärten oder Parkanlagen in die wildwachsende Pflanzenwelt eingedrungen sind.

Auch in der Forstverwaltung war man seit Entdeckung der fernen Kontinente daran interessiert, das Spektrum der heimischen Waldbäume um exotische Gehölze zu erweitern. Dabei spielt ein besonderer Aspekt eine Rolle: Die mitteleuropäischen Wälder sind im Vergleich zu denen des fernen Ostens und Amerikas auffällig artenarm. Während bei uns nur ca. 30 Arten von Waldbäumen vorkommen, sind es in Nordamerika fast 300 und im fernen Osten mehr als 650. Die Ursache für diese enormen Unterschiede liegt in der Eiszeit. Als in den mehrfachen Vereisungsperioden die Gletscher langsam von Norden hervorstießen, konnte die Pflanzenwelt in Nordamerika und Ostasien nach Süden ausweichen und dort überleben. In Europa gelang das nicht. Zwar waren es nicht – wie in vielen Lehrbüchern immer wieder noch dargelegt wird – die Alpen oder das Mittelmeer, die als West-Ost-verlaufende Querriegel das Verlagern der Vegetation nach Süden verhinderten. Es gab durchaus Korridore zur Umgehung dieser Hindernisse. Wie neuere Forschungen ergeben haben, herrschte damals im Mittelmeerraum und in Nordafrika ein sehr trockenes Klima und die vor der Kälte nach Süden ausweichenden Waldpflanzen erlagen dort der Trockenheit. Das führte zum Aussterben sehr vieler Waldbaumarten, deren Vorkommen vor der Eiszeit in Mitteleuropa durch Fossilfunde nachgewiesen ist, wie z. B. Douglasie, Tulpenbaum (Liriodendron), Magnolien, Trompetenbaum (Catalpa). Es hat durchaus etwas für sich, wenn Forstleute argumentieren, man solle doch einige dieser vor der Eiszeit bei uns einheimischen Waldbäume wieder in unsere Wälder einbringen. Bei der Douglasie ist dies in großem Umfang bereits geschehen, da dieser Baum sich vor allem im Hinblick auf die Holznutzung sehr bewährt hat. Allerdings tun sich einheimische Kräuter, Farne und Pilze schwer, in Douglasienwäldern Fuß zu fassen, weshalb deren Bodenflora in der Regel sehr dürftig ist. Die zwei Waldbaumarten, um die es in dieser Folge gehen soll, sind nicht nur bei Naturschützern, sondern auch bei Forstleuten sehr umstritten.

1. Die Robinie oder Falsche Akazie (Robinia pseudacacia)

Die Bezeichnung „Neuling" ist bei ihr schon fast nicht mehr zutreffend, denn sie wurde schon im Jahr 1601 von dem französischen Gärtner Jean Robin aus Nordamerika nach Paris gebracht. Ihm zu Ehren bekam der Baum den Gattungsnamen Robinia. Robin waren wohl schon in Amerika gewisse Vorzüge des Baumes aufgefallen: die dekorativen, weißen, duftenden und reichlich Nektar bietenden Blütenstände (Abb.1), die Fähigkeit, auf nährstoffarmen Böden zu gedeihen, der rasche Wuchs und schließlich das harte, zähe Holz, das gut zu Werkzeugen und hölzernen Geräten verarbeitet werden kann. Vor allem die Fähigkeit, selbst auf schlechten Böden schnell hochzuwachsen, machte die Robinie bald in ganz Europa als Pionierpflanze zur Befestigung rutschgefährdeter Böschungen, zur schnellen Bewaldung stillgelegter Steinbrüche usw. begehrt. Imker schätzen sie als Bienenweide. Heute gibt es in Mitteleuropa wohl keine Gemarkung mehr, in der man nicht wenigstens einzelne Robinien antrifft. Lediglich in höheren Gebirgslagen fehlt der Baum, weil er starke Fröste nicht verträgt. Schauen wir uns die Robinie etwas näher an und beleuchten dabei auch ihre unangenehmen Seiten. Die an Bohnen- Ginster- oder Wickenblüten erinnernde Form der einzelnen Blüten verrät, dass der Baum zur Familie der Schmetterlingsblütler oder Hülsenfrüchtler gehört. Die Früchte sind dementsprechend Hülsen, die wie braune, vertrocknete Bohnenfrüchte aussehen. Wie viele Schmetterlingsblütler hat die Robinie gefiederte Blätter, d. h. an einem stielförmigen Mittelteil (Blattspindel) sitzen paarweise seitliche Teilblättchen, die Fiedern genannt werden. Eine ungepaarte Fieder sitzt am Ende der Blattspindel. Die Fiederblätter haben der Robinie zu dem Namen „Falsche Akazie" verholfen, obwohl man sagen muss, dass bei den eigentlichen Akazien (die in Gärtnereien oft unter dem falschen Namen Mimosen verkauft werden) die Fiedern viel feiner und schmaler sind. Mit den echten Mimosen hat die Robinie gemeinsam, dass die Blätter auf Erschütterungen mit Bewegungen reagieren.

Die weißen Blütentrauben der Robinie duften angenehm und liefern viel Nektar. *MH*

Bei der Robinie sind diese allerdings sehr langsam. Die Fiedern senken sich bei Erschütterung innerhalb einer Minute um 45 Grad. Beiderseits des Blattstiel-Ansatzes am Stängel bilden sich zwei kleine, stiftchenförmige Nebenblätter. Sie wachsen allmählich zu Dornen heran, die nach dem Abfallen der Blätter erhalten bleiben. Die Dornen schützen die Robinie vor Fraß. Auch wurde beobachtet, dass bei hoher Luftfeuchtigkeit an den Dornen Wassertröpfchen kondensieren, heruntertropfen und dann den Wurzeln der Robinie zugutekommen. Für den Menschen, der aus irgendwelchen Gründen einen Robinienwald durchstreifen oder dort forstlich tätig werden will, sind die Dornen sehr unangenehm. Ältere Robinienstämme bekommen eine große längsrissige Borke, die derjenigen der Eichen ähnlich ist. Besonders die Rinde, aber auch die Blätter, enthalten stark giftige Eiweißstoffe (Toxalbumine), die besonders Pferden zum Verhängnis werden können, die an der Rinde nagen. Ziegen dagegen vertragen die Blätter.

Sogenannte Nebenblatt-Dornen sind unangenehme Abwehrorgane der Robinie. *SE*

Wie alle Schmetterlingsblütler hat die Robinie die Fähigkeit, in ihren Wurzeln Bakterien zu beherbergen, die in der Lage sind, aus Luftstickstoff Nitrate zu synthetisieren. Dank dieser sogenannten Knöllchenbakterien leidet die Robinie auch auf ärmsten Böden nie an Nitratmangel und kann deshalb so schnell heranwachsen. Sie gewinnt nicht nur rasch an Höhe, sondern macht sich mit Hilfe von Wurzelsprossen auch in der Fläche breit. Das im Herbst herabfallende Laub ist nitratreich und düngt den Boden kräftig. Das ist unter dem Aspekt der Bodenverbesserung positiv zu bewerten, hat allerdings den Nachteil, dass in Robinienwäldern nitratliebende Pflanzen wie z. B. Brennnesseln überhandnehmen und mit ihrem hohen und dichten Wuchs andere Kräuter verdrängen. Deshalb schlagen bei Naturschützern die Alarmglocken, wenn die Robinie in Naturschutzgebieten auftaucht. Auch bei Förstern und Landschaftsgärtnern scheint sie nicht mehr so geschätzt zu sein wie früher. In einer Zeit, in der kaum noch hölzerne Fuhrwerke, Leiterwagen und Wagenräder hergestellt werden und die Berufe des Wagners und des Stellmachers am Aussterben sind, hat auch im Handwerk die Nachfrage nach Robinienholz stark nachgelassen.

2. Die Späte Traubenkirsche (Prunus serotina)

Sie hat vieles mit der Robinie gemeinsam. Auch sie stammt aus Nordamerika, gelangte ebenfalls schon im 17. Jahrhundert nach Europa, kann auf nährstoffarmen Böden gedeihen und sich durch Wurzelsprosse vegetativ vermehren. Deshalb benutzte man auch sie zum Aufforsten armer Böden; dies aber in größerem Umfang erst ab 1900, vor allem in Sandgebieten der Niederlande und der norddeutschen Tiefebene. Aber auch in der Region Trier findet man viele Stellen, wo die Späte Traubenkirsche in kleinerem Umfang angepflanzt wurde. Wie der Name sagt, gehört sie zur Gattung der Kirschbäume. Genau wie bei der einheimischen Traubenkirsche (*Prunus padus*) stehen die Blüten aber nicht wie bei den Süßkirschen und Sauerkirschen in Büscheln, sondern in größerer Zahl in langgestreckten Trauben angeordnet.

Glänzende, etwas ledrige Blätter unterscheiden die Späte Traubenkirsche von der einheimischen. *MH*

Während die einheimische Traubenkirsche, die in den Auenwäldern von Bächen und Flüssen zu Hause ist, im Frühling blüht und ziemlich weiche, mattgrüne Blätter hat, blüht die Späte Traubenkirsche erst im Sommer (daher ihr Name) und hat glänzende, etwas ledrige Blätter. Die Früchte sowohl der heimischen Art als auch der Späten Traubenkirsche werden in der Literatur als ungenießbar bezeichnet, meist ohne nähere Begründung. Recherchiert man in der Fachliteratur genauer, so erfährt man, dass die in den Steinkernen eingeschlossenen Samen viel Blausäure enthalten, so dass bei Zerkauen der Kerne Vergiftungen zu befürchten sind. Die Autoren eines amerikanischen Buches bezeichnen die Späte Traubenkirsche deshalb als den gefährlichsten Kirschbaum der östlichen USA. Damit haben sie aber wohl eher eine Gefährdung von Tieren im Auge, welche sich durch Fressen der ebenfalls blausäurehaltigen Blätter oder durch Knabbern an der Rinde vergiften können. Jedenfalls kann man sich angesichts dieser Tatsache nicht wünschen, dass die Späte Traubenkirsche ein Bestandteil unserer Wälder wird. Um das zu verhindern, ist es an manchen Orten schon zu spät. Es mehren sich die Klagen von Naturschützern und Waldbesitzern über die aggressive Ausbreitung des Baumes. Vor allem in den Niederlanden und in Norddeutschland ist die Späte Traubenkirsche geradezu zu einer „Pest der Wälder" geworden, die mit ihren dichten Gestrüppen alle übrigen Gehölze unterdrückt. Sie hat damit den zweifelhaften Ruhm erlangt, der „einzig aggressive Neophyt unter den Waldgehölzen" zu sein.

Viel beachtete und unbemerkte Einwanderer

JTS 2005

Schon in den vergangenen Folgen dieser Serie wurde gelegentlich darauf hingewiesen, dass die fremdländische Herkunft mancher in neuerer Zeit bei uns eingewanderter Pflanzenarten einem größeren Kreis von Naturfreunden bekannt ist. Teilweise tragen Namen wie Indisches Springkraut, Perser-Klee, Kanadische Goldrute und Amerikanische Kermesbeere zu diesem Wissen bei. Über andere pflanzliche Einwanderer wird öfters in Tageszeitungen und Illustrierten berichtet, teils wegen auffälligen Aussehens, teils wegen aggressiven Eindringens in die heimische Flora. Der Riesen-Bärenklau (auch Herkulesstaude genannt) macht Schlagzeilen als Verursacher schlimmer Hautreizungen nach Berühren der Pflanze (siehe Jahrbuch 1996). In solchen Berichten erfährt man fast immer, aus welcher Gegend der Erde die dargestellten Pflanzen stammen. Auch neu eingewanderte Ackerunkräuter fanden in der Regel Beachtung, zumindest bei der bäuerlichen Bevölkerung, die ja mit dem, was auf ihren Feldern wuchs, seit eh und je vertraut war und deshalb neu Hinzugekommenes aufmerksam registrierte. Es gibt aber auch Fremdlinge, die ganz heimlich bei uns eingewandert sind und sich zum Teil so unauffällig in die heimische Flora einfügen, dass man vom bloßen Anblick her nie auf den Gedanken käme, dass es sich um sogenannte Neophyten (Neueinwanderer) handelt. In dieser Folge werden mehrere ziemlich unauffällige Neulinge vorgestellt, deren Einwanderung ganz unterschiedliche Beachtung fand. Die Gründe dafür sollen erläutert werden.

1. Zarte Binse (Juncus tenuis)

Wie der Name schon sagt, handelt es sich um eine zierliche Pflanze, die grasartig aussieht, allerdings mit den Gräsern viel weniger verwandt ist als mit den Liliengewächsen. Sie ist konkurrenzschwach und verträgt keinen dichten Pflanzenwuchs. Andererseits benötigt sie ziemlich nährstoffreichen und etwas feuchten Boden. Das sind schwer vereinbare Umweltansprüche, denn wo genügend Nährstoffe und Feuchtigkeit im Boden sind, sprießt die Pflanzendecke in der Regel üppig und dicht. So bleiben als Lebensraum für die Zarte Binse nur „gestörte Standorte" übrig, wo äußere Einwirkungen verhindern, dass sich die aufgrund des guten Nährstoffangebots mögliche dichte Pflanzendecke entwickeln kann. Das können z. B. planierte Flächen in Tongruben, Baugebieten oder auf Lagerplätzen sein, wo die Zarte Binse zumindest so lange gedeihen kann, bis wieder üppigere Vegetation nachwächst oder das Gelände bebaut wird. Öfters noch trifft man die Zarte Binse auf Waldwegen an, wo die Belastung durch Begehen und Befahren das Aufkommen einer dichten Pflanzendecke verhindert.

Unsere Abbildung[15] zeigt ein solches Vorkommen auf dem Mittelstreifen einer Waldschneise zwischen den Fahrspuren. Der Boden ist hier sehr flachgründig, und in der Fahrspur im Hintergrund kommt der felsige Untergrund zutage. Dort wäre der Boden zu karg und zu trocken für die Binse. Auf dem Mittelstreifen reicht aber eine Lehmschicht aus, um sie mit genügend Feuchtigkeit und Nährstoffen zu versorgen. Gegen Tritt und gelegentliches Überfahren ist die Binse unempfindlich. Die Bezeichnung „zart" betrifft also eher ihre Gestalt als ihre Konsistenz.

Ein sicheres Erkennungsmerkmal der Pflanze ist die Verteilung der Blätter. Da sind zunächst mehrere Blätter am Grund des Stängels. Darüber ist der Stängel zunächst blattlos. Am Grunde der Blütenbüschel (die Blüten sind grün und unscheinbar) gibt es dann wieder Blätter, die als Hochblätter bezeichnet werden. Es sind meist zwei, und sie überragen die Blütenbüschel deutlich. Durch diese Merkmalskombination unterscheidet sich die Zarte Binse stark von allen einheimischen Binsen. Deshalb blieb die um 1830 beginnende Einwanderung der aus Nordamerika stammenden Pflanze zumindest in Botanikerkreisen nicht unbemerkt. Da die Pflanze zunächst nur an wenigen Stellen auftrat, war sie ein begehrtes Objekt für botanische Raritätenjäger. Diese pflegten in der damaligen Zeit gepresste und getrocknete Pflanzen so zu sammeln, wie man heutzutage Briefmarken sammelt. Sie betrieben – oft unter wissenschaftlichem Deckmantel – einen regen Tauschverkehr. Da zur Gewinnung von Duplikaten an einer Stelle oft viele Exemplare gepflückt oder gar ausgegraben wurden, führte das nicht selten zur Ausrottung ganzer Pflanzenvorkommen.

Zarte Binse *MH*

Der pfälzische Botaniker Friedrich Wilhelm Schultz hielt deshalb die Fundstelle des ersten von ihm entdeckten Vorkommens der Zarten Binse bei Annweiler geheim, um die Pflanze vor der „Vertilgungswut der Pflanzenjäger und Pflanzenwucherer" zu bewahren. Schon wenige Jahrzehnte später erwiesen sich solche Sorgen als unbegründet. Langsam aber sicher eroberte sich die Binse die Waldwege.

[15] Originalbild nicht reproduzierbar

Sie schaffte das mit Hilfe ihrer klebrigen Samen, die an Schuhen oder an den Beinen von Waldtieren haften und nach dem Trocknen wieder zu Boden fallen. Um 1900 gab es auch im Trierer Gebiet eine erste Fundmeldung für Schweich-Issel. Heute ist die Zarte Binse ein so selbstverständlicher Teil unserer Waldwegflora, dass Teilnehmer naturkundlicher Wanderungen immer wieder mit Erstaunen hören, dass es sich um einen amerikanischen Immigranten handelt.

2. Strahllose Kamille (Matricaria discoidea)
Sie ist insofern eine „Kollegin" der Zarten Binse, als sie ungefähr um die gleiche Zeit einwanderte, ähnliche Umweltansprüche hat, ebenfalls aufgrund ihrer Trittfestigkeit Wege besiedelt und sich mit Hilfe klebriger Früchte ausbreitet. Sie stammt allerdings aus dem fernen Osten. Zwar kommt sie auch im Nordwesten Amerikas vor, doch ist noch ungeklärt, ob sie dort urwüchsig oder ebenfalls eingewandert ist.

Auch in den Umweltansprüchen gibt es gewisse Unterschiede, so dass sie selten mit der Zarten Binse gemeinsam vorkommt. Die Strahllose Kamille hat ein stärkeres Licht- und Stickstoffbedürfnis. Man findet sie deshalb weniger im Wald als auf Feldwegen. Am häufigsten ist sie in der Nähe von Siedlungen, wo es durch stärkeren Einsatz von Düngemitteln, Gartenabfälle, Kot von Tieren usw. zu Stickstoffanreicherungen kommt. Der Name „Strahllose Kamille" weist darauf hin, dass an den Blütenköpfen im Gegensatz zur Echten Kamille die weißen Strahlenblüten fehlen und nur die gelben „Knöpfe" vorhanden sind, die aus vielen Röhrenblüten bestehen (siehe dazu Jahrbuch 1999, S. 160).

Die Pflanze duftet genau wie die Echte Kamille, was auf gleiche Inhaltsstoffe hinweist. Sie wird deshalb in gleicher Weise als Heilpflanze verwendet.

Man sollte aber bedenken, dass sie oft an schmutzbelasteten Wegrändern wächst. Auf Ackerbrachen gesammelte Echte Kamillen werden in der Regel sauberer sein.

Strahlenlose Kamille *MH*

3. Drüsiges Weidenröschen (Epilobium ciliatum)

Drüsiges Weidenröschen *MH*

Die Einwanderung dieses aus Nordamerika stammenden Weidenröschens wurde sogar von den Botanikern verpasst. Sie bemerkten um 1960 herum das Vorhandensein in Mitteleuropa erst, als die Pflanze sich schon weit verbreitet hatte. So lässt sich weder die genaue Zeit noch der Ablauf der Einwanderung rekonstruieren. Wie ist so etwas möglich? Viele kennen das Wald-Weidenröschen, das mit seinen zahlreichen großen Blüten im Hochsommer mit dem roten Fingerhut wetteifert, Waldränder und Kahlschläge mit kräftigem Violettrot überzieht und deshalb auch Feuerkraut genannt wird. Daneben gibt es in Deutschland ein Dutzend kleinblütiger Weidenröschen-Arten, die vielen Naturfreunden als schwer unterscheidbar gelten. Man muss tatsächlich genauer hinschauen, um das Berg-Weidenröschen, das Rosenrote Weidenröschen, das Dunkelgrüne Weidenröschen und wie sie alle heißen, erkennen zu können. Nicht selten kreuzen sich Arten sogar. Trifft man auf ein solches Kreuzungsprodukt (Hybride), ist man sogar als Botaniker zunächst hilflos und erst eine genaue Untersuchung führt weiter. Das Drüsige Weidenröschen, um das es in diesem Kapitel geht, gehört ebenfalls zu den kleinblütigen Weidenröschen und ähnelt sehr stark dem bei uns einheimischen Vierkantigen Weidenröschen (*Epilobium tetragonum),* dessen Name vom vierkantigen Stängel herrührt. Es unterscheidet sich von diesem fast nur dadurch, dass der obere Stängelbereich dicht von Drüsenhärchen besetzt ist, die man nur mit Hilfe einer Lupe deutlich erkennen kann. Es sind knapp ein Millimeter lange Härchen, die am Ende jeweils eine Drüse tragen, die wie ein winziges, rundes Tröpfchen aussieht. Ein weiteres sicheres Unterscheidungsmerkmal ist sogar nur bei ungefähr 20-facher Vergrößerung zu erkennen: Das Haarbüschel, das als Flugorgan bei allen Weidenröschen das Samenkorn krönt, wächst hier nicht direkt aus der Wand des Samenkorns, sondern sitzt auf einem kleinen, löffelförmigen Anhängsel.

Angesichts solch feiner Unterscheidungsmerkmale braucht man sich nicht zu wundern, dass sich das Drüsige Weidenröschen zwischen das einheimische Vierkantige Weidenröschen geschmuggelt hat, ohne erkannt zu werden. In der Region Trier ist es mittlerweile eines der häufigsten kleinblütigen Weidenröschen. Man begegnet ihm an Rändern von Waldwegen, an Grabenrändern, in Gärten und auf Schuttplätzen. Trotz seiner Häufigkeit scheint es keine einheimischen Arten zu verdrängen, da es an seinen Wuchsstellen fast nie in Massen auftritt.

4. Das Franzosenkraut (Galinsoga)

Es geht hier um zwei nah verwandte Neulinge, das Kleinblütige Franzosenkraut (*Galinsoga parviflora)* mit geringer Behaarung und fein gezähnten Blättern, und das Behaarte Franzosenkraut (*Galinsoga ciliata*[16]) mit starker Behaarung und grob gezähnten Blättern. Beide wanderten im 19. Jahrhundert bei uns ein und fanden als Wildkräuter in Gärten und Äckern bei der Landbevölkerung starke Beachtung. Sie stammen nicht etwa aus unseren südlichen Nachbarländern, wie der Name „Franzosenkraut" vermuten lassen könnte. Ihre Heimat sind vielmehr die Anden Süd- und Mittelamerikas. Das Kleinblütige Franzosenkraut kam sogar ursprünglich nur in Peru vor.

Woher stammt dann aber der Name Franzosenkraut? Am Ende aus den unseligen Zeiten, als Deutschland mit Frankreich verfeindet war? Wollte man die Bewohner des Nachbarlandes verächtlich machen, indem man ein lästiges Unkraut nach ihnen benannte?

So ist es nicht. Der Name entstand überhaupt nicht in der deutschen Bevölkerung, sondern wurde von einem Botaniker namens Homann geprägt und in die Literatur eingeführt. Dieser hatte von einem Kollegen die Nachricht erhalten, die Pflanze sei bei Osterode im Harz nach der Besetzung durch französische Truppen aufgetreten und wohl von diesen eingeschleppt worden.

Kleines Franzosenkraut (*Galinsoga parviflora*) *MH*

Dies scheint aber nicht zu stimmen. Nach allem, was man ermitteln konnte, sind beide Franzosenkraut-Arten aus botanischen Gärten entwichen. Die vielen Forschungsreisenden des 18. und 19. Jahrhunderts hatten Saatgut unzähliger Pflanzenarten nach Deutschland gebracht und die botanischen Gärten wetteiferten darin, möglichst viele exotische Pflanzen, die unser Klima vertragen, im Freiland zu kultivieren. Teils durch Samenverbreitung, teils durch weggeworfene Gartenabfälle gelangten etliche dieser Pflanzen in die freie Natur und manche davon konnten sich einbürgern.

[16] Heute: Galinsoga quadriradiata

Die Franzosenkraut-Arten gehören wie Kamillen, Margeriten und Sonnenblumen zu den Korbblütlern und sind an ihren wenige Millimeter breiten Blütenköpfchen zu erkennen, bei denen ein gelbes Bündel von Röhrenblüten von einem Kranz aus fünf weißen Strahlenblüten umgeben ist. An einer Pflanze bilden sich viele solcher Blütenköpfchen, weshalb sie bis zu 300.000 Samen hervorbringen kann. Durch diese enorme Fruchtbarkeit wurden die Franzosenkräuter zeitweise zu lästigen Unkräutern.

Durch Herbizidanwendung, vielleicht auch durch Saatgutreinigung, sind sie in Äckern sehr zurückgedrängt worden und man findet sie dort kaum noch. Eher noch trifft man sie in Gärten an, wo sie, solange sie nicht überhandnehmen, dem Gärtner ein gutes Zeugnis ausstellen. Sie zeigen nämlich einen guten Bodenzustand an. Sie eignen sich als Futter für Kleintiere, und man kann aus jungen Pflanzen sogar Gemüse und Salat bereiten.

Behaartes Franzosenkraut (*Galinsoga quadriradiata*) *MH*

Einwanderer am Flussufer

JTS 2006

In dieser zehnten Folge soll über zwei Pflanzenarten berichtet werden, die in neuerer Zeit entlang dem Moselufer eingewandert sind. Bis auf eine Ausnahme sind ihre Vorkommen streng auf das Flussufer beschränkt. Während die erste der beiden Arten ziemlich expansiv ist und mittlerweile im Bereich fast aller Moselgemeinden gefunden werden kann, konnte sich die zweite nur hie und da einbürgern.

1. Breitblättrige Kresse oder Pfefferkraut (Lepidium latifolium)
Die bis über 1 m hohe Staude fällt besonders zur Blütezeit auf. Die einzelnen weißen Blütchen sind zwar nur wenige Millimeter groß, doch sind Hunderte bis Tausende davon zu Rispen zusammengefasst.

Schaut man sich die kleinen Blüten aus der Nähe an, erkennt man 4 Blütenblätter. Das ist ein Kennzeichen der großen Pflanzenfamilie der Kreuzblütler. Zu dieser gehören fast nur Pflanzen, die für den Menschen nützlich sind, sei es als Nahrungsmittel, als Heilkräuter oder als Zierpflanzen. So bekannte Kulturpflanzen wie Raps, Rettich, Meerrettich, Feldkresse, Brunnenkresse, Senf und sämtliche Kohlarten gehören dazu. Ein weiteres, namengebendes Erkennungsmerkmal der Breitblättrigen Kresse sind die breitovalen, fein gezähnten, etwas ledrigen Blätter, die um den hellgrünen Stängel herum ungefähr spiralig angeordnet sind. Sie haben einen pfefferartig scharfen Geschmack. Darauf bezieht sich der Name Pfefferkraut. In früheren Zeiten nutzte man die Blätter als Gewürz.

Die Pflanze hatte ihren ursprünglichen Verbreitungsschwerpunkt an Küsten des Mittelmeergebietes und in Salzsteppen Südosteuropas und Vorderasiens. Von dort aus reichten die Vorkommen bis zur Nord- und Ostseeküste. Der Verfasser lernte die Pflanze erstmals in den sogenannten Salzlacken östlich des Neusiedler Sees kennen. Diese Angaben weisen darauf hin, dass die Breitblättrige Kresse auf salzhaltigen Böden gedeiht, wozu die meisten Pflanzen nicht in der Lage sind. Das bringt ihr den Vorteil, dass sie an den meist nur lückenhaft bewachsenen Salzstandorten einem geringeren Konkurrenzdruck durch andere Arten ausgesetzt ist. Die neuerliche Ausbreitung entlang von Flüssen beweist, dass die Pflanze sich auch an Stellen ansiedeln kann, die keine ausgesprochenen Salzstandorte sind. Zwar führte die Gewässerverschmutzung auch zu Salzablagerungen an den Flussufern; doch sind die Salzgehalte dort erheblich geringer als an den Küsten und an den durch Solequellen oder durch hohe Verdunstungsraten flacher Steppenseen entstandenen Salzstellen des Binnenlandes. Entweder schlummerten in der Pflanze Konkurrenzkräfte, die bisher aus unbekannten Gründen noch nicht zum Zuge kamen, oder es haben Mutationen (Änderungen des Erbgutes) stattgefunden, die sie in die Lage versetzten, neue Lebensräume zu erobern. Jedenfalls breitete sie sich in den letzten 15 Jahren rasch entlang mehrerer Flüsse aus, z. B. an der Elbe, am Rhein und an der Mosel. In den meisten Fällen erfolgte die Einwanderung flussabwärts, was darauf hinweist, dass die Verbreitung der Samen durch das Wasser (Hydrochorie) eine Rolle spielt. Wie die Kresse an die Oberläufe der Flüsse gelangt ist, lässt sich im Nachhinein schwer erklären. Es spricht einiges dafür, dass sie anfangs aus Gärten verwilderte, auch wenn sie nicht zu den üblichen Zierpflanzen gehört. 1985 beobachteten saarländische Botaniker ein Vorkommen an der Mauer der Burgruine in Freudenburg. Die Vermutung liegt nahe, dass Samen aus benachbarten Gärten dorthin gelangt waren.

Die ersten Vorkommen am Moselufer wurden nach 1970 an der Obermosel in Luxemburg beobachtet. Auf deutscher Seite gelang der erste Nachweis 1986 bei Palzem-Wehr. Wenige Jahre später, nämlich 1990, gab es Fundmeldungen von Leiwen und Burg. Die Breitblättrige Kresse hatte demnach in relativ kurzer Zeit im gesamten Moselabschnitt des ehemaligen Regierungsbezirks Trier Fuß gefasst. Bis zum Jahr 2000 konnten in den Gemarkungen fast aller Moselgemeinden Vorkommen der auffälligen Pflanze nachgewiesen werden. Die Staude, die sich außer durch Samen auch durch Wurzelsprosse vermehrt, siedelt sich meist an solchen Stellen des Ufers an, die aufgrund irgendwelcher Störungen keine geschlossene Pflanzendecke aufweisen. Das können hochwasserbedingte Sand- und Kiesablagerungen oder Uferabbrüche sein, aber auch Tritt- oder Fahrzeugspuren. Hat die Kresse dort einmal Wurzeln geschlagen, lässt sie sich nicht mehr so leicht verdrängen, selbst wenn die Vegetationsdecke sich wieder schließt oder sogar lockeres Gebüsch aufkommt.

Obwohl man schon erlebt hat, dass Neophyten (pflanzliche Neueinwanderer) nach einem Boom der Vermehrung und Ausbreitung wieder nachließen und selten wurden (es sei an die Wasserpest erinnert), sieht es vorerst so aus, als ob die Breitblättrige Kresse zum festen Bestandteil unserer Uferflora wird. Ob sie den aggressiven Neophyten zugerechnet werden kann, welche urwüchsige Arten verdrängen, lässt sich noch nicht beurteilen.

Große Sorgen bereitet die Pflanze in Nordamerika, wo sie pepper weed genannt wird. Um 1930 ist sie vermutlich mit Zuckerrüben-Schiffsladungen eingeschleppt worden und hat sich seitdem an der Ostküste und noch stärker in westlichen Staaten, z. B. Kalifornien ausgebreitet.

Dort dringt sie in feuchtes Weideland ein und verdirbt sowohl das Grünfutter als auch das Heu. Ziegen vertragen die Pflanze, nicht aber Rinder und Schafe. Für diese scheint sie schwach giftig zu sein. Viele Fachpublikationen beschäftigen sich mit der Frage der Bekämpfung der aggressiven Pflanze, und es wurden sogar schon Tagungen eigens zu diesem Thema abgehalten.

Dass die Pflanze sich in Amerika stärker ausbreitet als bei uns, kann damit zusammenhängen, dass sie dort in eine Gegend gelangt ist, die sehr weit von ihrem Ursprungsgebiet entfernt ist. Damit hat sie Konkurrenten und Schädlinge, die sich in Jahrtausenden an sie angepasst haben und sie in Schach halten, weit hinter sich gelassen. Bei uns ist sie noch näher an ihrem ursprünglichen Umfeld und trifft wahrscheinlich eher auf Arten, die sich seit Urzeiten mit ihr auseinandersetzen.

Pfefferkraut *MH*

2. Zucker-Spitzklette (Xanthium saccharatum)[17]

Die kurz nach 1920 aus Nordamerika nach Mitteleuropa eingewanderte Pflanze zeigt an der Mosel eine geringere Ausbreitungskraft als die Breitblättrige Kresse. Das hängt unter anderem damit zusammen, dass sie einjährig ist. Die jährlich neu aufkeimenden Individuen müssen ihren Standort immer wieder von neuem erobern. Das gelingt ihnen nur an nassen, nährstoffreichen und sehr lückenhaft bewachsenen Stellen, wie z. B. Kies- und Schlammbänken. Will man die Spitzklette am Moselufer finden, muss man etwas Glück haben oder geduldig suchen.

Abb. 3[18] zeigt einen niederliegenden Trieb auf einer Schlammbank in der Nähe von Traben-Trarbach. Normalerweise wächst die Pflanze aufrecht. Sie gehört zur Familie der Korbblütler, bei der ein dichtes Bündel von kleinen, röhrenförmigen Blüten von einer teller- bis becherförmigen Hülle umgeben ist. Bei der Spitzklette sind die unscheinbaren Blüten in fast flaschenförmige Hüllen eingeschlossen. Diese fallen sofort ins Auge, da sie mit hakenförmigen Borsten besetzt sind. Zur Fruchtzeit vergrößern sie sich, und die Borsten werden trocken und hart und können fast als Dornen bezeichnet werden. Auf Abb. 2 sind die Fruchthüllen, die sich über gelb nach braun verfärben, aus der Nähe zu sehen. Die Borsten wirken bei 40-facher Vergrößerung wie ein Märchenwald, den ein phantasievoller Bühnenbildner entworfen hat. Wie bei der bekannten Klette, die mit der Spitzklette nur entfernt verwandt ist, dienen die Hakendornen der Verbreitung der Früchte. Die Fruchthüllen mit den darin eingeschlossenen, trockenen, körnigen Früchten bleiben am Fell von Tieren haften, reißen von der Pflanze ab und werden fortgeschleppt. Dabei können schon einzelne Früchte aus den Hüllen herausfallen. Irgendwann werden auch die gesamten Fruchthüllen abgestreift.

Auch die Zucker-Spitzklette ist eine Problempflanze, allerdings nicht für Landwirte oder Naturschützer. Denn wie schon gesagt, verhält sie sich zumindest an der Mosel nicht aggressiv, sondern fügt sich bescheiden in die natürliche Vegetation ein. Kopfzerbrechen bereitet sie vielmehr den Botanikern, die größte Schwierigkeit, ihre systematische Stellung, d. h. ihre Verwandtschaftsbeziehungen zu anderen Spitzkletten-Arten Nordamerikas oder Eurasiens aufzuklären. Da davon auch die wissenschaftliche Namensgebung abhängt, gab es lange Uneinigkeit darüber, ob die Pflanze Xanthium orientale, Xanthium albinum oder Xanthium saccharatum heißen muss. Da dies fachwissenschaftliche Fragen sind, sei hier nur das Grundproblem erläutert. Bis ins 19. Jahrhundert kam an der Mosel die in Europa und Asien urwüchsige Gewöhnliche Spitzklette (Xanthium strumarium) vor.

[17] Heute: Xanthium orientale var. saccharatum

[18] Foto wurde ersetzt

Sie ist auf Standorte angewiesen, die der Mensch als ungepflegt empfindet: ausgefahrene, schlammige Wegränder, unbefestigte Flussufer, feuchte Schuttplätze und ähnliches. In dem Maße, wie die Nutzung der Landschaft intensiviert wurde und die Gemeinden ihre Gemarkungen in einen „ordentlichen“ Zustand brachten, verschwand die einheimische Spitzklette. Zur gleichen Zeit begann die Einwanderung der amerikanischen Art. Naturfreunde, welche sich nicht genau auskannten, hielten möglicherweise trotz deutlicher Unterschiede den Neueinwanderer für die einheimische Art. Bei Fundmeldungen aus der Zeit von 1900 bis 1950 besteht deshalb Unsicherheit, auf welche der beiden Arten sie sich beziehen.

Wissenschaftler, welche ab 1950 die aus Amerika eingewanderten Spitzkletten in ganz Mitteleuropa untersuchten, stellten fest, dass an Rhein und Mosel eine andere Art wächst als an der Elbe, und wieder eine andere an den weiter östlich gelegenen Flüssen. Beim Vergleich mit Vorkommen in Nordamerika konnte keine Übereinstimmung zwischen den dortigen Exemplaren und den europäischen festgestellt werden. Das führte zu der Hypothese, dass sich ähnlich wie im Falle der Nachtkerze (siehe Jahrbuch 2002) und der Goldruten (Jahrbuch 1997) die amerikanischen Einwanderer auch auf europäischem Boden durch Mutationen zu neuen Arten weiterentwickelt hätten. Sie wären somit keine Neueinwanderer im strengen Sinne, sondern „Kinder Europas“, die lediglich amerikanische Ahnen haben.

Im Falle der Spitzkletten hat sich diese Annahme als Irrtum erwiesen. Bei weiterer Nachsuche in Amerika entdeckte man bei den dort sehr verbreiteten und recht variablen Spitzkletten-Arten Individuen, welche genau den in Europa vorkommenden Arten gleichen. Die an der Elbe wachsenden, untereinander sehr einheitlichen Spitzkletten gleichen haargenau einer Pflanze, die im südlichen Kanada gefunden wurde. Demnach stellt sich die Sache heute so dar: Aus den variablen Populationen Nordamerikas sind wenige Individuen nach Europa gelangt. Da diese ganz isoliert aufwuchsen und sich ihre wenigen Nachkommen zwangsläufig untereinander kreuzten, kam es zur Inzucht (die bei Pflanzen keine negativen Folgen haben muss), und es entstanden deshalb Klone. Die individuellen Merkmale des ursprünglichen Einwanderers wurden dadurch zu Merkmalen aller seiner Nachkommen. In einem solchen Fall darf man die Gesamtheit als Art, oder als Unterart bezeichnen.

Im Falle der an Rhein und Mosel wachsenden Zucker-Spitzklette wurde der vermutlich kanadische Vorfahre anscheinend noch nicht ausfindig gemacht. Den Leser wird mehr interessieren, was der Artname „saccharatum“ aussagen soll, der so viel wie „zuckerhaltig“ bedeutet. In der Literatur findet man dazu fast keine Hinweise.

Die folgenden Angaben wurden nach langer Suche auf einer Internetseite der Universität von Arizona in Tucson gefunden: Die Pflanze enthält keinen Zucker im strengen Sinne, sondern in den Früchten ein Glycosid, in welchem ein Zuckermolekül mit einem andersartigen Molekül verbunden ist. Diese Substanz ist zwar giftig, doch spielen Vergiftungen keine Rolle, da die borstigen Früchte weder Tiere noch Kinder zum Verzehr einladen. Vergiftungen bei Weidetieren, die sich in allgemeiner Schwäche, Atembeschwerden, Krämpfen und Erbrechen äußern, werden von einem anderen Inhaltsstoff, dem Hydroquinon verursacht. Dieser kommt allerdings nur in den Keimlingen in höherer Konzentration vor und verdünnt sich, sobald die ersten größeren Blätter erscheinen. Bei uns braucht man Vergiftungen nicht zu fürchten, da es unmittelbar am Moselufer, wo die Pflanze vorkommt, keine Viehweiden gibt.

Herrn Dr. Ralf Hand (Berlin), dem Leiter des Arbeitskreises „Flora der Region Trier“, sei für Auskünfte zur Einwanderungsgeschichte der beiden Arten gedankt.

Zucker-Spitzklette *MH*

Dänisches Löffelkraut, Salz-Schuppenmiere, Klebriger Alant und Kurzfrüchtiges Weidenröschen

JTS 2007

Diese elfte Folge der Reihe soll zeigen, dass immer wieder neue Pflanzen aus näheren und fernen Ursprungsgebieten bei uns eingeschleppt werden – eine Folge der weltweiten Zunahme des Verkehrs. Der häufigste Ausbreitungsmechanismus ist das unbeabsichtigte Transportieren von Früchten oder Samen durch Fahrzeuge. Entweder mit Hilfe von Hafteinrichtungen oder einfach nur hochgewirbelt und mit Straßenschmutz an Kotflügeln oder anderen Teilen der Karosserie klebend, legen die Samen oder Früchte mehr oder weniger lange Fahrtstrecken zurück, fallen schließlich irgendwo wieder ab und keimen, wenn sie auf einen geeigneten Standort treffen. So wundert es nicht, dass auch die neuesten Einwanderer, die erst im Laufe der letzten zehn Jahre in der Region Trier angekommen sind, an Stellen mit intensivem Autoverkehr gefunden werden: an Autobahnrändern oder in Steinbrüchen mit regem Lastwagenverkehr. Die vier ganz neuen Einwanderer demonstrieren weiterhin, dass die Artikelserie endlos fortgesetzt werden könnte, denn das Einwandern von Neophyten wird so schnell nicht aufhören. Um das Thema aber nicht zu sehr auszuwalzen, soll dies die letzte Folge der Serie sein. Für das nächste Jahrbuch ist ein anderes botanisches Thema vorgesehen.

Dänisches Löffelkraut (Cochlearia danica)

Wer im Frühjahr als Beifahrer auf den Autobahnen um Trier unterwegs ist und dabei den Mittelstreifen im Blick behält, wird insbesondere an der A1 zwischen Schweich und Wittlich weiße Pflanzenpolster wahrnehmen. Sie befinden sich da, wo wegen starker Streusalzanreicherung oder aus anderen Gründen kein hoher und dichter Wuchs von Gräsern und Kräutern möglich ist. Es ist ein kriechend wachsender Kreuzblütler, der diese Polster bildet, nämlich das Dänische Löffelkraut. „Dänisch" bedeutet nicht, dass die Pflanze ursprünglich nur in Dänemark zu Hause war, wohl aber war ihr Verbreitungsgebiet auf die Nord- und Ostseeküste beschränkt, wo sie vor allem auf den Salzwiesen der Inseln vorkommt. Die Salzwiesen sind etwas höher gelegen als das Wattenmeer und haben mehr sandige und nicht ganz so salzhaltige Böden. Nachdem sich die Pflanze 1983 bis 1985 in den Niederlanden unvermittelt an Straßenrändern ausgebreitet hatte, wurden 1986 erstmals Vorkommen an einer deutschen Autobahn in Niedersachsen entdeckt. Ein Botaniker stand dort im Stau und konnte deshalb die weißblühenden Polster, die ihm auffielen, aus der Nähe anschauen. In der Region Trier wurde die Pflanze erstmals im Jahr 2000 an der A1 bei Wittlich nachgewiesen, und zwar von dem hessischen Botaniker Wieland Schnedler, der zu einem Treffen mit Fachkollegen bei Trier unterwegs war.

Er kannte die Pflanze zur Genüge von nordhessischen Autobahnen und konnte sie deshalb aus dem fahrenden Auto sofort identifizieren. Es gibt nämlich derzeit keine anderen Pflanzenarten, die auf dem Mittelstreifen derart flache Polster mit einer Fülle weißer Blütchen bilden. Nachdem er seine Kenntnisse weitergegeben hatte, konnten mittlerweile Vorkommen entlang der A1 von Hermeskeil bis weit in die Eifel hinein nachgewiesen werden. Sehr selten nur geht das Löffelkraut auch auf die Außenränder der Autobahnen und auf Ausfahrten über. Das hat zu der Vermutung geführt, dass es gar nicht durch zufälliges Anhaften an Fahrzeugen verbreitet wurde, sondern durch Mulchmaterial, das die Autobahnmeistereien gezielt auf den Mittelstreifen der Autobahnen ausbringen. Die Mittelstreifen sind nämlich durch Streusalzanwendung, Abgase usw. am stärksten belastet, so dass dort vielleicht öfters gärtnerische Pflegemaßnahmen notwendig sind. Zum Glück gibt es aber auch in der Region Trier vereinzelte Vorkommen an Abfahrtschleifen und Zufahrten zu Raststätten, so dass die Vorkommen nicht nur von fahrenden Autos aus identifiziert wurden.

Dänisches Löffelkraut *MH*

Zum Schluss noch einige Informationen über die Pflanze selbst: Der Name Löffelkraut rührt von den löffelförmigen Blättern her, die zwischen den zahlreichen weißen Blütchen zu erkennen sind. Die Blütchen, die wie bei allen Kreuzblütlern vier Blütenblätter haben, stehen in Knäueln dicht beisammen. Die Pflanzen fangen schon im zeitigen April an zu blühen. Im Mai reifen die Samen und im Juni ist das Löffelkraut bereits abgestorben. Die Samen keimen schon im Herbst. Es bilden sich Stängel und Blätter, die den Winter überdauern, so dass schon alles für das zeitige Blühen vorbereitet ist. Das Löffelkraut ist reich an Vitamin C, weshalb es die Seeleute in früheren Zeiten in Fässern einsalzten und als Heilmittel gegen Skorbut mit an Bord nahmen.

Mit dem Salzgehalt des Bodens, der für Pflanzen schädlich ist, wird das Löffelkraut auf verblüffend einfache Weise fertig. Es kann zwar nicht vermeiden, dass es das Salz mit dem lebensnotwendigen Wasser aus dem Boden aufnimmt. Es ist aber in der Lage, das Salz in einem Teil seiner Blätter zu konzentrieren. Diese wirft es dann einfach ab.

Salz-Schuppenmiere (Spergularia salina)

Anders als das Löffelkraut ist die Salz-Schuppenmiere ein Nelkengewächs. Ansonsten hat sie aber mit dem Löffelkraut einiges gemeinsam. Auch sie stammt von den Salzwiesen der Küsten, wo sie allerdings auf der gesamten Nordhalbkugel der Erde verbreitet ist. Außerdem gehören Steppen mit salzhaltigen Böden von Südrussland bis Ungarn zu ihrem natürlichen Verbreitungsgebiet. In Mitteleuropa kam sie im Binnenland nur sehr selten an Salzquellen vor. Entlang von Autobahnen breitete sie sich ungefähr zeitgleich mit dem Dänischen Löffelkraut aus. Von 1987 bis 1990 gab es erste diesbezügliche Beobachtungen in Hessen.

Salz-Schuppenmiere *MH*

Wahrscheinlich blieben in der Folgezeit viele neue Vorkommen unentdeckt, und zwar aus folgendem Grund: Die Pflanze ähnelt der nahe verwandten Roten Schuppenmiere (Spergularia rubra), welche Straßenränder seit eh und je besiedelt. Sie wächst oft mit dieser zusammen und ist deshalb nur zu entdecken, wenn man die Pflanzen genau, am besten mit Hilfe einer Lupe, anschaut. Zudem standen lange Zeit keine guten Bestimmungsschlüssel zur Unterscheidung der beiden Arten zur Verfügung. So kam es, dass erst im Jahr 2005 Vorkommen entlang der A1 entdeckt wurden, zuerst von dem saarländischen Botaniker Franz-Josef Weicherding, der ab dem Jahr 2000 schon im Saarland Straßenrand-Vorkommen gefunden hatte. Er versorgte die in der Region tätigen Botaniker mit guten Bestimmungsschlüsseln, die ein sicheres Unterscheiden der Salz-Schuppenmiere von der häufigen Roten Schuppenmiere ermöglichen.

Die Salz-Schuppenmiere hat dickliche, wasserspeichernde Blätter. Diese als Sukkulenz bezeichnete Eigenart gibt es also nicht nur bei Pflanzen, die an Trockenheit angepasst sind, sondern auch bei Pflanzen von Salz-Standorten.

Man deutet sie als weitere Strategie, um mit dem zwangsläufig aufgenommenen Kochsalz zurechtzukommen. Das gespeicherte Wasser dient ganz einfach zum Verdünnen des Salzes im pflanzlichen Gewebe.

Ergänzend sei erwähnt, dass das Dänische Löffelkraut und die Salz-Schuppenmiere nicht die ersten Salzpflanzen sind, die sich entlang von Straßen des Trierer Landes ausgebreitet haben. Schon 1970 begann das Salzgras (*Puccinellia distans*), das bisher nur an der Küste sowie an Salinen und Salzquellen des Binnenlandes (dort als große botanische Rarität) vorkam, die durch Streusalz beeinflussten Straßenränder zu erobern. Heute, nach 36 Jahren, findet man es entlang fast allen Straßen, von der Autobahn bis zur kleinsten Landstraße.

Klebriger Alant (Dittrichia graveolens)

Etwa gleichzeitig mit dem Dänischen Löffelkraut und der Salz-Schuppenmiere fand sich der Klebrige Alant, entlang der A1 ein, wo er ebenfalls von Franz-Josef Weicherding erstmals bemerkt wurde. Es ist ein bis 50 cm hoch werdender, unauffälliger Korbblütler, der sehr spät im Jahr, meist erst im September, zu blühen beginnt. Er wächst entlang der A1 bereits zu Tausenden.

Im Gegensatz zu den auffällig blühenden einheimischen Alant-Arten sind bei ihm die Blütenköpfe klein und haben nur kurze Strahlenblüten. Weitere Besonderheiten waren Anlass, ihn von der Gattung Inula (Alant im engeren Sinne) abzutrennen und einer eigenen Gattung Dittrichia zuzuordnen. Wie der deutsche Name sagt, ist die Pflanze, bedingt durch zahlreiche Drüsenhaare, sehr klebrig. An älteren Exemplaren hängen meist viele Flugfrüchte von Disteln und anderen Korbblütlern. Auch für kleine Insekten wird die Pflanze zur Falle, was die Annahme nahelegt, dass sich der Klebrige Alant mit seinen Klebdrüsen gegen pflanzenfressende Insekten zur Wehr setzt. Zu den fleischfressenden Pflanzen, welche gefangene Insekten anschließend verdauen, gehört er nicht.

Während die beiden zuvor beschriebenen Neueinwanderer von Norden her zu uns vorgedrungen sind, stammt der Klebrige Alant aus südlichen Gefilden. Er ist ursprünglich im Mittelmeergebiet und seinen Randbereichen beheimatet. Von dort war er schon um 1950 nach Süddeutschland vorgedrungen und erweitert zur Zeit sein Areal entlang von Autobahnen stetig in nördlicher Richtung.

Da er im Gegensatz zu den beiden zuvor beschriebenen Arten keine Bindung an Salz-Standorte zeigt, ist bei ihm damit zu rechnen, dass er sich auch abseits von Straßen ansiedeln wird.

Allerdings kann er – wie die bisherigen Beobachtungen in Süddeutschland zeigen – nur an stark gestörten Stellen wie Industriebrachen, Schuttplätzen usw. Fuß fassen.

Klebriger Alant *MH*

Kurzfrüchtiges Weidenröschen (Epilobium brachycarpum)

Streng genommen ist es noch ein bisschen zu früh, um über diesen Neuling zu berichten. Er hat nach dem derzeitigen Kenntnisstand den Landkreis Trier-Saarburg noch nicht erreicht; doch dürfte es nur eine Frage der Zeit sein, bis er hier auftaucht. Während die zuvor beschriebenen Neueinwanderer zwar ziemlich rasch, aber doch einigermaßen kontinuierlich neues Areal erobert haben, taucht das aus Nordamerika stammende Kurzfrüchtige Weidenröschen sprunghaft auf und vermehrt sich da, wo es einmal Fuß gefasst hat, geradezu explosiv.

In Europa trat es erstmals 1968 in der Umgebung von Madrid auf. 1994 erschien es gleichzeitig in Brest in der Bretagne und in einem Steinbruch bei Kirchheimbolanden in Rheinland-Pfalz. Von dort aus eroberte es bis zum Jahr 2000 Steinbrüche, Sandgruben, Eisenbahnlinien, aber auch sandige Äcker in der Nordpfalz und Rheinhessen, in den folgenden Jahren sandige Stellen im Bereich des Frankfurter Flughafens und eine Bergwerkshalde im Saarland. Im Jahr 2002 wurde es in mehreren Steinbrüchen der Vulkaneifel gesichtet. Das Vorherrschen von Steinbrüchen und Sandgruben unter den Fundstellen deutet darauf hin, dass die Ausbreitung viel mit dem Transport von Straßenbaumaterial zu tun hat. Allerdings bildet die Pflanze wie alle Weidenröschen-Arten Samen mit Flughaaren, die vom Wind über weite Strecken verweht werden können, weshalb auch Ausbreitung ohne Zutun des Menschen eine gewisse Rolle spielen dürfte.

Inzwischen wurden viele Steinbrüche und Lavagruben der Eifel kontrolliert. In vielen ist das Weidenröschen bis jetzt noch nicht aufgetaucht, und es ist für die Botaniker spannend, den weiteren Feldzug der Pflanze zu verfolgen. Alle interessierten Leser seien dazu ermuntert, auch im Kreis Trier-Saarburg nach dem Neuling Ausschau zu halten.

Die Blätter sind viel schmaler als bei den 10 einheimischen kleinblütigen Weidenröschen-Arten, so dass die meist reich verzweigte Pflanze besenartig wirkt. Es gibt keine andere Pflanzenart, die den im Bild sichtbaren Gesamthabitus mit schräg aufgerichteten, geraden Seitenzweigen, schmalen Blättern und kleinen, rosafarbenen Blüten mit 5 Blütenblättern am Ende eines langgestreckten unterständigen Fruchtknotens hat. Die aus dem Fruchtknoten entstehenden Schotenfrüchte sind kürzer als bei den einheimischen Weidenröschen. In der Abbildung sind sie unterhalb der Blüten zu sehen. Sie fallen gegenüber den gleich langen Blättern kaum auf, solange sie noch nicht längs aufgeplatzt sind und ihre haarigen Samen präsentieren.

Kurzfrüchtiges Weidenröschen *MH*

Die Pflanze tritt meist in großen Scharen auf, aber fast nur an Stellen, die voll der Sonne ausgesetzt und wenig bewachsen sind. In Wiesen oder Wäldern nach ihr zu suchen, ist aussichtslos. Das Bild[19] entstand in der Lavagrube bei Oberstadtfeld nahe Daun, wo die Pflanze zu Tausenden wächst.

---

19 Originalbild nicht reproduzierbar

Gebietserkundungen

Das Ochsenbruch bei Börfink

Ein bedeutendes Naturdenkmal im Kreis Trier-Land

An seiner östlichen Ecke bei Hermeskeil bildet der Landkreis Trier eine schmale Ausbuchtung, die wie ein Keil fast 10 Kilometer weit nach Nordosten zwischen die Kreise Bernkastel-Kues und Birkenfeld vorstößt. Mit diesem Zipfel gewinnt unser Kreisgebiet noch beträchtlichen Anteil an den waldreichen Mittelgebirgskämmen des Schwarzwälder Hochwaldes; im Sandkopf (756 m) erreicht es seine höchste Erhebung. Am äußersten Ende des erwähnten Zipfels liegt die Gemeinde Börfink, eingebettet in ein breites Längstal, das die Traun, ein Zufluß der Nahe, zwischen den beiden Hauptkämmen des Hochwaldes ausgeräumt hat. Einer der Quellbäche der Traun, das Ochsenfloß, entwässert das Sumpfgebiet, von dem hier die Rede sein soll.

Die Moore des Hochwaldes und ihre Entstehung

Die langgestreckten Bergrücken, die den gesamten Südostrand des Hunsrücks beherrschen, sind sogenannte Härtlingszüge; sie bestehen aus einem besonders festen Gestein, dem sogenannten Taunusquarzit, und leisten den abtragenden Kräften mehr Widerstand als die umliegenden Schiefer und Sandsteine. In der Eiszeit unterlag jedoch auch der Quarzit einer starken Verwitterung, bedingt durch das rauhe Klima und die dürftige Vegetation. An den steilen Hängen bewegten sich die Gesteinstrümmer rasch abwärts; auf ebenerem Gelände, z. B. auf dem Rücken der Kämme, an flacheren Hangpartien und in Mulden, konnten sie sich dagegen ansammeln. Dort wurden stellenweise auch feinere Verwittungerungsprodukte angeschwemmt. Diese tonigen und lehmigen Ablagerungen sind meist wasserundurchlässig und das Grundwasser sammelt sich über ihnen an. Eine Folge davon ist, daß viele Quellen des Hochwaldes unmittelbar über solchen Schichten entspringen. Der Lehm ist oft so fest zementartig verdichtet, daß die Quellbäche nicht in der Lage sind, sich ein Bett zu graben; das Wasser ergießt sich deshalb zunächst über eine größere Fläche und es kommt in der Umgebung der Quelle zu einer starken Durchnässung der Erdoberfläche. Damit beginnt die Entwicklung eines

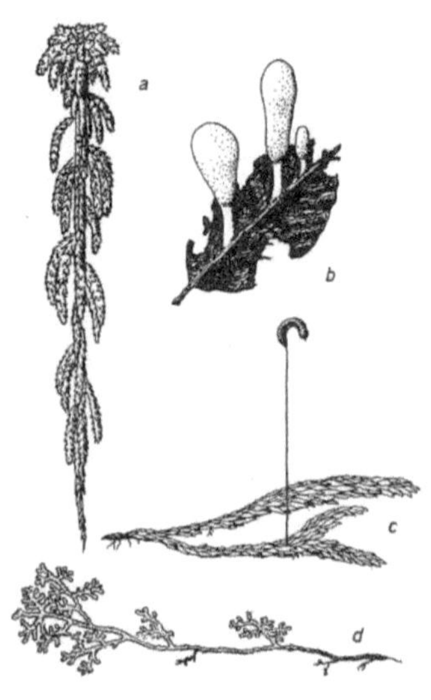

Abb. 1

Quellmoores. Torfmoose (Abb. 1a) und andere Sumpfpflanzen siedeln sich an und behindern zusätzlich den raschen Abfluß des Wassers. Solange die Pflanzendecke noch lückenhaft entwickelt und von offenen Wasserflächen durchbrochen ist, kann man von einem Flachmoor sprechen. Im Laufe der Zeit entwickeln sich jedoch ununterbrochene Moospolster, die von unten her unter Torfbildung absterben und nach oben stetig weiterwachsen. Allmählich bildet sich so ein Hochmoor, dessen Oberfläche sich etwas über die Umgebung erhebt. Bäume werden von den wachsenden Moosschichten langsam erstickt; ihre Wurzeln erhalten nicht mehr genügend Atemluft. Lediglich die Moorbirke, die Erle und die zähe Fichte können in den Sümpfen einigermaßen gedeihen. Einst war der ganze Hunsrückkamm von einem Kranz solcher Quellmoore umgeben; diese erreichten natürlich nie die Ausmaße der weiten Moorflächen Norddeutschlands oder des hohen Venns. Aufgrund ihrer besonderen Entstehungsweise sind Quellmoore immer kleinräumige Gebilde. Viele sind seit der intensiven Aufforstung in preußischer Zeit verschwunden. Nur Namen wie Schwarzenbruch, Etgesbrücher, Ungeheuersbruch[20] usw. weisen darauf hin, daß die so bezeichneten Mischwälder und Nadelforste auf einstigem Sumpfgelände stocken. Als wirtschaftlich wertlose Gebiete waren die Brücher den Forstbehörden ein Dorn im Auge. Überall wo es rentabel schien, schritt man zu Drainagemaßnahmen. Entwässerungsgräben wurden in die Lehmschichten vorgetrieben und sorgten für einen rascheren Wasserabfluß. In vielen Fällen gelang die Umwandlung in ertragreiche Wälder; nicht selten jedoch schlug sie fehl: es entwickelten sich öde Pfeifengraswiesen oder undurchdringliche Adlerfarngestrüppe. Der poröse Torfboden trocknete derart aus, daß kein Baum mehr gedeihen konnte. Man ist deshalb heute davon abgekommen, allein durch Trockenlegung eine Umwandlung der Brücher herbeizuführen. In anderen Fällen war die Drainage wegen zu großem Wasserreichtums schwierig und unrentabel. So blieb eine Reihe von Mooren erhalten.

Vor etwa 20 Jahren wurde man von Seiten des Naturschutzes auf diese Gebiete aufmerksam. Die zunächst zaghaften Bemühungen um Erhaltung der Brücher erhielten nach dem Kriege starken Auftrieb. Der damals in Dhronecken tätige Forstmeister W. Müller erkannte den besonderen Wert der Moore als letzte Zeugen einer fast urwüchsigen Vegetation und als Reservate seltener Pflanzen und setzte sich mit großem Elan für die Schaffung für Schutzgebieten ein. Er wurde dabei vom Naturschutzbeauftragten des Bezirks Trier, Direkter a. D. Seyfried unterstützt. Ab 1959 konnten mehr als zehn Moorflächen ganz oder teilweise unter Naturdenkmalschutz gestellt werden. Nur eine davon, nämlich das Ochsenbruch, liegt im Bereich des Kreises Trier-Land; allerdings handelt es sich dabei wahrscheinlich um das bedeutendste dieser

[20] Das Bruch (Mehrzahl: Brücher) ist eine oberdeutsche, der Bruch (Mehrzahl: Brüche) eine niederdeutsche Bezeichnung für Moore.

Naturdenkmäler. Kein anderes Moor birgt, soweit das bis jetzt zu übersehen ist, eine gleich große Zahl seltener Pflanzenarten.

Ein Streifzug durch die Pflanzenwelt des Moores
Durch herrliche Rotbuchenwälder führt der Weg zum Bruchgelände. Man kreuzt einige Bäche, die in schluchtenartigen Einschnitten zu Tal fließen. Infolge hoher Luftfeuchtigkeit weisen diese Kerbtälchen eine reiche Farn- und Moosflora auf. Neben dem häufigen *Wurmfarn* findet man seltenere Arten, wie den *Rippenfarn* (Abb. 2c) und den *Berg-Farn* (*Thelypteris limbosperma*), der sich vom Wurmfarn vor allem durch die Anordnung der Sporenhäufchen auf der Blattunterseite unterscheiden läßt. Nasse Torfmoosflächen wechseln mit weichen Polstern des großen *Frauenhaarmooses* (*Polytrichum commune*). An Steinen und an morschem Holz, am Rande der Bäche findet man die zierlich verzweigten Sprosse des Mooses *Trichocolea tomentella* (Abb. 1d). Nur unter dem Mikroskop sind die winzigen, in vielen Fäden zerspaltenen Blättchen dieser Pflanze zu sehen. *Plagiothecium undulatum* ist der wissenschaftliche Name eines weiteren seltenen Mooses (Abb. 1c), dessen flach der Erde angedrückte Sprosse ebenfalls feuchte Stellen besiedeln. Wenn man mit Gummistiefeln ausgerüstet ist, kann man zu den nassen Quellmulden vordringen. Aber Vorsicht! Schon mancher Waghalsige ist plötzlich in weichem Schlamm mehr als knietief eingesunken und hatte alle Mühe, Beine samt Stiefeln wieder herauszuziehen. Diese Unannehmlichkeiten werden aber dadurch belohnt, daß man hier inmitten der Torfmoose eine weitere botanische Kostbarkeit, den zierlichen *Siebenstern* (Abb. 2b) findet. Seine weißen Blüten öffnen sich im Mai und zeigen dann die bei anderen Blumen nur ausnahmsweise vorkommende Zahl von sieben Kronblättern. Der Siebenstern ist nach neueren Untersuchungen im Hochwald weiter verbreitet als ursprünglich angenommen. Dennoch sollten seine Vorkommen geschützt werden.

Abb. 2

Der wertvollste Teil des Ochsenbruchs ist ein alter, zeitweise von Quellwasser überrieselter Waldweg. Dort hat sich ein flachmoorähnlicher Pflanzenbestand entwickelt. Den bloßen, geröllreichen Lehmboden bedeckt in Massen der *Sumpfbärlapp*, eine der seltensten Pflanzen unserer Heimat. Auch der *Sonnentau* (Abb. 3c) ist hier häufig anzutreffen. Seine rundlichen Blattflächen sind mit Drüsenhaaren bedeckt, die an ihrem Ende klebrige, in der Sonne glänzende Tröpfchen ausscheiden. Bleibt ein kleines Insekt daran hängen, so gibt es meist kein Entrinnen mehr. Die Blätter umschließen langsam das

Tierchen, und nach Tagen findet man von ihm nur noch die leere Chitinhülle: der (fleischfressende) Sonnentau hat alle Weichteile mit Hilfe von Verdauungssäften aufgezehrt.
An schattigen, grasbewachsenen Stellen findet der Kundige in größerer Zahl die seltene, aber unauffällige *Zweinervige Segge* (Abb. 2a) aus der Familie der Sauergräser.

Abb. 3

Seitlich dieses einmaligen Waldweges betritt man ein regelrechtes kleines Hochmoor. Bei jedem Schritt auf der weichen Moosfläche sammelt sich um die Gummistiefel mit gurgelndem Geräusch braunes Moorwasser. Grüne, rote, braune und gelbe Polster verschiedener Torfmoose (Abb.1a) fügen sich zu einem bunten Teppich zusammen. Die Moorfläche ist fast baumlos. Malerische Stümpfe abgestorbener Moorbirken sind mit den großen Fruchtkörpern von Baumschwämmen verziert. Hie und da formen umgestürzte Baumruinen ein fast urwaldartiges Landschaftsbild. Schon von weitem leuchten einem die Fruchtstände des *Scheidigen Wollgrases* (Abb. 3a) entgegen. Eine viel seltenere Hochmoorpflanze entdeckt nur der Kenner: die *Armblütige Segge* (Abb. 3d), deren Blütenstände sehr unscheinbar, fast etwas kümmerlich wirken.

Auf höheren Moospolstern weben die dünnen, kriechenden Stengel der *Moosbeere* (Abb. 3b) lockere Netze. Mit ihren zurückgeschlagenen Kronblättern sehen die Blüten wie winzige Alpenveilchen aus. Im Herbst liegen die roten, eßbaren Früchte (im Volksmund „Äppelcher") wie hingestreut auf den Moospolstern. Ebenso auffällig recken sich die leuchtend orange gefärbten Fruchtkörper des *Sumpfhaubenpilzes* (Abb. 1b) zwischen den Moosen empor. Die Umgebung einiger Moortümpel ist schwarz von Schlamm. Zahlreiche Trittspiegel erinnern daran, daß diese Stellen vom Wild als Suhlen und Tränken aufgesucht werden. Auch im Winter finden die Tiere hier Wasser und sogar etwas Äsung, da die Brücher selten ganz zufrieren.

Möge diese kurze Schilderung gezeigt haben, welche eigenartige und reichhaltige Pflanzenwelt sich in den Brüchern erhalten hat und wie wichtig es ist, diese Zeugen fast urwüchsiger Vegetation in Mitte ausgedehnter Wirtschaftswälder zu erhalten.

Rockenburger Urwald

JTS 1972

Attraktion im Hochwald-Erholungsgebiet

Den Planern des Erholungsgebietes „Osburger Hochwald" schwebte von Anfang an die Einrichtung eines Urwald-Reservates vor. Eine landschaftlich reizvolle und möglichst natürlich aussehende Waldparzelle sollte aus der forstlichen Bewirtschaftung ausgeklammert und fortan sich selbst überlassen werden. Oberforstmeister Dr. Cäsar vom zuständigen Forstamt Osburg konnte erfreulicherweise ein geeignetes Gelände anbieten. Es handelt sich um den „Rockenburger Wald" im Bereich der Gemeinde Bescheid am nordöstlichen Ende des Osburger Hochwaldes. Auf der Landkarte findet man das Gebiet am einfachsten, wenn man dem Lauf der Kleinen Dhron folgt. Von ihrem Quellgebiet bei Thalfang an durchquert diese abwechselnd Zonen weicheren und härteren Gesteins. In dem weniger widerstandsfähigen Hunsrückschiefer konnte sie ein breites Tal ausräumen. Wo dagegen harte Felsriegel aus Quarz oder quarzreichem Schiefer im Wege waren, reichte die Kraft des Wassers nur zum Einkerben eines engen, V-förmigen Tales. Eine solche Engtalstrecke beginnt in der Höhe von Prosterath und endet bei Bescheid. Etwa in der Mitte dieser Strecke mündet aus südlicher Richtung der kleine Krennerichbach, der bei Beuren entspringt. Der westliche Hang dieses Bachtales, der nach dessen Mündung die Kleine Dhron bis zur Bescheider Mühle weiter begleitet, ist der gesuchte Rockenburger Wald. Für die Forstwirtschaft war dieses Gebiet seit jeher „Sorgenkind". Hangneigungen um 60 Prozent, zahlreiche Felsen und Blockhalden erschweren allein schon das Begehen des Geländes; an Holzeinschlag und -abfuhr nach modernen, rationellen Methoden war gar nicht zu denken. So beschränkte sich die Bewirtschaftung in den letzten Jahren auf die Teilflächen mit besseren Böden und leichterem Zugang, und der übrige Wald blieb sich selbst überlassen. Demzufolge entwickelte sich an einigen Stellen bereits ein urwaldähnliches Landschaftsbild.

Die Bezeichnung „Urwald", das sei hier gleich angemerkt, ist streng genommen nicht zutreffend und wird es auch in Zukunft nicht sein. Man darf diesen Namen eigentlich nur Wäldern verleihen, die seit eh und je im Urzustand verblieben sind und nicht durch menschliche Einflußnahme verändert wurden. Man sollte meinen, da dieser Urzustand gerade im Rockenburger Wald leicht wiederherzustellen sei, da dieser überwiegend aus Buchen zusammengesetzt ist. Die Buche war nämlich, bevor die ersten Rodungen in der Keltenzeit einsetzten, in unserem Gebiet die vorherrschende Baumart. Man muß aber bedenken, daß jahrhundertelange Bewirtschaftung, auch wenn sie noch so extensiv war, bleibende Spuren hinterlassen hat.

Jede Holzentnahme unterbricht z. B. den natürlichen Kreislauf der Nahrungsstoffe, der im Urwald dadurch geschlossen wird, daß alte Bäume umfallen und vermodern. Was sich beim Aufhören jeglicher Bewirtschaftung entwickelt, ist also kein völlig urtümlicher, sondern ein naturnaher Wald. Da dieser aber dem Urzustand wahrscheinlich recht nahekommt, bietet er sich dem Wissenschaftler und dem Heimatfreund als wertvolles Studienobjekt an. Erst kommende Generationen werden dem Rockenburger Wald als Ganzes in diesem naturnahen Zustand erleben können. Doch auch uns bietet das Gelände etliche Sehenswürdigkeiten. Schon auf den beiden Wegen, die am Talgrund und ungefähr auf halber Höhe des Hanges entlangziehen, kann man in bequemer Wanderung manches imposante Landschaftsbild genießen. Einige Felsrippen mit üppiger Moos- und Farnvegetation treten bis an die Wege heran. Die wildesten und romantischsten Partien liegen jedoch an den Steilhängen verborgen, die von der Talsohle an 140 m hoch aufsteigen, und man darf beschwerliche Kletterpartien nicht scheuen, um dorthin zu gelangen. Die Hänge sind mäßig feucht bis trocken. Man trifft nur auf einen kleinen Bach; der ist jedoch ein Kuriosum. Er entspringt wenige Schritte oberhalb des Hangweges in einer sumpfigen Quellmulde, fließt etwa 200 Meter weit hangabwärts und versickert dann urplötzlich. Noch zwei Meter oberhalb der Versickerungsstelle plätschert er so lebhaft, als habe er noch einen weiten Weg vor sich; dann wird er regelrecht verschluckt. Nicht Karsterscheinungen wie in der Schwäbischen Alb sind Ursachen dieses Verschwindens. Kalk fehlt in unserem Gebiet. Hier versickert das Wasser in den Hohlräumen zwischen den zahlreichen Steinbrocken einer „Blockhalde". Solche Halden entstanden in der Eiszeit infolge starker Frostsprengungen und Bodenbewegungen durch Gefrieren und Wiederauftauen.

Nahe bei diesem Bach findet man in Felsennischen das seltene Leuchtmoos. Das zarte Geflecht, mit dem es die dunklen Rückwände der Höhlungen überzieht, enthält kugelige Zellen, die im Prinzip fast genau wie die Rückstrahler an Fahrzeugen und Straßenleitpfosten konstruiert sind und ein eigenartiges grünliches Licht aussenden. Während die meisten Felsrippen aus Schiefer aufgebaut sind, besteht die größte und imposanteste aus reinem Quarz. Auch in ihren Höhlungen trifft man auf das Leuchtmoos. Es lohnt sich übrigens nicht, dieses kleine Naturwunder zu „rauben". Es zeigt sein Leuchten nur, solange seine empfindliche Struktur nicht durch Berührung zerstört wird.

Leuchtmoos *ML*

Eine Uferflora entsteht

Beobachtungen am Stausee in Kell

JTS 1976

Wenn eine Vulkaninsel neu aus dem Meer emporwächst, sind sofort nach dem Erkalten der Lava Biologen zur Stelle. Es ist nämlich sehr interessant, die Besiedlung eines solchen Neulandes mit Lebewesen zu verfolgen. Zunächst keimen auf dem blanken Felsen Moose und Flechten, deren Sporen vom Wind überall hingeweht werden. Es können Jahre vergehen, bis zufällig das Samenkorn einer Blütenpflanze herbeigeschwemmt oder von Vögeln fallengelassen wird. Es keimt auf, und wiederum nach einigen Jahren trifft man die Pflanze schon in Massen an. Auf dem inzwischen entstandenen Lavasand findet sie reichlich Nährstoffe und es gibt keine Konkurrenten oder Tiere, die die Pflanze verzehren. Das ändert sich schnell, wenn auf Treibholz kleine Pflanzenfresser, z. B. Kaninchen, zur Insel gelangen. Auch sie vermehren sich wegen des Fehlens von Feinden rasch, und es entsteht eine regelrechte Tierbevölkerung (Population), die sich von den vorhandenen Pflanzen ernährt. Der Pflanzenbestand wird dadurch verringert, aber nicht ausgerottet; denn schon ein Spärlicherwerden der Futterpflanze führt zum Verhungern vieler Tiere. In dem Maße, wie die Tierpopulation kleiner wird, vergrößert sich wieder die Pflanzenpopulation. Es kommt zu einem „Auspendeln" in der Lebensgemeinschaft Pflanze – Tier. Je mehr Lebewesen hinzukommen, umso komplizierter werden die Wechselwirkungen, umso mehr Konkurrenz um Nahrung und Lebensraum entsteht.

Nicht ganz so spektakulär, aber in vieler Hinsicht ähnlich vollzieht sich die Besiedlung eines neuentstandenen Stausees. Nach der Auffüllung ist dieser vorübergehend beinahe ebenso unbelebt wie die junge Vulkaninsel. Die überfluteten Landpflanzen sterben nämlich ab, kleine Landtiere ertrinken und größere fliehen. Erst nach einiger Zeit können sich Wasserpflanzen und Wassertiere ansiedeln.

Am Stausee in Kell läßt sich derzeit die Entwicklung einer Uferflora von den rings verlaufenden Spazierwegen aus bestens verfolgen, und biologisch Interessierte sollten sich die Gelegenheit hierzu nicht entgehen lassen. Binnengewässer von der Art des Keller Stausees gab es bisher in unserer Gegend nicht. Der Riveris- und der Dhrontal-Stausee lassen sich nicht vergleichen, weil ihr Wasserspiegel wie bei allen Gebrauchswasser-Talsperren ständig schwankt und sich dadurch kein natürlicher Uferbewuchs entwickeln kann. Die Forellenteiche, deren Zahl in den letzten Jahren stark zugenommen hat, bieten in biologischer Hinsicht in der Regel ebenfalls wenig. Die meisten Besitzer lassen keinen Uferbewuchs aufkommen. Der Besatz mit Forellen ist aus Gründen der

Wirtschaftlichkeit so stark, daß alles andere Getier den recht gefräßigen Fischen zum Opfer fällt. Für Molche, Kröten und Frösche, die im Naturhaushalt eine wichtige Rolle spielen, sind die Forellenteiche oft wahre Todesfallen. Wenn die Lurche im Frühjahr die Teiche zum Laichen aufsuchen, fällt ihre Brut den Forellen zum Opfer – wenn sie nicht sogar selber gefressen werden.

Der Stausee in Kell dagegen könnte neben seiner Erholungsfunktion die Aufgabe eines Lebensraumes und Zufluchtsortes für viele kleine Wassertiere erfüllen. Denn er hat einen gleichbleibenden Wasserstand, flache Ufer und Buchten, an denen sich wegen des Badeverbotes ungestört eine naturnahe Ufervegetation als Lebensraum dieser Tiere entwickeln kann. Zunächst sah auch hier alles recht kahl aus; aber schon heute hat man den Eindruck, an einem natürlichen See zu stehen. Als Pioniere der Ufervegetation treten zwei Pflanzenarten hervor. Da ist zunächst die Rasen- oder Knotenbinse (*Juncus bulbosus*). Sie wächst am weitesten ins offene Wasser hinaus und bildet schwimmende Rasenstücke. Weiter zum Land hin folgt eine wenige Meter breite Zone, in der ein Gras, der Mannaschwaden (*Glyceria fluitans*), vorherrscht. Es hat lange, zierliche Rispen mit vielblütigen, aber sehr schmalen Ährchen. Sein Name deutet auf die eßbaren, nahrhaften Samen hin. Sie wurden früher in Osteuropa mühsam mit Schlagsieben geerntet und als „Schwadengrütze" ähnlich wie Getreidekörner verwendet. Es ist bezeichnend, daß die Uferflora am Anfang ihrer Entwicklung von wenigen Pflanzenarten beherrscht wird, die in Massenwuchs auftreten. Wie schon oben am Beispiel der Vulkaninsel erläutert wurde, erklärt sich diese Massenentfaltung aus dem Fehlen von Konkurrenten. Sowohl Knotenbinse als auch Mannaschwaden hatten die besten Startbedingungen für die Eroberung des Ufers: Sie wuchsen schon entlang der Bäche, die den Stausee speisen und sie vermögen nicht nur an fließendem, sondern auch an stehendem Wasser zu gedeihen.

Die Knotenbinse dringt am weitesten ins Wasser vor. *TMu*

Der Mannaschwaden, ein Gras mit zierlichen Rispen, ist die häufigste Pflanze der Ufervegetation. *MH*

Ihre Samen werden durch Wind bzw. Wasser verbreitet, und sie können sich zusätzlich durch niederliegende und wurzelnde Stengel vermehren. Schon aber taucht vereinzelt Konkurrenz auf: Pflanzen, die nicht ganz so schnell zur Stelle waren, die aber auf die Dauer den Mannaschwaden zurückdrängen werden. Dazu gehört die Gelbe Schwertlilie (*Iris pseudacorus*), der Ästige Igelkolben (*Sparganium erectum*) und der Rohrkolben (*Typha latifolia*). Es sind weniger häufige und stattliche Pflanzen, über deren Vermehrung sich jeder Naturfreund freuen wird. Untergetaucht lebende echte Wasserpflanzen gibt es erst wenige. Sie werden im Laufe der Jahre durch Wasservögel aus größerer Entfernung eingeschleppt, und man darf gespannt sein, was sich da so alles einfinden wird. Vorerst trifft man nur auf den Wasserstern (*Callitriche*), ein unscheinbares Pflänzchen mit dünnen, schmalen Blättern unter Wasser und einer sternförmigen Blattrosette an der Oberfläche. Er kam auch schon vor Entstehung des Sees in kleinen Tümpeln neben den Bächen vor und hatte somit keinen langen Einwanderungsweg.

Der mit dem Rohrkolben verwandte Igelkolben wurde nach den igelförmigen weiblichen Blütenknäueln benannt. *MH*

Kaulquappen, die zwischen den Wasserpflanzen umherwimmeln, und zahlreiche Libellen sind die auffälligsten Anzeichen dafür, daß auch die Tiere vom See Besitz ergreifen. Da, wo die Bäche einmünden, sind kleine Sümpfe entstanden, die man nur mit Gummistiefeln betreten kann. Dort entdeckt man Ende Juni das Schmalblättrige Wollgras (*Eriophorum angustifolium*). Seine Blüten sind unscheinbar; die auffälligen Wollknäuel entwickeln sich erst zur Fruchtzeit. Zusammen mit dem Wollgras wächst eine Pflanze mit etwas blaugrünen, fiederförmigen Blättern und dunkelfleischroten Blüten. Es ist das Sumpf-Blutauge (*Potentilla palustris*), das mit Erdbeere und Fingerkraut nahe verwandt ist.

Flatterbinse *MH*

An offenen, etwas schlammigen Stellen breitet sich der Brennende Hahnenfuß (*Ranunculus flammula*) aus. Er gehört zur gleichen Gattung wie die „Butterblumen" unserer Wiesen, hat aber kleinere Blüten und schmale, fast grasartige Blätter. Recht verbreitet ist die Flatterbinse (*Juncus effusus*). Ihr Stengel trägt ein einziges, schnittlauchartiges Blatt. Dieses richtet sich mit dem Stengel genau in einer Geraden aus, so daß die braune, unscheinbare Blütenrispe zur Seite gedrängt wird. Abb.6[21] zeigt die Binse vor dem Hintergrund der Ferienhäuser – ein Bild der Harmonie zwischen Natur und Bebauung.

Die zarten Wollknäuel des Schmalblättrigen Wollgrases entstehen erst, wenn die Pflanze schon verblüht ist. *MH*

Es ist zu hoffen, daß diesem harmonischen Bild die weitere Entwicklung des Freizeitzentrums Kell entspricht; daß man dort die Natur auch zu ihrem Recht kommen läßt. Dazu gehört eine weitere ungestörte Entwicklung des Uferbewuchses. Die Gefahr eines Überhandnehmens der Ufervegetation in Richtung auf eine Verlandung besteht nicht, da der See von nährstoffarmem, sauberem Wasser gespeist wird.

Einen dichten Blütenteppich bildet der Brennende Hahnenfuß. *MH*

Zu wünschen ist weiter, daß der See nur mäßig mit Fischen besetzt wird, damit auch die wildlebenden kleinen Wassertiere überleben. Einen erheblichen Fortschritt würde es bedeuten, wenn man den innersten Bereich einer der beiden Buchten für den Bootsverkehr sperrte, damit sich dort ungestört Wasservögel aufhalten können. Es besteht die Chance, daß der Keller Stausee auch in biologischer Hinsicht eine Bereicherung der Hochwaldlandschaft sein wird.

[21] Foto nicht mehr reproduzierbar

Die Flora des Feuchtgebietes bei Konz-Könen und ihre fortschreitende Vernichtung seit dem 19. Jahrhundert

JTS 2008

In den zurückliegenden Jahren wurde in einer botanischen Artikelserie über Neuankömmlinge in der Trierer Pflanzenwelt berichtet. Leider gehört zur Dynamik der Flora auch das Seltenerwerden oder Verschwinden von Arten. Gegenwärtig hat dabei meist der Mensch seine Hände im Spiel; weniger indem er Pflanzen gezielt ausrottet, sondern indem er Lebensräume (Biotope) zerstört. Dadurch verschwinden Pflanzenarten, die in ihren Standortansprüchen an bestimmte Biotoptypen gebunden sind.

Das „Könener Bruch"

Eines der herausragenden Biotope in der Region Trier war die Ebene zwischen Konz-Könen und der Saarmündung. Diese wird gelegentlich als „Könener Bruch" bezeichnet. Man darf daraus nicht die Vorstellung ableiten, dass es sich um ein großes, zusammenhängendes Sumpfgebiet handelte. Dagegen sprechen neben Erinnerungen älterer Konzer und Könener Bürger auch Landkarten und andere historische Dokumente aus den zurückliegenden Jahrhunderten. Einige seien kurz erwähnt: Sowohl im 1812 aufgenommenen Blatt Konz des Kartenwerks von Tranchot und von Müffling als auch in der Karte der peußischen Landesaufnahme von 1885 ist das Gebiet zwischen Könen und der Saarmündung teils als Wiesengelände, teils als Ackerland dargestellt. Man könnte einwenden, dass Tranchot und von Müffling von Sumpf-Signaturen in ihren Karten generell wenig Gebrauch gemacht haben. Das gilt jedoch nicht für die preußische Landesaufnahme. Das nicht weit entfernte Wawener Bruch ist hier deutlich als Sumpfgebiet gekennzeichnet. Auf einem um 1870 entstandenen Foto, das einem Aufsatz von MOLTER (Kreisjahrbuch 1997, S. 261) beigefügt ist, erkennt man aus Blickrichtung Konz im etwas blassen Hintergrund jenseits der Konzer Brücke deutlich Ackerparzellen und bis zur Granahöhe und zum Liescher Berg hin im Vergleich zu heute sehr wenig Baumwuchs.

Zwischen der Stadt Konz im Vordergrund und dem bewaldeten Liescher Berg im Hintergrund erstreckte sich das Könener Feuchtgebiet. Heute sieht man dort Industrie- und Gewerbegebiete, eine große Ödlandfläche und – links hinter den Gebäuden – Bruchwälder, die einzigen Reste des Feuchtgebietes. *HR*

Diese Dokumente sprechen dafür, dass das gesamte Gebiet landwirtschaftlich genutzt wurde. Sie liefern keine Hinweise auf Sumpfgebiete.
Es gibt jedoch andere Anhaltspunkte dafür, dass die Landwirtschaft an vielen Stellen mit Nässe zu kämpfen hatte. Am Nordrand von Könen liegt die Flur „Im Bruch". Aus ihr fließt der Maarbach zur Saar hin. „Bruch" ist die regionale Bezeichnung für „Sumpf", und als „Maar" bezeichnet man im rheinischen Sprachraum nicht nur Seen wie die Eifelmaare, sondern auch feuchte Senken. Weiterhin sind Aussagen lebender Zeitzeugen dokumentiert, die sich daran erinnerten, dass Äcker und Wiesen bei Könen nach Regenfällen oft vernässt waren. Ursache sind undurchlässige Lehm- und Tonschichten (MORBACH 1957/58).

Pflanzen erzählen von der Landschaft im 19. Jahrhundert

Recht genaue Rückschlüsse auf die nähere Beschaffenheit der sumpfigen Stellen liefern botanische Quellen: zum einen die 1880 erschienene „Flora von Trier" des Trierer Arztes und Freizeit-Botanikers Heinrich Rosbach (1814-1879, siehe Biographie im Kreisjahrbuch 1978). Zum anderen Pflanzen im Herbarium des Botanikers Matthias Josef Löhr (1799-1882), der – in Koblenz geboren – 10 Jahre lang in Trier als Apotheker tätig war. Daten über diese Pflanzen, die sich in den botanischen Sammlungen in Berlin-Dahlem befinden, wurden freundlicherweise von Herrn Ralf Hand (Berlin) mitgeteilt.

Rosbach nennt ungefähr 40 Pflanzenarten feuchter bis nasser Standorte, die er „hieher Cönen" gefunden hat. Mit „hieher" meint er „diesseits von Könen, von Trier aus gesehen". Heute würden wir sagen: „nördlich von Könen" oder „zwischen Könen und der Saarmündung". Etwa 30 der von ihm genannten Arten stellen enge Ansprüche an ihre Standorte und reagieren sehr empfindlich auf Änderungen der Standortbedingungen. Dadurch haben sie einen hohen Zeigerwert. Das heißt, man kann recht genau rekonstruieren, wie die Stellen beschaffen waren, an denen sie gewachsen sind.

Nur eine Minderheit der genannten Pflanzen ist an moorige Standorte im strengen Sinne gebunden. Das lässt darauf schließen, dass mooriges Gelände keine großen Flächen einnahm. Zu den Moorpflanzen gehören das Sumpf-Glanzkraut (*Liparis loeselii*, Abb. 1, Farbseite), das zu den Orchideen gehört, ferner die Draht-Segge (*Carex diandra*) aus der Familie der Riedgräser und das Sumpf-Läusekraut (*Pedicularis palustris*, Abb. 11). Moore im wissenschaftlichen Sinne sind durch Torfbildung gekennzeichnet. Diese kommt dadurch zustande, dass abgestorbene Pflanzenreste auf so nassem Grund zu liegen kommen, dass es an Luftzufuhr für abbauende Organismen wie z. B. Pilze und Bakterien mangelt. Das hat eine unvollständige Zersetzung zur Folge, deren Endergebnis Torf ist. Löhr erwähnt auf seinem Herbarzettel ausdrücklich, er habe das Sumpf-Glanzkraut bei Könen *„in Torfsümpfen"* gefunden.

Das müssen also Stellen gewesen sein, die fast ständig sehr nass waren. Man kann sich denken, dass man es möglichst vermied, sie zu betreten. Ganz aus der Bewirtschaftung waren sie aber mit Sicherheit nicht herausgenommen. In trockenen Jahren müssen auch sie bemäht worden sein. Denn sonst wäre unweigerlich Gebüsch von Weiden und anderen Nässe ertragenden Gehölzen aufgewachsen. Unter deren Schatten können aber die drei genannten Pflanzen, die sehr lichtbedürftig sind, nicht wachsen.

Rosbach fand das Sumpf-Glanzkraut im Jahr 1838 *„zu Hunderten"*, stellte jedoch in den folgenden vier Jahrzehnten fest, dass es *„durch Verbesserung der Wiesenkultur"* zu verschwinden drohte. Auch das unterstreicht noch einmal, dass die moorigen Stellen im Bereich von bewirtschaftetem Grünland lagen, vermutlich in der Flur „Im Bruch". Ein bisschen größer war allem Anschein nach der Flächenanteil von Röhrichten entlang von Bächen, am Rand von Tümpeln und in feuchten Mulden. Sie konnten sich vor allem dort ungestört entwickeln, wo die Ufer versumpft waren und man sich beim Mähen und Pflügen nicht nahe heranwagen durfte. Typische Röhricht-Pflanzen sind die beiden Wasserfenchel-Arten *Oenanthe aquatica* (Abb. 9) und *Oenanthe fistulosa* (Abb. 4, Farbseite). Da beide Arten ein hohes Lichtbedürfnis haben, kann man folgern, dass die Röhrichte nicht stark beschattet waren, dass es also keine Auenwälder gab. Das bestätigt den Eindruck, den die oben erwähnte Landschaftsaufnahme vermittelt. Es gab offenbar auch Uferpartien mit festerem Boden, an die man nah heranmähte und -pflügte und Röhrichte und Uferstauden kurzhielt. Dadurch begünstigte man Pflanzen des Ufers und der angrenzenden Schlammbänke, die zugleich auf fließendes Wasser und Helligkeit angewiesen sind. Dazu gehören das Quellgras (*Catabrosa aquatica*, Abb. 3, Farbseite), der Sumpf-Ampfer (*Rumex palustris*) und der Efeublättrige Hahnenfuß (*Ranunculus hederaceus*). Rosbach nennt auch einige schwimmende Wasserpflanzen, die er wahrscheinlich in Gräben oder kleinen Moortümpeln fand: Die Dreifurchige Wasserlinse (*Lemna trisulca*) und den Kleinen Wasserschlauch (*Utricularia minor*). Einen größeren Anteil an Feuchtgebiet hatten die regelmäßig bewirtschafteten Flächen. Im Gegensatz zu heute nutzte man in früheren Jahrhunderten auch nasse Wiesen und zur Vernässung neigende Äcker. Auf Feucht- und Nasswiesen wachsen in der Regel nur harte Binsen und zähe Sauergräser, die das Vieh verschmäht. Man mähte sie jedoch zur Gewinnung von Streu für die Ställe, weshalb man auch von Streuwiesen spricht. Die folgenden Pflanzenarten kennzeichnen solche Wiesen: Aufgeblasener Fuchsschwanz (*Alopecurus rendlei*), Floh-Segge (*Carex pulicaris*, Abb. 8), Breitblättriges Wollgras (*Eriophorum latifolium*, Abb. 7), Haarstrangblättriger Wasserfenchel (*Oenanthe peucedanifolia*, Abb. 10), Wanzen-Knabenkraut (*Orchis coriophora*[22], Abb. 2, Farbseite) und Wasser-Greiskraut (*Senecio aquaticus*[23], Abb.12).

[22] Heute: Anacamptis coriophora
[23] Heute: Jacobaea aquatica

Der Nährstoffgehalt der Nasswiesen muss recht unterschiedlich gewesen sein. Während der Aufgeblasene Fuchsschwanz nährstoffreiche Böden benötigt, sind die Floh-Segge und das Wanzen-Knabenkraut äußerst genügsam; ja sie verschwinden sogar bei Düngung, da sie die Konkurrenz raschwüchsiger Pflanzen nicht ertragen.

Weiterhin nennt Rosbach eine größere Zahl von Arten, die auf offene, d.h. nur lückenhaft bewachsene Schlammstellen angewiesen sind. Dass es diese gibt, leuchtet nicht auf Anhieb ein, denn Schlamm ist in der Regel nährstoffreich und feucht und müsste dicht von kräftigen Pflanzen bewachsen sein. Welche Gründe kann es also geben, dass Schlamm nur lückenhaft bewachsen ist? Das können nur Störungen durch den Menschen oder Weidetiere sein (Betreten, Befahren, Gräben ausheben, Torf stechen) oder schwankende Wasserstände von Teichen und Tümpeln, wodurch Schlammbänke immer wieder einmal für Landpflanzen „freigegeben" werden. Es gibt unter den Landpflanzen eine Reihe von Arten, die sich als „Pioniere" auf solchen freigewordenen Schlammflächen ansiedeln. Lange keimfähige, flugfähige oder durch Tiere weit verschleppte Samen ermöglichen es ihnen, schnell zur Stelle zu sein. Sie bilden nur kleine Sprosse aus und kommen rasch zum Blühen. Auch wenn die Bedingungen rasch wieder ungünstig werden, haben sie bereits Samen gebildet und ihr Überleben gesichert. Diese Pflanzen bilden Lebensgemeinschaften, die man Zwergbinsengesellschaften nennt. Sie haben im Könener Feuchtgebiet eine bedeutende Rolle gespielt. Folgende von Rosbach genannte Arten gehören dazu: Kleines Tausendgüldenkraut (*Centaurium pulchellum*), Braunes Zypergras (*Cyperus fuscus*, Abb. 6), Borsten-Moorbinse (*Isolepis setacea*), Kopf-Binse (*Juncus capitatus*, Abb. 5) und Sumpf-Dreizack (*Triglochin palustris*). Die Flache Quellbinse (*Blysmus compressus*) und die Einspelzige Sumpfbinse (*Eleocharis uniglumis*) gehören zwar nicht zu den Zwergbinsengesellschaften, wachsen aber ebenfalls gerne an offenen Schlammstellen.

Da die alten Karten für das Könener Gebiet keine Teiche angeben, scheiden periodisch trockenfallende Teichränder als Standorte für die Zwergbinsengesellschaften aus. Auch Viehtritt hat vermutlich eine geringe Rolle gespielt, da es Standweiden im 19. Jahrhundert nicht gab. Mit großer Wahrscheinlichkeit waren es vernässte Äcker, ausgefahrene schlammige Feldwege und Ränder ausgehobener Gräben, an denen sich die Zwergbinsengesellschaften entwickelten. Im Könener Gebiet hat man die Äcker wie überall in nassen Gegenden der Region Trier bis ins 19. Jahrhundert hinein als sogenannte Wölbäcker angelegt (STRASSER 1992). Durch eine besondere Methode des Pflügens erreichte man, dass die Äcker leicht aufgewölbt und damit der Nässe entzogen waren. Nass blieben dann lediglich schmale Zonen zwischen den Äckern. Auch dort dürften die Lebensbedingungen für die Zwergbinsengesellschaften günstig gewesen sein.

Abb. 1
382. Liparis Loeselii Rich.
Abb. 2
331. Orchis coriophora L.
22. Gram
Abb. 3
Glyceria aquatica Presl.
106. Umb.
Abb. 4
Röhrenschirm.

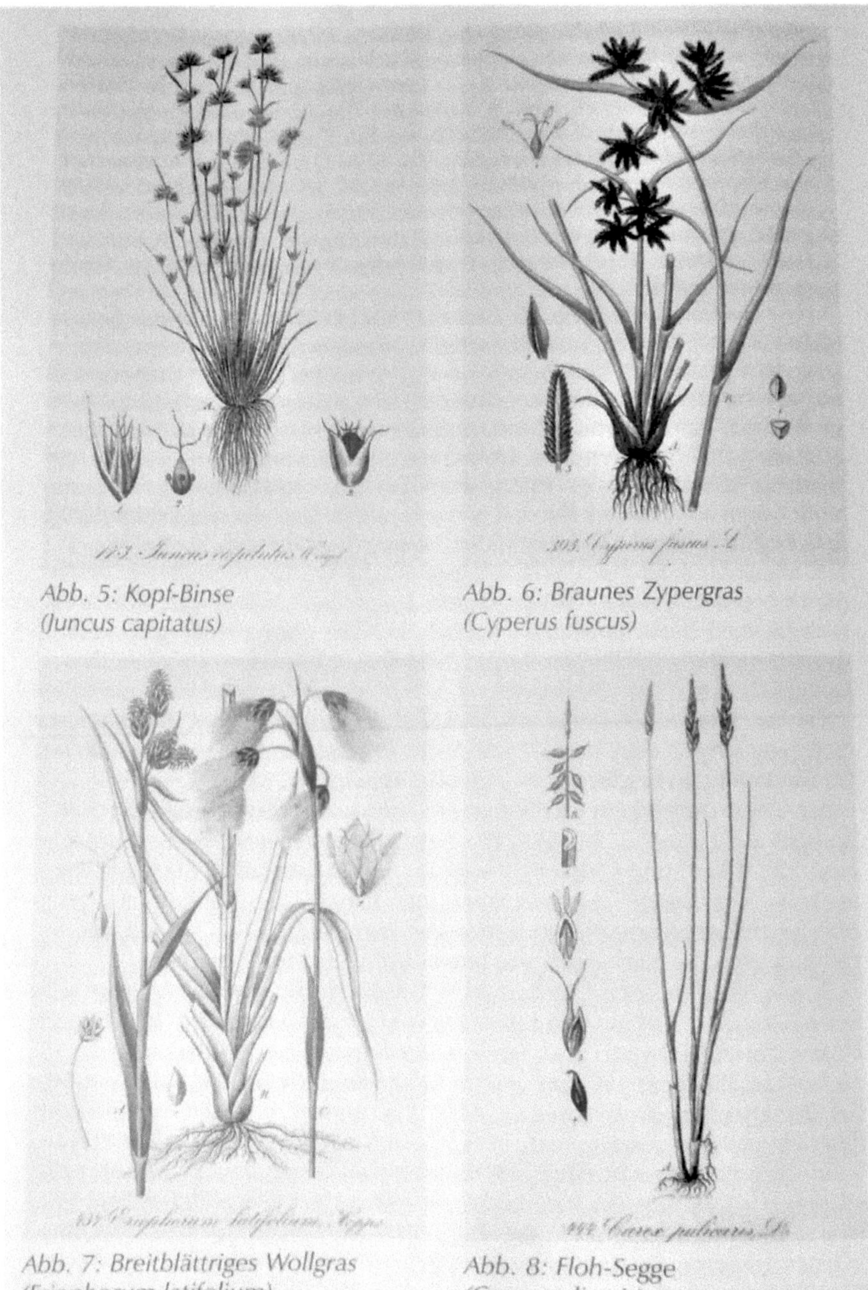

Abb. 5: Kopf-Binse
(Juncus capitatus)

Abb. 6: Braunes Zypergras
(Cyperus fuscus)

Abb. 7: Breitblättriges Wollgras
(Eriophorum latifolium)

Abb. 8: Floh-Segge
(Carex pulicaris)

Abb. 9: Großer Wasserfenchel (Oenanthe aquatica)

Abb. 10: Haarstrangblättriger Wasserfenchel (Oenanthe peucedanifolia)

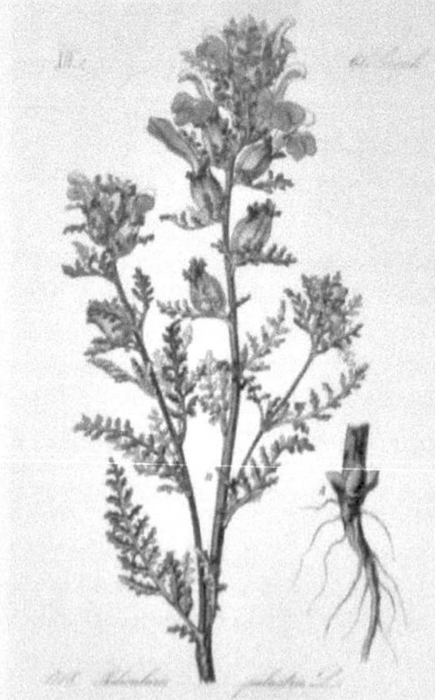

Abb. 11: Sumpf-Läusekraut (Pedicularis palustris)

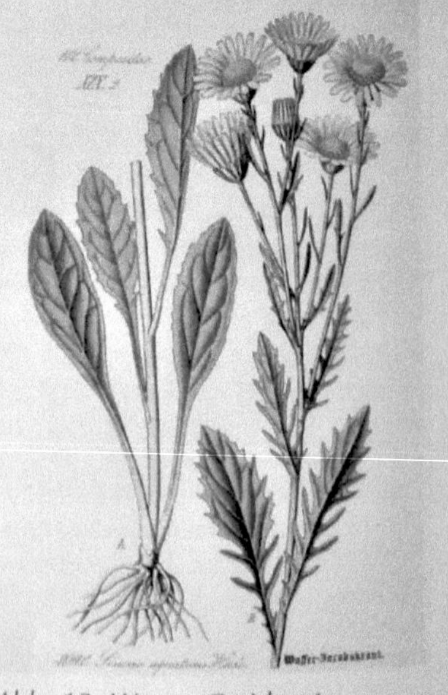

Abb. 12: Wasser-Greiskraut (Senecio aquaticus)

Der Mensch als Urheber und Zerstörer des Pflanzenparadieses

Bei Lesern mit botanischen Vorkenntnissen dürften die Aufzählungen von Pflanzenarten Staunen hervorgerufen haben. Fast alle erwähnten Arten gehören heute zu den größten Raritäten unserer Pflanzenwelt. Das Wanzen-Knabenkraut ist in Deutschland kurz vor dem Aussterben. In Rheinland-Pfalz ausgestorben und in Deutschland stark gefährdet sind der Aufgeblasene Fuchsschwanz und das Sumpf-Glanzkraut. In der Region Trier verschollen und im übrigen Deutschland gefährdet bis vom Aussterben bedroht sind das Quellgras, die Kopf-Binse und der Röhrige Wasserfenchel. 10 weitere Arten sind in Rheinland-Pfalz stark gefährdet, in anderen Bundesländern unterschiedlich stark gefährdet bis ausgestorben. Fast alle übrigen Arten sind im Rückgang begriffen und in einigen Bundesländern als gefährdet eingestuft. Aus der Sicht des Naturschutzes war das Könener Feuchtgebiet also ein Biotop höchsten Ranges. Es war nicht von Natur aus vorhanden, sondern verdankte seine Entstehung der Landwirtschaft, und zwar in der wenig technisierten Form, wie sie vom Mittelalter bis in die frühe Neuzeit betrieben wurde. Wie schon oben erläutert, nutzte man damals auch feuchtes bis nasses Land, in der Regel ohne Düngung, und schuf so Lebensmöglichkeiten für Pflanzenarten, die auf helle, feuchte, nährstoffarme und zum Teil lückenhaft bewachsene Standorte angewiesen waren.

Abb. 13: Ein aus dem ehemaligen Feuchtgebiet kommender Bach wurde total verrohrt und kommt erst kurz vor der Mündung in die Mosel wieder ans Tageslicht. *HR*

Wo mögen diese Pflanzen existiert haben, ehe der Mensch im frühen Mittelalter die ausgedehnten Wälder rodete? Von Natur aus hätten diese Wälder ja fast ganz Mitteleuropa bedeckt. Die Wissenschaftler nehmen an, dass viele der genannten Pflanzenarten ursprünglich auf Sand- und Schlammbänken der damals noch nicht gebändigten und ständig ihren Lauf und ihren Wasserstand ändernden Flüsse zu Hause waren. Der wirtschaftende Mensch war es dann allerdings auch, der die außergewöhnliche Pflanzenwelt des Könener Feuchtgebietes vernichtete. Nach den Angaben Rosbachs setzte diese Entwicklung bereits in der Mitte des 19. Jahrhunderts ein. Damals begannen die Industrialisierung und Technisierung, die der bis dahin hart arbeitenden Landbevölkerung erstmals Erleichterungen brachte. Sicher wurden damals erste Versuche unternommen, das Land bei der Saarmündung zu entwässern. Bald danach ermöglichte es der Kunstdünger, den Ertrag von Wiesen und Feldern zu steigern.

Die Kehrseite dieser an sich segensreichen Entwicklung war, dass die meisten der oben erwähnten Pflanzen selten wurden oder verschwanden. Zu einer starken Beschleunigung dieses Prozesses kam es in der Zeit des Nationalsozialismus. 1934 begann man mit umfangreichen Drainagemaßnahmen, die zu einer Absenkung des Grundwasserspiegels führten (MORBACH 1957/58).

Noch rigoroser waren die Veränderungen, die nach dem 2. Weltkrieg einsetzten. Die Landwirtschaft wurde auf vielen Flächen aufgegeben, und es entwickelte sich da, wo sich zuvor Wiesen und Äcker erstreckten, Auenwald. Dennoch gab es bis in die 1980er Jahre noch größere Feuchtwiesen mit Beständen des Breitblättrigen Knabenkrautes, und bei intensivem Suchen entdeckte man die eine oder andere der zuvor genannten Pflanzenarten. Der sich entwickelnde Auenwald war zwar für sie kein Lebensraum, doch beherbergte er dafür zahlreiche andere Lebewesen, vor allem Vögel, Fledermäuse und andere Kleintiere.

Da ebene Flächen für die Ansiedlung von Gewerbe und Industrie attraktiv sind, erschloss die Stadt Konz Zug um Zug große Teile des Gebietes bei der Saarmündung. Dabei entstanden zahlreiche Arbeitsplätze, die für die Bevölkerung der Umgebung von großer Bedeutung sind. Ohne diese Leistung herabzusetzen muss kritisch angemerkt werden, dass trotz wiederholter Einwände von Naturschutzverbänden auf noch vorhandene schutzwürdige Flächen keine Rücksicht genommen wurde. Beispielhaft zeigt dies die Abb.13. Ein aus dem Könener Feuchtgebiet kommender Bach wurde total überbaut und kommt erst am Saarufer wieder zum Vorschein. Ohne großen Flächenverlust hätte sich das und anderes vermeiden lassen. Das Konzer Industriegebiet ist leider kein Vorzeigeobjekt für die Synthese von Industrieförderung und Naturschutz.

Literatur:

MORBACH, J.: Chronik der Gemeinde Könen. - 1958/59, Mskr. Maschinenschr., 123 S, vervielfältigt von der Arbeitsgemeinschaft für Landesgeschichte und Volkskunde des Trierer Raumes

ROSBACH, H.: Flora von Trier. - 2. Aufl., XV + 428 S., Trier 1986

STRASSER, R.: Reliefentwicklung im Bereich der Bundsandsteinstufe zwischen Konz und Saarburg in historischer Zeit. - Jb. Trier-Saarburg 1992, S. 207-215

Abbildungsnachweis:

Die Pflanzenbilder sind Reproduktionen aus:

Schlechtendal, D.F.L. von, Langenthal, L.F. und Schenk, E.: Flora von Deutschland, 5. Auflage, herausgegeben von E. Hallier. 1880-1888

Das aus 30 Bänden bestehende Werk, dessen Abbildungen der akademische Zeichenlehrer Ernst Schenk (Jena) angefertigt hat, gehört zum reichen Bestand von Pflanzenbüchern der Stadtbibliothek Trier.

Der ehemalige Standortübungsplatz Hermeskeil im Spannungsfeld zwischen wirtschaftlicher Nutzung und Naturschutz

JTS 2009

Truppenübungsplätze sind für den Naturschutz bundesweit von großem Interesse. Es hat sich gezeigt, dass dort selten gewordene Tier- und Pflanzenarten oft in großer Zahl vorkommen. Das gilt insbesondere für waldfreie Flächen, die für Militärübungen benötigt werden. Im Wesentlichen handelt es sich dabei um Wiesen, Weiden und Ödland. Unter den Begriff Ödland fällt auch Gelände, das durch Schießübungen und herumfahrende Kettenfahrzeuge geprägt wird. Dort kommt es immer wieder zur Zerstörung der Vegetationsdecke, und es entstehen tiefe Furchen und Löcher, in denen sich oft infolge von Bodenverdichtung Regenwasser sammelt. Selbst solche arg strapazierten Flächen können bedeutsame Biotope sein. Das ist vor dem Hintergrund zu sehen, dass seit dem Beginn des 20. Jahrhunderts auf landwirtschaftlichen Nutzflächen ein starker Artenrückgang stattgefunden hat. Äcker und Wiesen sind infolge von Saatgutreinigung, verstärkter Düngung und Herbizidanwendung weithin extrem artenarm geworden. Blumenreiche Wiesen und Äcker mit bunter Unkrautflora am Rand werden mehr und mehr zur Ausnahme. Das in den 80er Jahren gestartete Ackerrandstreifenprogramm zur Erhaltung von Wildkräutern ist in Rheinland-Pfalz gescheitert. Man muss befürchten, dass der aktuelle Trend zum Anbau energieliefernder Pflanzen nochmals einen kräftigen Schub in Richtung monotoner Äcker und Wiesen bringen wird.

Feldwege wurden befestigt und man findet nur noch selten ausgefahrene oder schlammige Wege, in deren Fahrspuren sich zeitweise Wasser sammelt. Das ist einer der Faktoren, der dazu geführt hat, dass Mehlschwalben selten geworden sind. Sie finden fast keine Schlammstellen mehr, wo sie Material zum Bau ihrer Nester holen können. In vielen Truppenübungsplätzen ist der Zustand vor diesem Wandel der Agrarlandschaft erhalten geblieben. Gerade der Standortübungsplatz Hermeskeil liefert dafür ein gutes Beispiel. In den Fluren „Schlum" und „Lascheider Heide", die vom damals noch dörflichen Hermeskeil etwas entfernt lagen, wurde bis zum zweiten Weltkrieg auf nährstoffarmen und sauren Böden fast noch so gewirtschaftet wie in den vorausgehenden Jahrhunderten. Wiesen, welche den größten Flächenanteil hatten, wurden nicht gedüngt und als sogenannte Magerwiesen nur einmal im Jahr gemäht. Man nennt das Extensivnutzung. Viehweiden gab es nicht, da damals Stallviehhaltung dominierte. Lediglich Wanderschäfer trieben ab und zu ihre Herden über die Wiesen.

Um 1950 zeigte es sich, dass die Landwirte kein Interesse mehr an diesen wenig ertragreichen Flächen hatten. Der ehemalige Bürgermeister Ludwig Harig wollte verhindern, dass das Land für wenig Geld an die Landsiedlung verkauft wird, und nahm deshalb Kontakt mit der Bundeswehr auf, welche sofort Interesse zeigte, dort eine Kaserne für ein schweres Transportbataillon zu errichten. Der Geländekauf für die Kaserne und den Standortübungsplatz brachte Hermeskeil deutlich höhere Einnahmen. Durch den Erwerb der Lascheider Heide als Standortübungsgelände wurde der Zustand der Agrarlandschaft aus der ersten Hälfte des 20. Jahrhunderts nahezu konserviert. Denn die militärische Nutzung unterschied sich auf dem größten Teil der Fläche in ihrer Wirkung auf die Pflanzen- und Tierwelt wohl wenig von der vorausgehenden landwirtschaftlichen Nutzung. Das Wiesengelände musste für Übungszwecke weiterhin offengehalten werden. Dies geschah zwar kaum noch durch Mähen, sondern durch jährliche Schafbeweidung. Gedüngt wurde weiterhin nicht. Stärkeres Pflanzenwachstum war ja nicht erwünscht, da es häufigere Beweidung erfordert und die Kosten erhöht hätte. So blieben Magerwiesen bis hin zum extrem nährstoffarmen Typ der Borstgraswiese erhalten.

Das versumpfte Bachtal im Zentrum des Übungsplatzes, eine urige Landschaft. *HR*

Diese Wiesen sind artenreich und fallen im Sommer durch einen bunten Blütenflor auf. Zahlreiche Schmetterlinge und andere Insekten tummeln sich in ihnen. Wie passt dieser Artenreichtum zur Nährstoffarmut des Bodens? Wie schon in früheren botanischen Beiträgen im Jahrbuch dargelegt, gewinnen auf nährstoffreichem Boden immer relativ wenige, rasch- und starkwüchsige Arten die Oberhand und nehmen ihren Konkurrenten das Licht weg. Ein gutes Beispiel sind ausgedehnte Brennnesselherden an Flussufern. Auf nährstoffarmen Böden dagegen bleibt der Wuchs zwangsläufig niedrig, und jede Pflanze kommt nur langsam voran. Da wird keine von der anderen überwuchert. Es bleibt viel Raum für genügsame, lichtliebende Arten, die in bunter Gesellschaft nebeneinander existieren können. Auf solchen niedrig bewachsenen Flächen können sich Insekten frei bewegen, weshalb sich viele der dort wachsenden Pflanzen durch auffällig gefärbte Blüten an die Insektenbestäubung angepasst haben. Wo Kettenfahrzeuge herumfuhren, entstanden Wege und Fahrspuren, die so aussahen wie Feldwege in der Zeit unserer Vorfahren: mit blankem Boden und tiefen Fahrspuren mit teils dauerhaften, teils vorübergehenden Wasseransammlungen an besonders stark ausgefahrenen Stellen.

Nachdem der Bundeswehrstandort Hermeskeil Ende 2006 aufgegeben wurde, drohen den bedeutsamen Biotopen, zu denen außerdem Sumpfwiesen, Bachläufe und Teiche gehören, zweierlei Gefahren: Die eine ist Nutzungsintensivierung nach der Vermarktung von Flächen für wirtschaftliche Zwecke, woran die Stadt Hermeskeil und die Ortsgemeinde Reinsfeld verständlicherweise interessiert sind. Die andere ist das Aufgeben jeglicher Nutzung.

Sumpfblutauge *WB*

Es gibt nur wenige Teilflächen, die in einem so naturnahen Zustand sind, dass sie auch dann ihren ökologischen Wert behalten, wenn man sie völlig sich selbst überlässt. Dazu gehört der teils sumpfige Wald, der sich an dem Bach im Zentrum des Gebietes entlang zieht. Dort gibt es auch abgestorbene Bäume mit Höhlungen, die für Spechte, Fledermäuse und holzbewohnende Insekten von Bedeutung sind. Einer gewissen Pflege bedürfen die gehölzfreien Bachläufe, wie wir sie im Quellgebiet des Lauschbachtales und an der nördlichen Grenze des Standortübungsplatzes, angrenzend an die Reinsfelder Gemarkung finden. Der Fieberklee, eine gefährdete und geschützte Art aus der Verwandtschaft der Enziangewächse, kommt in beiden Bereichen vor, besonders reichlich in einem alten Teich in der Flur „Fuchseich“. Auch das ziemlich seltene Sumpf-Blutauge (*Potentilla palustris*[24]) wächst dort. Beide sind lichtbedürftige Arten. Ihretwegen müsste verhindert werden, dass an den betreffenden Bachabschnitten uferbegleitende Gehölze aufwachsen. Auch in den Sumpfwiesen müssen ab und zu Gehölze entfernt werden. Besonders die Öhrchen-Weide (*Salix aurita*) macht sich dort gerne breit. Die ausgedehnteste Sumpfwiese grenzt südwestlich der Kaserne an die B52 an.

Die dekorativen Blüten des Fieberklees verwelken leider noch nach wenigen Tagen. *WB*

[24] Heute: Comarum palustre

Es ist bereits in den Planungen festgelegt, dass sie als Biotop erhalten bleibt und von jeglicher wirtschaftlichen Nutzung verschont wird. Ihr Wert liegt vor allem in einem reichen Vorkommen des Schmalblättrigen Wollgrases (*Eriophorum angustifolium*) und einem Massenvorkommen des schon erwähnten Sumpf-Blutauges. Sie sind in Rheinland-Pfalz noch nicht gefährdet, wohl aber in einer Reihe von anderen Bundesländern. So ausgedehnte Vorkommen wie das genannte sind auch in Rheinland-Pfalz selten. Eine weitere auffällige Pflanze an sehr nassen Stellen der Sumpfwiese ist die Blasen-Segge (*Carex rostrata*), aus der Familie der Sauergräser.

Das Schmalblättriges Wollgras fällt erst auf, wenn es seine behaarten Früchte bildet. *MH*

Der intensivsten Pflege bedürfen die Magerwiesen mäßig feuchter bis trockener Standorte. Werden sie nicht jährlich gemäht oder mit Schafen beweidet, verändern sie sich sehr schnell. Zunächst durch Verfilzung, indem verwelkte Pflanzen liegen bleiben und mit der Zeit eine Decke bilden, welche das Aufwachsen von Keimlingen erschwert. Es kommt auch zur Selbstdüngung durch die verrottenden Pflanzenreste, die zu einer allmählichen Verdrängung der schützenswerten Arten durch Allerweltspflanzen führt. Auch wachsen, vor allem wenn Wald angrenzt, ziemlich rasch Gehölze auf, welche durch ihre Beschattung die Magerwiesenpflanzen zum Absterben bringen. Landesweit sind viele Magerwiesen auf diese Weise bereits verschwunden, da es für Landwirte in der Regel nicht mehr lohnend ist, sie weiterhin zu mähen oder zu beweiden.

Die Grünliche Waldhyazinthe, eine der noch etwas häufigeren Orchideen. *WB*

Deshalb gehören diese Wiesen zu den größten Sorgenkindern des Naturschutzes. Von Umweltverbänden wurde der Vorschlag gemacht, die Magerwiesen des ehemaligen Standortübungsplatzes großflächig unter Naturschutz zu stellen und durch extensive Beweidung mit Heckrindern, einer Nachzüchtung des ausgestorbenen Auerochsen, zu erhalten. Man hoffte, dass das Gelände, wie andere ehemalige Truppenübungsplätze, von der Bundesregierung zum Naturerbe erklärt und ganzflächig geschützt würde. Aufgrund einer Entscheidung der Landesregierung wurde das jedoch mit der Begründung abgelehnt, dass nur bestimmte Teilflächen des Gebietes schutzwürdig seien.

Arnika, eine Heilpflanze, wird immer seltener und ist stark gefährdet *MH*

Seitens der Verbandsgemeinde Hermeskeil tendiert man wohl eher zu einer Lösung, bei der die Pflege der Wiesen an eine wirtschaftliche Nutzung gekoppelt wird. Konkret heißt das: Ein Unternehmer, der auf einer Teilfläche einen Betrieb errichtet, wird vertraglich verpflichtet, einen Teil seines Gewinns dazu zu verwenden, schutzwürdige Flächen zu pflegen. Für diese Lösung wurde das Schlagwort „Naturschutz durch Nutzung" geprägt. Die rheinland-pfälzische Umweltministerin ist eine starke Befürworterin dieses Prinzips. Umweltschützer argwöhnen, dass sie darin ein Patentrezept sieht und es zu ausschließlich angewandt sehen will.

Für einen Bereich, der die botanisch wertvollsten Teilflächen des Übungsplatzes Hermeskeil umfasst, nämlich den ehemaligen Schießstand und seine Umgebung im Quellbereich des Lauschbachtales, ist eine wirtschaftliche Nutzung bereits im Planungsstadium. Dort soll ein Betrieb angesiedelt werden, der, eingebettet in einen Landschaftspark, in vielfältiger Weise den Weihnachtsbaum in all seinen kulturellen Facetten präsentieren will. Der Investor verspricht, mit seinem innovativen Projekt, das u. a. Solar-Gästehäuser, Tagungen und eine Art Weihnachtsbaum-Parklandschaft umfassen soll, Naturschutz und wirtschaftliche Nutzung in Einklang zu bringen. Die Naturschutzverbände begegnen diesen Ankündigungen mit großer Skepsis.

Unmittelbar angrenzend an die Schießstände gibt es nämlich Magerwiesen, die äußerst empfindlich sind, zum Beispiel gegen das Betreten durch Spaziergänger, gegen düngende Hinterlassenschaften von Hunden usw. Die in Rheinland-Pfalz wie auch in anderen Bundesländern höchst gefährdete Arnika (*Arnica montana*) hat dort noch eines ihrer wenigen Vorkommen im Hochwald. Auch eine Orchidee, die Grünliche Waldhyazinthe (*Platanthera chlorantha*), wächst dort in erfreulicher Anzahl.

Die weiblichen Blüten der Blasen-Segge sind in auffälligen Ähren angeordnet. *MH*

Zurzeit läuft ein Genehmigungsverfahren, bei dem neben den zuständigen Behörden auch die Naturschutzverbände Stellungnahmen abgeben werden. Es ist zu hoffen, dass das Verfahren zu einem Ergebnis führt, das nicht nur auf dem Papier ene Erhaltung der Magerwiesen sichert. Die Gemeinde Reinsfeld wünscht eine wirtschaftliche Nutzung im nördlichen Teil des Übungsplatzes. Zeitweise war von einem Feriendorf die Rede.

Abb. 10: Wo Übungen mit Kettenfahrzeugen stattfanden, haben sich wassergefüllte Fahrrinnen und Mulden gebildet. *HR*

Auch in diesem Bereich gibt es stellenweise gut erhaltene Magerwiesen und die schon erwähnten Feuchtgebiete. Auch dort sind Konflikte mit dem Naturschutz vorauszusehen. Wertvolle Biotope sind auch die künstlich aufgeschütteten Kuppen, die zu Übungen mit Kettenfahrzeugen dienten. In den Vertiefungen dazwischen gibt es eine Reihe von Tümpeln, die für Amphibien von Bedeutung sind. Aber auch ziemlich seltene Pflanzenarten feuchter, wenig bewachsener Böden wie der unscheinbare Sumpfquendel (*Peplis portula*[25]) kommen dort vor.

[25] Heute: Lythrum portula, ein Weiderichgewächs

Um diese Biotope zu erhalten, müsste die Fläche weiterhin in größeren Zeitabständen befahren werden, um die Entwicklung einer geschlossenen Grasnarbe zu verhindern. Im Mattheiser Wald bei Trier, wo es um die Erhaltung ähnlicher Tümpel geht, wurde im vorigen Jahr mit Erfolg ein militärisches Kettenfahrzeug eingesetzt. Mit dem Bagger einer Baufirma wäre es wohl auch getan.

Der Sumpfquendel ähnelt etwas dem Feldthymian (Quendel), ist mit ihm aber nicht verwandt.
Kupferstich des englischen Pflanzen- und Tiermalers James Sowerby (1803)

Das in diesem Aufsatz oft angewandte Wort Naturschutz ist streng genommen etwas irreführend. Was im Bereich des ehemaligen Standortübungsplatzes Hermeskeil Schutz verdient, ist nicht urwüchsige Natur, sondern eine alte Kulturlandschaft, die über Jahrhunderte hinweg von unseren Vorfahren gestaltet wurde. Es ist zu wünschen, dass so viel wie möglich von ihr erhalten bleibt.

Der Hauhechel-Bläuling, ein häufiger Schmetterling trockener bis feuchter Wiesen. *WB*

Der „Unterste Büsch" bei Körrig - ein naturkundlich interessantes Waldgebiet im Saargau

JTS 2011

Hört man den Namen Saargau, denkt man zunächst an sanft gewellte Feld- und Wiesenfluren, über die der Blick weit in die Ferne schweift; an Dörfer, die von Streuobstwiesen eingerahmt sind; an Viez oder an edle Obstbrände, die aus den dort wachsenden Früchten gewonnen werden. Botanisch Interessierten kommen als erstes steilere Talhänge oder Bergkuppen in den Sinn, an denen das Kalkgestein der Muschelkalk-Gruppe zutage tritt. Dort gibt es Magerwiesen, auf denen Orchideen und andere botanische Raritäten vorkommen. Bekanntestes Beispiel ist der Eiderberg bei Freudenburg. Die Waldstücke, die hie und da das Offenland unterbrechen und für ein abwechslungsreiches Landschaftsbild sorgen, finden weniger Interesse. Dabei kann allein schon die Frage neugierig machen, warum es im Saargau mit seinen kalkreichen und fruchtbaren Böden überhaupt Wälder gibt und warum man nicht überall Landwirtschaft betreibt. Geologische Karten liefern die Erklärung. Die Waldstücke, deren Name oft auf -büsch endet, befinden sich in der Regel dort, wo der wasserdurchlässige Kalk von Lehmschichten überdeckt ist. Dort haben sich Böden gebildet, die man als schwer bezeichnet. Sie bilden nach starken Regenfällen eine dichte, schmierige Masse, die schlecht durchlüftet ist und der Bearbeitung starken Widerstand entgegensetzt. Trotz hohen Nährstoffgehaltes würden dort Nutzpflanzen, wie z. B. Getreidearten, schlecht wachsen. Sowohl die Nässe als auch die geringe Erwärmbarkeit behindern das Gedeihen. Früh erkannten die Menschen, dass es sinnvoller ist, dort Wald stehen zu lassen. Zu allen Zeiten benötigte man Holz, und so war jedes Dorf darauf bedacht, dass zu seiner Gemarkung auch ein Stück Wald gehört.

Was den botanischen Artenreichtum betrifft, besteht bei den Waldstücken ein Gefälle von Süden nach Norden. Weithin bekannt für seine botanischen Raritäten ist der Atzbüsch bei Perl im saarländischen Teil des Saargaues. Auch am Rand des Buchenwaldgebietes westlich von Rommelfangen findet man einige seltene Arten; darunter solche, deren Hauptverbreitung in Südwesteuropa liegt und deren letzte Randvorkommen gerade noch auf deutschem Boden liegen. Mit Absicht sei hier ein weiter nördlich gelegenes Waldstück vorgestellt, das keine ausgesprochen seltenen Pflanzenarten und auch sonst keine spektakulären Naturobjekte aufweist. Der aufmerksame Wanderer kann jedoch so manches entdecken, das einem im Kreisgebiet nicht auf Schritt und Tritt begegnet. Es geht um „Unterste Büsch", ein Waldstück von etwa 1 km Länge und 750 m Breite nördlich von Körrig (Gemeinde Merzkirchen). Im Westen ist er vom dort entlangfließenden Mannebach begrenzt, der ganz in der Nähe bei Körrig entspringt.

Im Südosten grenzt er an den Fuß des Hostenberges, der durch sein Feriendorf bekannt ist. Kein großer Wald also. Mit einem geruhsamen Spaziergang kann man ihn fast in einer Stunde durchmessen. Wenig anstrengend ist die Wanderung auch deshalb, weil das Gelände nur eine schwache Hangneigung von 5 Prozent aufweist und ein schachbrettartig angelegtes Netz teils gut befestigter Waldwege vorhanden ist. Man findet solche schnurgeraden Wege auch in anderen Waldstücken des Saargaues. Sie sind meist in preußischer Zeit entstanden, als die Forstwirtschaft im Gebiet nach strikten Regeln reformiert und großer Wert auf den Wegebau gelegt wurde.

Damals wurden im „Unterste Büsch" auch Entwässerungsgräben gezogen, von denen heute noch Spuren zu sehen sind. Das war notwendig, weil sich auf der Fläche nach starken Regenfällen, vor allem im Frühjahr und Herbst, Staunässe bildete, die selbst bei Waldbäumen zu Sauerstoffmangel im Wurzelbereich führte und das Begehen des Waldes erschwerte. Manche Waldbäume, vor allem Nadelbäume, vertragen auch den Wechsel zwischen Nässe und sommerlicher Trockenheit nicht. Die mergeligen und tonigen Schichten des Untersten Büsch, welche diese Wechselfeuchtigkeit verursachen, sind nach neueren Angaben der erdgeschichtlichen Formation des unteren Muschelkalks zuzuordnen.

Abb. 1: Früchte der Esche *MH*

Der Unterste Büsch ist weitgehend Laubwald. Nur vereinzelt sind Fichten eingestreut. Das ist insofern bemerkenswert, als der größte Teil Gemeindewald ist (bis 1974 Eigentum von Körrig, danach der Großgemeinde Merzkirchen). Die meisten Gemeinden waren ja seit der preußischen Zeit darauf bedacht, wegen der hervorragenden Nutzholzeigenschaften die Fichte anzupflanzen. Im Untersten Büsch sprach jedoch die Nässe gegen den Fichtenanbau. Aber auch die von Natur aus in unseren Wäldern dominierende Buche verträgt keine Nässe und ist deshalb nicht so konkurrenzfähig wie in Wäldern mit ausgeglichenem Wasserhaushalt. Dagegen machte sich eine Baumart breit, die in unserer Heimat nicht zu den typischen Waldbildnern gehört: die Esche. Sie mag feuchte und nährstoffreiche Böden, allerdings keine ausgesprochene Staunässe. Möglicherweise haben die preußischen Entwässerungsmaßnahmen die Staunässegefahr gerade so weit herabgesetzt, dass für die Esche günstige Bedingungen entstanden.

So hat man im „Unterste Büsch" die nicht häufige Gelegenheit, einen Wald zu durchwandern, der überwiegend aus Eschen besteht. Im Herbst sieht man überall die Büschel geflügelter Früchte an den Zweigen hängen. Auffallend sind auch die schwarzen Knospen. Es sei daran erinnert, dass bei den nordischen Völkern die Esche zum Symbol des Weltganzen wurde und in den Mythen als Welten-Esche Yggdrasil eine im wörtlichen Sinne herausragende Rolle spielten. Zahlreiche Keimlinge und Jungpflanzen zeigen an, dass die Esche immer mehr die Oberhand gewinnt. Diese Entwicklung ist aus der Sicht einer zukunftsorientierten Forstwirtschaft nicht erwünscht. Sie läuft auf eine Monokultur hinaus, die sich in diesem Falle fast ohne Zutun des Menschen entwickelt. Man möchte jedoch möglichst artenreiche Laubwaldgesellschaften aufbauen, schon allein deshalb, weil die Esche leicht von Pflanzenkrebs befallen und neuerdings vom Eschentriebsterben bedroht wird, einer Pilzkrankheit, die sich von Osten her zu uns ausbreitet.

Wie man weiß, haben Schädlinge in Monokulturen besonders leichtes Spiel. Es wird dadurch gegengesteuert, dass man gezielt Eschen entfernt und die noch vorhandenen Buchen und Stieleichen fördert. Das kommt auch den verbleibenden Eschen zugute. Die Esche entwickelt sich nämlich als lichtbedürftige Baumart nur optimal, wenn sie nicht zu dicht steht. Dann kann sie bis zu 250 Jahre alt werden und bis 1,7 m dicke Stämme bilden, die ein schweres, zähes und elastisches, wertvolles Nutzholz liefern.

Wie in allen Wäldern auf kalkhaltigem Boden finden wir auch im „Unterste Büsch" eine gut entwickelte Strauch- und Krautschicht. Sie fehlt allerdings dort, wo die Bäume zu dicht stehen. Auch deshalb ist eine regelmäßige Durchforstung wichtig. Einer der ersten Frühlingsboten ist der Seidelbast (*Daphne mezereum*), ein in allen Teilen sehr giftiger, kleiner Strauch. Schon im März, noch ehe sich sein Laub entfaltet, brechen Büschel rosaroter Blüten hervor (Abb. 2), und zwar unmittelbar aus den verholzten Zweigen. Diese Erscheinung, die man Kauliflorie nennt, kommt bei tropischen Pflanzen öfters vor, in der heimischen Pflanzenwelt aber nur beim Seidelbast.

Abb. 2 Seidelbast *HSb*

Wenig später blüht die Wald-Schlüsselblume oder Hohe Schlüsselblume (*Primula elatior*) auf, die im Untersten Büsch eines ihrer reichsten Vorkommen im Saargau hat (Abb. 3). Ihre Blütenblätter sind größer und flacher ausgebreitet als die der Wiesen-Schlüsselblume und heller gelb. Gerade entlang der Waldwege sieht man sie auf Schritt und Tritt. Im Mai öffnen sich die kleinen, weißen Blütchen des Waldmeisters (*Galium odoratum*), der auch Maikraut genannt wird (Abb. 4). Wegen seines Duftes wird er gerne zur Zubereitung von Maibowlen gesammelt. Ziemlich versteckt im Inneren des Waldes wachsen vereinzelt zwei weitere giftige Pflanzen: die Einbeere (*Paris quadrifolia*), deren schwarze Beeren mäßig giftig sind (Abb. 5), und die Tollkirsche (*Atropa bella-donna*), ein Nachtschattengewächs, deren im Reifezustand ebenfalls blauschwarze Beeren tödliche Vergiftungen hervorrufen können (Abb. 6).

Abb. 3: Hohe Schlüsselblume *MH*

Im Hochsommer fallen reiche Vorkommen des Behaarten Johanniskrautes (*Hypericum hirsutum*) auf. Es wächst meist höher als die bekannte Heilpflanze Tüpfel-Johanniskraut (*Hypericum perforatum*) und hat größere Blätter, die ebenso wie der Stängel flaumig behaart sind. Im Spätsommer blüht an feuchten Stellen das Große Springkraut (*Impatiens noli-tangere*), das auch Kräutchen-rühr-mich-nicht-an genannt wird (Abb. 7). Berührt man die reifen Früchte, platzen diese infolge einer Gewebespannung und schleudern die Samen meterweit fort. Wegen seiner späten Blütezeit ist es bei Insekten als Nektarquelle begehrt. Der Nektar befindet sich weit hinten in der spornartigen Verlängerung der trichterförmigen Blüte. Um daran zu kommen, müssen Insekten entweder über einen langen Saugrüssel verfügen oder sich tief in die Blüte hineinzwängen. Dabei bepudern sie sich mit Blütenstaub, mit dem sie dann andere Springkraut-Blüten bestäuben. Im Herbst, wenn das Blühen zu Ende geht, kann man allerlei Früchte beobachten. Zum Beispiel die ungewöhnlich lang gestielten Hagebutten der Kriech-Rose (*Rosa arvensis*).

Abb. 4: Waldmeister *MH*

Diese etwas wärmeliebende Rose, die in Norddeutschland fehlt, ist im Untersten Büsch sehr häufig. Ihre langen, grünen Stängel sind nicht standfest und kriechen deshalb über den Boden. Sich mit den Stacheln festhakend, kann sie allerdings an Sträuchern emporklimmen. Ihre Hagebutten sind sofort auch daran zu erkennen, dass an ihrem Ende die zusammengewachsenen Griffel als lange Stiftchen emporragen, was bei keiner anderen einheimischen Wildrose der Fall ist. Ihre Blüten im Mai sind rein weiß. Auch der Pilzsammler wird im „Unterste Büsch" einiges finden, da der feuchte Boden das Pilzwachstum begünstigt.

Abb. 5: Einbeere *MH*

Selbst im Winter gibt es einiges zu sehen. Da lohnt es sich, den Mannebach am Westrand des Büschs aufzusuchen und ein Stück quer durch den Wald an ihm entlangzuwandern. Wie jeder natürliche Bachlauf mäandriert der Mannebach. Da sich seine Windungen bis 2 Meter tief in das Gelände eingeschnitten haben, kann man Prallhänge und Gleithänge, wie sie das Moseltal im Großen prägen, hier im Miniaturformat studieren. Die steilen Prallhänge kommen dadurch zustande, dass das fließende Wasser des Baches besonders nach starken Regenfällen an den Außenseiten der Windungen am reißendsten ist und dort gleichsam gegen das Erdreich prallt, dieses unterminiert und immer wieder zum Abrutschen bringt. Der Prallhang wird dadurch stetig zurückverlagert. Im Inneren der Kurven fließt das Wasser ruhiger und lagert dort mitgeführten Sand ab. Dadurch „gleitet" der Bach gleichsam von dort weg.

Abb. 6: Tollkirsche *MH*

Obwohl – wie der Artikel zeigt – der Unterste Büsch dem Spaziergänger etliche Naturschönheiten bietet, bleiben einige Wünsche offen. Die meisten Waldwege enden zum Waldrand hin als Sackgasse, und man hat nur wenige Möglichkeiten zu Rundwanderungen. Es wäre nicht schlecht, wenn da der eine oder andere Verbindungspfad angelegt würde.

Für den Mannebach wird in der Gewässergütekarte des Landes Rheinland-Pfalz im Bereich des Untersten Büschs eine geringe Belastung angegeben. Sie scheint aber zeitweise stärker zu sein, denn im Frühjahr 2010 war bei schwacher Wasserführung das Wasser trüb und roch deutlich nach Abwasser.

Abb. 7: Großes Springkraut *SE*

Quellen:

Geologische Übersichtskarte Rheinisches Schiefergebirge SW-Teil. - Beilage zu Negendank, J. (1974): Trier und Umgebung." - Sammlung geologischer Führer Nr. 60, 116 S., Berlin: Borntraeger

Danksagung:

Für briefliche Auskünfte zur Forstwirtschaft sei Herrn Peter Strupp, Forstrevier Palzem-Kreuzweiler, gedankt.

Ralingen – reich an naturkundlichen Besonderheiten

JTS 2012

Ralingen ist nach meiner Einschätzung der Ort im Landkreis, in dessen Umgebung sich naturkundliche Sehenswürdigkeiten am stärksten häufen. Manche davon sind allerdings so versteckt, dass sie dem Wanderer nicht auffallen. In Wort und Bild soll der Artikel einen knappen Überblick vermitteln, ohne die genaue Lage aller Objekte preiszugeben. Denn mit der Zugänglichkeit wächst leider auch die Gefahr der Zerstörung durch unsensible Zeitgenossen. Eine wichtige Ursache für die vielen Besonderheiten sind die geologischen Verhältnisse. Ralingen liegt im Bereich des Muschelkalkes. Dieser entstand im Erdmittelalter vor etwa 240 bis 235 Millionen Jahren. Unter tropischen Bedingungen häuften sich in einem flachen Meer im Laufe von Jahrmillionen ungezählte Schalen abgestorbener Meerestiere an. Sie gerieten unter Druck und verfestigten sich allmählich zu Gestein. Der Name Muschelkalk ist insofern etwas irreführend, als es keineswegs nur Muschelschalen sind, die damals abgelagert wurden. Noch häufiger sind Schalen der Armfüßer (Brachiopoden). Sie sehen zwar fast genau wie Muschelschalen aus, wurden jedoch von Tieren produziert, die eher mit dem Regenwurm verwandt sind. Auch Stängelglieder von Seelilien, einer mit den Seesternen verwandten und heute fast ausgestorbenen Tiergruppe, trugen erheblich zur Bildung des Gesteins bei. Eine weitere Präzisierung ist notwendig. Flachmeerbedingungen herrschten nur zu Beginn und gegen Ende der genannten Zeitspanne. Dazwischen gab es eine lange Periode, in der sich das Meer zurückzog und einer Lagunen- und Deltalandschaft Platz machte.

Ohne nennenswerte Beteiligung von Wassertieren kam es in den Lagunen infolge starker Wasserverdunstung zur Ausscheidung zunächst von Kalk (Kalziumkarbonat), dann von leichter löslichem Gips (Kalziumsulfat) und zuletzt von sehr leicht löslichem Kochsalz. Das Kochsalz wurde in unserer Region später wieder aus der Erdkruste herausgelöst. Gipsschichten blieben aber zwischen dem Kalkgestein erhalten. Werle (2005) berichtet ausführlich über die Gipslagerstätte bei Ralingen und ihrem Abbau in einem der wenigen noch in Betrieb befindlichen Bergwerke unserer Region. In seinem Artikel sind die geologischen Sachverhalte genauer dargestellt, als es im Rahmen dieses Aufsatzes möglich ist. Das Bergwerk ist nicht für Besucher zugänglich, doch zeigt die Homepage des Unternehmens (http://www.engel-bergbau.de/bergbau.html) eindrucksvolle Bilder auch vom Inneren des Bergwerks. In der Nähe des Stolleneingangs findet man auf Abraumhalden Gipsmineralien.

Für den Laien ist es faszinierend, wie die Geologen aus den Gesteinen und Fossilien herauslesen können, welche geographischen, klimatischen und biologischen Entwicklungen sich in riesigen Zeiträumen vollzogen. Noch verblüffender ist es, dass sich bei Ralingen Spuren eines kurzfristigen Ereignisses, nämlich eines Seebebens im Urzeit-Meer, erhalten haben. Beim Bau der B418 in Richtung Godendorf wurde kalkhaltiger Sandstein aus der unteren Muschelkalkperiode angeschnitten und es wurde dadurch gleichsam ein Fenster in die Urzeit geöffnet (Abb.1). Geologen nennen so etwas einen Aufschluss. Man erkennt 4 schräg gelagerte Schichten. Die durch weiße Linien gekennzeichneten Grenzen zwischen ihnen zeigen Unterbrechungen der Ablagerung im damaligen Meer an.

Abb. 1: Spuren eines urzeitlichen Seebebens neben der B 418 *HR*

Die senkrechten Klüfte kamen durch spätere Schrumpfungen oder durch Bewegungen der Erdkruste zustande. Die Schichten 2 bis 4 sind – abgesehen von den Klüften – weitgehend homogen, was auf eine ungestörte Ablagerung schließen lässt. Die Schicht 1 sieht dagegen ziemlich chaotisch aus. Man erkennt walzen- bis kugelförmige Strukturen (mit weißen Sternchen markiert), die den Eindruck vermitteln, als sei der damalige Meeresboden ins Rollen gekommen. Nach Richter (1961) bezeugen die Strukturen tatsächlich gewaltige Hangrutschungen. Da in der damaligen Zeit der Superkontinent Pangäa zu zerbrechen begann, ist eine gesteigerte Erdbebentätigkeit anzunehmen, durch welche solche Rutschungen ausgelöst wurden.

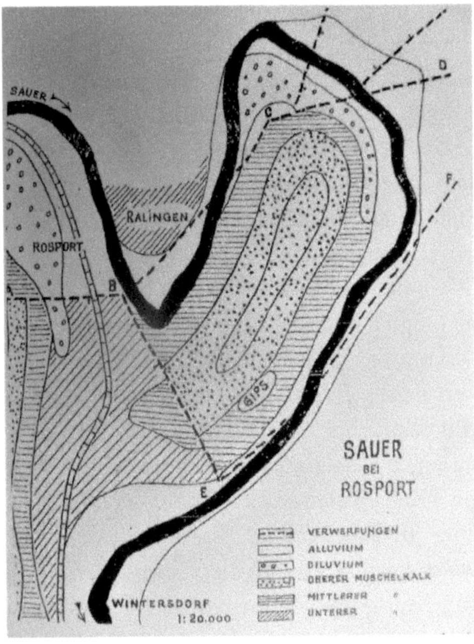

Abb. 2: Geologische Skizze des Sauertales bei Rosport und Ralingen. *Quelle: Robert*

Ob die Saurier damals von Tsunamis betroffen waren? Dass danach wieder ruhigere Zeiten einkehrten, beweisen die Schichten 2 bis 4, durch die das Chaos zugedeckt wurde. Wir können die Meeresablagerungen heutzutage trockenen Fußes studieren, weil die Südeifel in der jüngeren Erdgeschichte Festland wurde, und zwar zunächst Flachland. Vor etwas mehr als 2 Millionen Jahren setzte eine Hebung ein, durch welche das Flachland wie ein Block um ca. 400 m angehoben wurde. Der Block blieb dabei nicht überall stabil, sondern zerbrach stellenweise in Schollen, die unterschiedlich stark angehoben und somit vertikal gegeneinander verschoben wurden. Das geschieht entlang sogenannter Verwerfungen. In Abb. 2 sind sie als gestrichelte Linien eingezeichnet. Vier von ihnen rahmen den Bergsporn Helt (Hoelt) ein, um den die Sauer in einem großen Bogen herumfließt. Bei der Helt handelt es sich um eine Scholle, die weniger angehoben wurde als die Umgebung, so dass der harte Obere Muschelkalk (in der Abbildung punktiert dargestellt) tiefer zu liegen kam und sich der Sauer als Hindernis in den Weg stellte.

Abb. 3 Eine Mofette (Kohlendioxid-Ausströmung) in der Sauer *HR*

Sie umging es und folgte weicherem Gestein, das zudem durch die Verwerfungen zerrüttet war und wenig Widerstand bot. Hier soll nicht näher darauf eingegangen werden, dass die große Sauerschleife Voraussetzung für den Bau des Wasserkraftwerks im luxemburgischen Rosport war. Naturkundlich interessant ist, dass im Bereich der Verwerfungen Kohlendioxid aus großer Tiefe der Erdkruste aufsteigt, wahrscheinlich in Zusammenhang mit einem Magmaherd (Werle 2008). Es gibt unzählige Stellen, an denen das Gas austritt, sogenannte Mofetten.

Abb. 4: Zugang zu der Mineralquelle unter dem ehemaligen Bahndamm der Sauertal-Bahnlinie *HR*

Optisch bemerkbar sind nur diejenigen, die unter dem Wasserspiegel der Sauer liegen, da dort das Kohlendioxid in Blasen hochsprudelt (Abb.3). Bei Ralingen wurde in den letzten Jahren das Sauerufer im Zuge von Hochwasserschutzmaßnahmen abgeflacht (mehr dazu am Schluss), so dass man gut an das Wasser herantreten und die Mofetten beobachten kann. Wo die Sauer stärker fließt, reihen sich die Gasblasen zu langen Perlschnüren auf. Stellenweise tritt zusammen mit dem Kohlendioxid Mineralwasser zutage, das ebenfalls aus großen Tiefen stammt. In Rosport wird eine Mineralquelle zur Produktion von Sprudelwasser genutzt, worüber Werle (2008) ausführlich berichtet. Auch bei Ralingen gibt es eine Mineralquelle, die von der ehemaligen Bahnstrecke überbaut wurde, auf der heute der Sauertalradweg verläuft. Die Erbauer der Bahnlinie waren so rücksichtsvoll, in dem Bahndamm eine große Kammer aus Steinen mit einem Eingangstor einzubauen (Abb.4), so dass die gefasste Quelle zugänglich blieb. Sie wurde zwischen 1918 und 1968 mit Unterbrechungen kommerziell genutzt und ist heute Privateigentum. Es ist zu wünschen, dass sie im Zusammenhang mit dem Radweg der Öffentlichkeit zur kostenlosen Nutzung zugänglich gemacht wird. Auch am Sauerufer sickert stellenweise eisenhaltiges Mineralwasser aus dem Boden. An der Luft oxidieren die zunächst fast farblosen Eisensalze unter Beteiligung von Eisenbakterien zu rotbraunem Eisenoxid, das zu benachbarten Algenteppichen einen schönen Farbkontrast bildet. Man wird an heiße Quellen im Yellowstonepark erinnert, wo es ähnliche Farbenbeispiele gibt. Kehren wir in Gedanken zurück in die geologische Vergangenheit vor 2 Millionen Jahren, als sich das zuvor vorhandene Flachland zu heben begann. Die schon zur Flachlandzeit vorhandenen Bäche und Flüsse gerieten in stärkeres Gefälle und gruben sich in das Gelände ein. So entstand unsere Mittelgebirgslandschaft mit Hochflächen und teils schroff eingeschnittenen Tälern mit felsigen Hängen.

Abb. 5: Spuren der Erosion im schluchtartigen Tal des Olker Baches KWA

Abb. 6: Der als Naturdenkmal geschützte Wasserfall im Mühlenbachtal KWA

Dass das Einschneiden der Bäche auch heute fortschreitet, kann man gerade in der Umgebung von Ralingen gut studieren. Abb. 5 demonstriert die Kraft des Wassers am Beispiel des Olker Bachtales, das bei Ralingen ins Sauertal mündet. Genauso wie nach Starkregen eine massive Fußgängerbrücke (links) zerstört wurde, reißt das Wasser auch Erde und Steinbrocken mit und untergräbt dadurch den Hang. Von diesem rutschen ständig Erde und Felsbrocken ins Bachbett, und es kann sich deshalb keine Pflanzendecke entwickeln. Ganze Hangpartien in den engen Bachtälern um Ralingen herum sind labil und rutschgefährdet. Der Wanderweg von Olk zur Ralinger Mühle auf der rechten Talseite führt um ein großes abgerutschtes Hangstück herum. Auch beim Bau der L42 zwischen Ralingen und Olk hatte man mit instabilen Böschungen zu kämpfen.

In den Kalkschichten spielt sich noch eine weitere Form der Abtragung ab. Kalk ist etwas wasserlöslich, besonders dann, wenn das Wasser beim Passieren der Humusschicht des Bodens Kohlendioxid aufgenommen hat, das dort von Kleinlebewesen reichlich produziert wird. Sickert diese schwache Kohlensäure in die Klüfte von Kalkgestein, werden diese erweitert, indem das Kalziumkarbonat in wasserlösliches Kalziumhydrogenkarbonat umgewandelt wird. Geschieht das über lange Zeit, können größere unterirdische Hohlräume entstehen, und es kommt zu Karsterscheinungen wie Bachversickerungen, Dolinen (Erdfällen) und Tropfsteinhöhlen. Letztere sind im Muschelkalk selten. Oft begegnet man bei Ralingen der umgekehrten Erscheinung, dass

Abb. 7: Sinterkalk hüllt einen ins Wasser gefallenen Baumstamm allmählich ein KWA

aus dem Bachwasser wieder Kalkstein abgesondert wird. Das geschieht, wenn die Bäche über Hindernisse fließen und das Wasser intensiv mit Luft in Berührung kommt und verdunstet. Dann zerfällt das Kalziumhydrogenkarbonat wieder in Kohlendioxid und Kalziumkarbonat. Dieses lagert sich als poröser Kalkstein ab, der als Kalksinter oder Travertin bezeichnet wird. Besonders schöne Sinterbildungen gibt es am Mühlenbach, der bei der Ralinger Mühle in die Sauer mündet. Der gesamte Unterlauf des Baches ist durch kleine Sinterkalkstufen fast treppenartig gestaltet. An einem imposanten Wasserfall (Abb. 6), der als Naturdenkmal geschützt ist, sondert sich, teilweise unter Mitwirkung eines Mooses, besonders viel Sinterkalk ab, so dass sogar ein ins Bachbett gefallener Baumstamm davon umhüllt wird (Abb. 7, links).

Abb. 8: Hirschzungenfarn auf einem Felsblock im Olker Tal *MH*

Während das Mühlenbachtal wegen angrenzender Privatgrundstücke größtenteils unzugänglich ist, führt im Olker Bachtal ein Wanderpfad entlang. Besonders an heißen Sommertagen ist es erquickend, in der kühlen Schlucht zu wandern. Man bekommt seltene Farnarten zu sehen, wie z. B. die Hirschzunge (Abb. 8), die streng an kühl-feuchte Schluchtwälder gebunden ist.

Damit haben wir die Brücke zur Botanik geschlagen. Was seltene Pflanzenarten betrifft, hat die Umgebung von Ralingen jede Menge zu bieten, und die Naturschutzgebiete Ralinger Röder und Rechberg (dieser beim Nachbardorf Olk) sind weit über die Region hinaus bekannt und geradezu Pilgerstätten von Botanikern und Blumenfreunden.

Abb. 9: Der Dingel gehört zu den seltensten Orchideen Deutschlands *MH*

Auf dem Rechberg kommen allein 20 Orchideenarten vor, darunter der äußerst seltene, aber eher unscheinbare Dingel (Abb. 9). Auf einer Waldlichtung im Ralinger Röder gibt es das derzeit einzige bekannte Vorkommen des Immenblattes (*Melittis melissophyllum*) in Rheinland-Pfalz (Abb. 10). Der Lippenblütler hat relativ große, ca. 1,5 cm breite Blüten. Der Namensbestandteil „Imme" (Biene) spielt darauf an, dass frisch zerriebene Blätter etwas nach Honig riechen. Eine weitere Besonderheit des Röders sind Kalksümpfe, in denen der bis 1,5 m hohe Riesenschachtelhalm einen fast urweltlichen Anblick bietet (Abb. 11).

Abb. 10: Das Immenblatt kommt in Rheinland-Pfalz nur bei Ralingen vor *MH*

Schließlich lohnt es sich, einen Blick auf die Sauer zu werfen. In Bezug auf die Wassermenge ist es angemessen, ihren Unterlauf als kleinen Fluss und nicht als Bach zu bezeichnen. Damit ist sie der einzige Fluss unserer Region, der nicht zum Zwecke der Schifffahrt umgestaltet wurde und deshalb noch eine natürliche Gewässerdynamik aufweist. In den letzten Jahren hat das Sauertal bei Ralingen ein noch natürlicheres Aussehen bekommen. Im Zuge ökologisch orientierter Hochwasserschutzmaßnahmen wurde die Talaue unter der Regie der Anliegerstaaten Deutschland und Luxemburg völlig umgestaltet. Man verbreiterte das Flussbett und flachte die Ufer ab. Auch Inseln und Nebenarme wurden geschaffen (Abb. 12). Durch die Baggerarbeiten entstanden breite Kiesflächen, die rasch von neuer Ufervegetation erobert werden (Abb. 13), ohne dass Anpflanzungen nötig waren. Große Algenmatten zeugen von einer vorübergehenden Störung des ökologischen Gleichgewichtes. Sie werden aber verschwinden, wenn sich die Ufervegetation völlig regeneriert hat. Über die Neubesiedlung durch Pflanzen informiert ein Aufsatz von Reichert (2010).

Abb. 11: Der Riesenschachtelhalm erinnert an die Schachtelhalmwälder der Urzeit *MH*

Abb. 12: Umgestaltung des Sauer-Flussbettes im Jahr 2009 *HR*

Abb. 13: Die Vegetation erobert das umgestaltete Sauerufer zurück KWA

Literatur

Reichert, H. 2010: Das neu gestaltete Ufer der Sauer bei Ralingen: seine Kohlendioxid-Austrittsstellen und seine Pioniervegetation im Jahr 2010. - Dendrocopos 38: 183-191

Richter, D. 1961: Über synsedimentäre Deformationserscheinungen im Muschelsandstein des deutsch-luxemburgischen Grenzgebietes. - Geol. Mitt. 2: 161-176.

Robert, J. 1916: Die posthumen Falten im luxemburgischen Mesozoicum. - Bull. Soc. Naturalistes Luxembourgeoises 26: 13-31.

Werle, O. 2005: Bodenschätze im Trierer Land: Das Gipsbergwerk bei Ralingen. - Jb. Kreis Trier-Saarburg 2006: 183-191.

-,- 2008: Mineralwasser im Sauertal. Die Quellen von Ralingen und Rosport. - Jb. Kreis Trier-Saarburg 2009: 56-62.

Der „Schock", ein botanisch bemerkenswertes Waldgebiet am Moselhang oberhalb Longen

JTS 2014

An ihrer Oberkante sind die Weinbergshänge des Moseltales in der Regel bewaldet. Der Wald hat dort eine wichtige Schutzfunktion. Er verhindert, dass Kaltluft, die sich vor allem nachts auf den Hochflächen bildet, in die Hänge abfließt und dort die Reben schädigt.

Botanisch sind diese Wälder, wenn sie nicht von Felsvorsprüngen durchsetzt sind, meist wenig interessant, abgesehen von stellenweise reichen Vorkommen der Stechpalme (*Ilex aquifolium*), einem bei uns einheimischen, immergrünen Strauch. Der unterdevonische Schiefer, der an den Moselhängen zutage tritt, verwittert im oberen Hangbereich meist zu ziemlich sauren und nährstoffarmen Böden. Auf diesen wachsen relativ wenige, genügsame Pflanzenarten. Dazu gehört der Wiesen-Wachtelweizen (*Melampyrum pratense*), der entgegen seinem wissenschaftlichen Namen eine Waldpflanze ist.
Schon im 19. Jahrhundert wurde der in Schweich tätige Apotheker Conrad Dominik Reuland (1804-1878) darauf aufmerksam, dass ein bestimmter Abschnitt des Oberhanges zwischen Schweich und Longen eine deutlich reichere Flora aufweist. Es handelt sich um das Waldgebiet „Schock". Reuland teilte seine dortigen Funde seltener Arten dem Trierer Arzt und Freizeitbotaniker Heinrich Rosbach mit, der sie in seiner 1880 erschienenen „Flora von Trier" veröffentlichte. (Zur Biographie Rosbachs siehe Reichert 1978, 1998)

Der merkwürdige und vermutlich sehr alte Flurname „Schock" macht neugierig, zumal er in Deutschland mehrfach vorkommt. In der Form „Schocken" findet man ihn bei Gerolstein. Es gibt verschiedene Deutungen, die laut Flurnamen-Literatur unsicher sind. Möglicherweise hat der Name unterschiedliche Ursprünge. Das Duden-Online-Wörterbuch nennt neben der Bedeutung „60 Stück" (analog zum Dutzend = 12 Stück) die Bedeutung „Haufen". Im süddeutschen Raum werden Heuhaufen als Schock bezeichnet.
Lassen wir diese Frage also offen. Vielleicht weiß ein ortskundiger Leser mehr darüber. Wenden wir uns der Frage nach der Ursache der reichhaltigeren Flora des Gebietes zu. Sie dürfte in erster Linie geologischer Natur sein. Während an den Moselhängen zwischen Schweich und Bullay im Allgemeinen Schiefer des Unterdevons zutage treten, reicht zwischen Schweich und Longen die sogenannte Bekonder-Scholle an das Moseltal heran. Sie ist ein abgesunkenes Stück Erdkruste.

Das Absinken hatte zur Folge, dass jüngere Gesteinsschichten erhalten blieben, die ringsum bereits der Abtragung anheimgefallen sind. Man findet sie auch im Kondelwald und weiter moselabwärts. Sie wurden gegen Ende des Unterdevon teilweise vielleicht sogar im Mitteldevon abgelagert. Der Kalkgehalt des damals hier vorhandenen Meeres nahm zu und führte später sogar zur Entstehung von Korallenriffen, deren Überbleibsel wir bekanntlich in den „Gerolsteiner Dolomiten" bewundern können. Im Bereich des Schock ist also der Boden etwas kalkhaltiger als in der Umgebung. Das wiederum hat eine etwas artenreichere Flora zur Folge. Wie das miteinander zusammenhängt, soll hier nicht erläutert werden, da es um recht komplexe Sachverhalte geht, deren Darstellung den Rahmen des Artikels sprengen würde. Schauen wir uns stattdessen an, welche Pflanzenarten als Besonderheiten am Schock zu finden sind. Zunächst seien diejenigen genannt, die in der näheren Umgebung fehlen und erst in Entfernungen von 20 bis 50 Kilometern wieder anzutreffen sind. Dazu gehört der Bärlauch (*Allium ursinum*), der in der Kalkeifel und an der unteren Mosel an vielen Stellen und oft massenhaft wächst, in der näheren Umgebung von Trier aber nur am Schock in größeren Beständen vorkommt (Abb. 1). Der oben erwähnte Apotheker Reuland erwähnte ihn merkwürdiger Weise nicht. Da er aus Prüm stammte, in dessen Umgebung es ja reiche Vorkommen gibt, hielt er möglicherweise die Pflanze für nichts Besonderes. Als erwähnenswert sah er dagegen den Großblütigen Fingerhut (*Digitalis grandiflora*) an (Abb. 2), der im Gegensatz zum Roten Fingerhut gelb blüht und glattere Blätter hat. Er scheint am Schock verschwunden zu sein. Seit Reulands Zeiten hat ihn keiner mehr gefunden. Dagegen wurde die Ährige Teufelskralle (*Phyteuma spicatum*, Abb. 5) auch in neuerer Zeit nachgewiesen, allerdings nur in wenigen Exemplaren. Sie blüht im Gegensatz zur bei uns häufigen Schwarzen Teufelskralle nicht dunkel blauviolett, sondern weiß bis hellblau.

Abb. 1: Bärlauch *MH*

Abb. 2: Großblütiger Fingerhut *MH*

Ihr krallenförmiger Blütenstand besteht aus vielen gebogenen röhrenförmigen Blüten. Im oberen Teil der Blüte sind die schmalen Blütenblätter röhrenförmig verwachsen, während sie im unteren Teil wie die Verstrebungen eines Lampions auseinandergebogen sind – eine kuriose Blütenform. Zu den von Reuland noch nicht entdeckten Besonderheiten des Schock gehört die Schwarzwerdende Platterbse (Abb. 3). Mit bläulich-grünem Laub und violettroten, wickenartigen Blüten ist sie eine Zierde von Waldrändern, die sie wegen eines gewissen Lichtbedürfnisses gegenüber dem Inneren des Waldes bevorzugt. Ihr Name rührt daher, dass sie sich beim Trocknen schwarz verfärbt. Sie wurde am Schock erstmals 1990 von dem aus Trier stammenden Botaniker Ralf Hand nachgewiesen.

Abb. 3: Schwarzwerdende Platterbse *MH*

Den anscheinend nur an einer einzigen Stelle des Schock vorkommenden Platanenblättrigen Hahnenfuß (*Ranunculus platanifolius*) fand dagegen schon Reuland. Im Gegensatz zu den Hahnenfuß-Arten der Wiesen, den gelben „Butterblumen", ist er eine stattliche Waldpflanze mit großen, gelappten Blättern und weißen Blüten, die in einer lockeren Rispe angeordnet sind (Abb. 4). Die nächst gelegenen Vorkommen findet man zum einen im Schönecker Kalkgebiet in der Eifel, zum anderen im südwestlichen Hunsrück von Hermeskeil über Kell bis zum Saartal bei Schoden. Die Hunsrück-Vorkommen liegen merkwürdiger Weise auf kalkarmem Schiefergestein und teilweise in kühleren Höhenlagen. Es ist demnach schwer zu sagen, aufgrund welcher Standortbedingungen die regional seltene Pflanze gerade am Schock und an den anderen genannten Örtlichkeiten vorkommt und ansonsten in der Umgebung von Trier fehlt.

Abb. 4: Platanenblättriger Hahnenfuß *MH*

Auch eine Orchidee gehört zu den Pflanzen, die dem Apotheker Reuland auffielen, das Schwertblättrige Waldvöglein (*Cephalanthera longifolia*, Abb. 6). Es wächst auch heute noch in größerer Zahl entlang einem Waldweg. Es bevorzugt genau die Böden, wie wir sie am Schock finden: nicht gerade reich an Kalk, aber mineralkräftig und mit basischem pH-Wert. Eine weitere etwas kalkbedürftige Art kommt am Schock zwar nicht so isoliert vor wie die zuvor genannten, fällt aber hier durch ihre Häufigkeit auf: das Christophskraut (*Actaea spicata*). Es verträgt viel Schatten und wächst deshalb im Inneren des Waldes. Es handelt sich um eine in die Breite wachsende Staude, die wegen unterirdischer Kriechsprosse meist in Gruppen auftritt. Ihre Blätter haben eine unverwechselbare, scharfe Zähnung (Abb. 7). Die traubenförmig angeordneten Blüten sind klein und weiß und fallen im üppigen Laub wenig auf. Eher bemerkt man im Spätsommer die schwarzen Beerenfrüchte. Sie galten bisher als giftig, was neuerdings nicht bestätigt werden konnte. Noch in anderer Hinsicht sind die Beeren bemerkenswert:

Abb. 5: Ährige Teufelskralle *MH*

Von den in Deutschland vorkommenden Arten der Hahnenfuß-Gewächse ist das Christophskraut die einzige mit Beerenfrüchten. Der deutsche Name der Pflanze erinnert an den heiligen Christophorus. Er galt als Schutzpatron gegen die Pest, gegen die das Kraut früher verwendet wurde. Heute hat es als Heilpflanze keine Bedeutung mehr.

Zur Hangkante des Moseltales hin gibt es am Waldrand einige Stellen mit trockenen, steinigen Wegböschungen und kleinen Felsbänken. Dort findet man eine Anzahl wärmeliebender Arten, welche die Flora des Schock bereichern, die aber auch an vielen anderen Stellen des Moseltales zu finden sind und die deshalb hier nur kurz und ohne Abbildung erwähnt werden sollen:

Abb. 6: Schwertblättrige Waldvöglein HK

Schon von Reuland beobachtet wurden die Astlose Graslilie (*Anthericum liliago*) und das Echte Salomonssiegel (*Polygonatum odoratum*). Die folgenden wärmeliebenden Gehölze erwähnte er nicht: Felsenbirne (*Amelanchier ovalis*), Berberitze (*Berberis vulgaris*) und Elsbeere (Sorbus torminalis). Vielleicht interessierten ihn als Apotheker mehr die Kräuter. Schließlich sei die Schwalbenwurz (*Vincetoxicum hirundinaria*) erwähnt, eine schwach windende Pflanze aus der Familie der Hundsgiftgewächse. Diese Familie ist hauptsächlich in den Subtropen und Tropen beheimatet. Der Oleander gehört z. B. dazu. Im Gegensatz zu ihm hat die Schwalbenwurz nur kleine, weiße Blüten. In Botanikbüchern werden sie oft ausführlich beschrieben, da sie einen raffinierten Bestäubungsmechanismus haben. Die Staubbeutel werden durch einen Klemm-Mechanismus an die Füße der blütenbesuchenden Insekten geheftet. Kleine Mücken schaffen es nicht, sich aus diesen Fallen zu befreien und gehen zugrunde. Fliegen dagegen reißen die Klemmfallen heraus und übertragen dadurch den Pollen auf andere Blüten.

Abb. 7: Christophskraut *MH*

Was den Naturschutz betrifft, muss abschließend erwähnt werden, dass nicht weit entfernt vom Schock das „Pumpspeicherkraftwerk Rio" geplant ist. Der Schock wird allerdings dadurch nicht tangiert werden, da aus geologischen Gründen das Oberbecken des Kraftwerks vom Hang des Moseltals einen großen Abstand haben muss. Näher zum Schock hin wäre die Standfestigkeit des Gesteins nicht ausreichend.

Bildnachweis

Hans Reichert (Abb. 1, 2, 3, 6, 7).
O.W. Thomé (1885). Flora von Deutschland und der Schweiz (Abb.5).
Wikimedia Free Commons (Abb.4).

Literatur

Reichert, H. 1978: Heinrich Rosbach, Arzt und Botaniker. Zum 100. Todestag des bedeutenden naturkundlichen Heimatforschers aus Trier. – Jahrb. Kreis Trier-Saarburg 1979: 125-130.

-,- (1998): Die Erforschung der Flora von Trier und Umgebung durch Freizeit-Botaniker vom 16. Jahrhundert bis zur Gegenwart. Teil I – Neues Trierisches Jahrb. 1998: 61-92.

Das Naturschutzgebiet Nitteler Fels und seine Umgebung – eines der vielfältigsten Landschaftselemente im Landkreis

JTS 2016

Blick über Nittel zum Nitteler Fels *HR*

Zu Recht gehört das Gebiet, von dem hier berichtet werden soll, zu den beliebtesten Wanderzielen der Region. Es weist eine Fülle geologischer, geomorphologischer, biologischer und kulturgeschichtlicher Besonderheiten auf engem Raum auf und ist auch für nicht Motorisierte mit der Bahn gut erreichbar. Sein markantestes Kennzeichen ist eine 900 m lange und ungefähr 20 m hohe Felswand, die sich unter der Oberkante des Talhanges über der Obermosel entlang zieht. Die helle Wand ist unübersehbar, wenn man, von Wincheringen herkommend, talabwärts fährt oder wandert.

Wie bei Wagner & al. (2012) und Weichert & Werle (1995) nachzulesen, besteht das Felsband aus widerstandsfähigem Dolomit des Oberen Muschelkalks. „Muschelkalk" ist eine Bezeichnung für ein bestimmtes Erdzeitalter und für die Sedimentgesteine, die damals abgelagert wurden. Es bedeutet nicht, dass diese Gesteine überall auf der Erde aus Muschelschalen aufgebaut sein müssen. Beim Nitteler Dolomit dominieren als Fossilien viel mehr die Stängelglieder von Seelilien. Das sind Tiere, die mit den Seesternen verwandt sind.

Ihr mit ziemlich starren Fangarmen versehener Körper sitzt auf einem langen, auf dem Boden festgewachsenen Stiel, so dass das Tier eher wie eine Pflanze wirkt. Seelilien bevölkerten einst in großer Zahl die Meere. Heute gibt es nur noch wenige überlebende Arten in der Tiefsee. Die Stiele der Seelilien werden durch viele kleine Kalkscheiben gestützt, die ähnlich gestapelten Pfennigen aufeinander liegen und von lebendem Gewebe zusammengehalten werden. Bei toten Tieren lösen sich die Scheibchen voneinander. Viel häufiger als vollständige Seelilien findet man deshalb die einzelnen Scheibchen versteinert. Sie werden im Volksmund als Bonifatius und in der Wissenschaft als Trochiten bezeichnet. Deshalb nennt man den Dolomit, wie er in Nittel ansteht, Trochitendolomit.

Der Hang unterhalb der Felsen besteht aus weichen Mergeln des Mittleren Muschelkalks, in die Gips eingelagert sein kann. Sie werden durch Regen leicht abgeschwemmt und neigen, wenn sie mit Wasser durchtränkt sind, zu Rutschungen. Das zeigte sich dramatisch im Winter 1964/65. Als durch die neu gebaute Staustufe in Wellen der Wasserspiegel der Mosel angehoben wurde, stieg auch der Grundwasserspiegel in den benachbarten Uferbereichen, und größere Hangpartien unterhalb Nittel kamen ins Rutschen. Die Bundesstraße und die Eisenbahnlinie wurden auf einer kurzen Landzunge gegen die Mosel geschoben[26].

Auch die Felswand der Nitteler Felsen verdankt ihre Entstehung solchen Hangbewegungen im Laufe geologischer Zeiträume. Am Fuß der Felswand wird der weichere Mergel ständig erodiert, so dass die Felsschicht nach und nach quasi ihres Fundamentes beraubt wird. Das hat zur Folge, dass die vorderste Front der Felswand instabil wird und sich hinter ihr tiefe Spalten bilden. Durch eine dieser Abbruchspalten führt ein Wanderpfad. Irgendwann – in Abständen von Jahrhunderten oder Jahrtausenden – kracht dann ein ganzes Wandstück herunter. Am Fuß der Felswand liegen gewaltige Blöcke als Zeugen solcher Abbrüche.

Das ist noch nicht alles, was die Felsen an Besonderheiten zu bieten haben. An einigen Stellen entspringen oberhalb Quellen, die allerdings nur in feuchten Wetterperioden Wasser liefern. Das kalkhaltige Wasser rinnt dann über die Felswand herab und erzeugt bei der Verdunstung sogenannte Kalksinterbildungen, die den aus Höhlen bekannten Tropfsteinen verwandt sind. Weitere auffallende Oberflächenformen sind nicht natürlichen Ursprungs, sondern legen Zeugnis ab vom jahrhundertelangen Wirken des Menschen. Der Hang unterhalb des Felsbands ist vom Weinbau geprägt. Auch der schmale Hangstreifen oberhalb, der heute von Gebüsch bedeckt ist, wurde früher

[26] Das dazugehörige Foto und viele andere sind nicht mehr reproduzierbar, siehe dazu JTS 2016

landwirtschaftlich genutzt. Zeitweise wurde auch dort Wein angebaut (Zolitschka & Fuchs 2000).

Ein Hindernis für die Bodenbearbeitung waren zahlreiche kleinere Felsbrocken und Steine, die überall herumlagen. In mühevoller Arbeit wurden sie zu Lesesteinhaufen zusammengetragen. Diese haben meist die Form langgezogener Riegel, die sich in Richtung des Gefälles erstrecken. Der Wanderpfad oberhalb der Felsen quert eine größere Zahl solcher Lesesteinriegel. Ich muss beim Wandern jedes Mal vor einem von ihnen Halt machen und bewundernd an den Fleiß der Vorfahren denken, die ihn zusammengetragen haben. Heute sind die Steinriegel wertvolle Biotope für allerlei Kleintiere. Im Weinberggelände unterhalb der Felswände machten sich die Winzer noch mehr Mühe mit den Steinen. Sie schichteten diese, um den Weinstöcken möglichst wenig Platz wegzunehmen, zu rechteckigen Blöcken auf oder verwendeten sie zum Bau von Trockenmauern und kleinen Weinberghäuschen. So entstand eine überaus reich gegliederte Hangpartie, die eine Fülle von Biotopen für Pflanzen und Kleintiere bietet. Als i-Tüpfelchen hat eine Einwohnerin von Wellen dort einen wunderschönen Naturgarten hineinkomponiert, dessen Blumenfülle ein Eldorado für Insekten ist. Man kann nur hoffen, dass all dies erhalten bleibt und weder den Erfordernissen der modernen Landwirtschaft geopfert wird noch sich völlig selbst überlassen bleibt und von Gebüsch überwuchert wird. Ein Pflege- und Entwicklungsplan ist zwar erstellt. Doch hängt es letztlich davon ab, ob von der Landesregierung genug finanzielle Mittel zu dessen langfristiger Realisierung bereitgestellt werden können.

Die Wingerte sind ein Hinweis darauf, dass der Hang klimatisch begünstigt ist. Das ist zum einen durch die Exposition nach Südwesten bedingt. Hinzu kommt, dass der Kalkstein der Felsen und der Trockenmauern sich erwärmt und Wärme zurückstrahlt. So kann es nicht überraschen, dass auch die Pflanzen- und Tierwelt reich an wärmeliebenden Arten ist. Die meisten davon haben den Schwerpunkt ihrer Verbreitung im Mittelmeergebiet und sind von dort bis zu uns vorgedrungen. Bekannt sind vor allem die Orchideenvorkommen. Sie sind durch den Wanderpfad, der von Wellen bis Nittel oberhalb der Felswände verläuft, bestens erschlossen. Von mindestens 13 Arten, die hier vorkommen, sei stellvertretend nur das Purpur-Knabenkraut (*Orchis purpurea*) abgebildet.

Purpur-Knabenkraut *MH*

Mit dieser Beschränkung soll betont werden, dass es sich nicht nur wegen der Orchideen lohnt, das Naturschutzgebiet aufzusuchen. Eindrucksvoll sind zum Beispiel auch die Weißdornsträucher, die das Gebüsch oberhalb der Felswand beherrschen. Viele von ihnen sind zu baumförmigen Ausmaßen mit Stammdurchmessern bis zu 30 Zentimetern herangewachsen und verleihen mit ihren krummen Stämmen dem Gebüsch ein uriges Aussehen.

Der Pflanzenfreund findet außer den Orchideen eine Vielzahl von schönblühenden Arten, teils seltene wie den Acker-Wachtelweizen, teils ziemlich häufige wie die Kriechende Hauhechel. Wenn sich auch in der Zeit von Ende Mai bis Ende Juni wegen der Orchideenblüte ein Besuch am ehesten lohnt, gibt es doch während des gesamten Sommerhalbjahres etwas zu sehen. Schon im zeitigsten Frühjahr sind die Gebüsche vom zarten Blütenflor der Kornelkirsche (*Cornus mas*) geschmückt, die hier nicht – wie in vielen Parkanlagen – gepflanzt ist, sondern natürlich vorkommt. Die Biotopvielfalt und der Reichtum an Pflanzenarten bieten vielen Tierarten Lebensmöglichkeiten.

Acker-Wachtelweizen *MH*

Die Felswände sind Jagdhabitate und Leitlinien für viele Fledermausarten, darunter so seltenen wie der Großen Hufeisennase und der Mopsfledermaus, die ihre Überwinterungsquartiere in den Stollen des nahgelegenen Wellener Dolomitbergwerks haben. Auch Reptilien wie die Mauereidechse und ihr Feind, die Schlingnatter, finden in den zerklüfteten Felsen und Blockhalden Unterschlupf und im Umkreis reichlich Nahrung. Die riesige Tiergruppe der Insekten ist wie zu erwarten ebenfalls reichlich präsentiert. Nahezu 100 Tagfalter-Arten wurden nachgewiesen (Zolitschka & Fuchs 2000), unter ihnen der seltene Silbergrüne Bläuling (*Lysandra coridon*). Meyer (2000) führte eine Bestandsaufnahme der Nachtfalter durch und fand auf Anhieb acht seltene Arten. Das lässt erwarten, dass auch bei anderen Insektenarten wie z. B. Käfern und Heuschrecken mit Raritäten zu rechnen ist. Das Naturschutzgebiet ist von Nittel aus durch zwei Rundwanderwege erschlossen. Hier sei eine kürzere Route beschrieben, die auch bei gemächlichem Wandern in einem halben Tag zu bewältigen ist.

Sie beginnt am Bahnhof Wellen und endet am Bahnhof Nittel und ist somit auf Wanderfreunde zugeschnitten, die kein Auto besitzen oder gelegentlich gerne darauf verzichten. Das erlaubt es auch, zum Abschluss in einem Weinlokal einzukehren und den Ausflug mit dem Genuss eines regionaltypischen Elblings oder Grauburgunders zu beenden.

Blüten des kriechenden Hauhechels (*Ononis repens*) *JR*

Vom Bahnhof Wellen wandert man zunächst ein Stück moselaufwärts an der B 419 entlang, vorbei an der Staustufe Grevenmacher. Wo die Straße von einer Verladeanlage der Dolomitwerke überquert wird, biegt man links in die Moselstraße ein. Diese gabelt sich bald, und man folgt der bergaufführenden Straße, welche die Bahnlinie mit einer Brücke überquert und in die Weinbergstraße mündet. Auf dieser 10 Meter nach rechts gehen und dann nach links abbiegen. Es geht bergauf zu einer Treppe. An deren Ende biegt man rechts ab. Die Straße führt als Wirtschaftsweg aus dem Dorf heraus. Nun stets bergauf gehen und alle Abzweigungen, die nicht bergauf führen, ignorieren. Schließlich kommt eine Skulptur in Sicht, die wie ein nach oben zeigender Finger aussieht und vom Bildhauer Jürgen Waxweiler als „Großer Zeiger“ bezeichnet wurde. Wo man sie erreicht, trifft man zugleich auf den gekennzeichneten Felsenwanderweg N 3 als Teil des Moselhöhenweges, dem man von jetzt an folgt. Am Eingang zum Wanderpfad liegt ein großer Felsbrocken, an dem deutlich die Versteinerungen der Trochiten als pfenniggroße runde Gebilde zu erkennen sind. Auf Informationstafeln ist weiteres Wissenswerte nachzulesen. Ehe man in den Wanderpfad hineingeht, sollte man sich die etwas hangaufwärts gelegene Wiese ansehen. Sie fällt schon aus einiger Entfernung durch ihren bunten Blumenflor auf. Es handelt sich um den in früheren Bänden des Jahrbuches schon öfters beschriebenen Typ der Magerwiese, wie sie durch jahrhundertelange Mahd oder Beweidung ohne oder mit nur geringer Düngung entstanden ist. Der Wanderpfad verläuft zunächst an einigen Äckern entlang, die heutzutage infolge strikter Herbizid-Anwendung bis zum Rand hin fast frei von Wildkräutern sind (mehr dazu weiter unten). Dann führt er in das Laubholzgebüsch hinein. Die Gehölze reichen streckenweise unmittelbar an den Pfad heran, so dass er den Charakter eines schattigen Waldweges hat. Solche Strecken erquicken an heißen Sommertagen durch angenehme Kühlung.

Größeren Anteil haben aber Abschnitte, die einmal im Jahr, und zwar nach der Orchideenblüte, beidseitig von Mitarbeitern der Ortsgemeinde Nittel und der Verbandsgemeinde Konz gemäht werden, damit der Gehölzaufwuchs zurückgedrängt wird. Das ist entlang des schmalen, oft unebenen Pfades eine aufwändige Arbeit. Das Mähgut wurde zumindest im Jahr 2015 nicht abtransportiert, was ja noch mehr Aufwand bedeuten würde. Es wäre aber trotzdem notwendig, da es ansonsten durch die vermodernden Pflanzenreste zu einem Düngeeffekt kommt, der auf Dauer den Orchideen und anderen konkurrenzschwachen Pflanzenarten nicht zuträglich ist.

In dem durch das Mähen entstandenen Zwischenraum zwischen dem Gebüschrand und dem Wanderpfad entwickelt sich eine artenreiche Krautflora, die als Saumgesellschaft bezeichnet wird. Es ist eine Lebensgemeinschaft heller Standorte, die im Gegensatz zu anderen besonnten Biotopen, wie z. B. Felsköpfen und Gesteinshalden, weniger der Gefahr der Austrocknung ausgesetzt sind. Die angrenzenden Gehölze wirken nämlich ausgleichend auf das Mikroklima. Da auch die Orchideen in den Saumgesellschaften günstige Wuchsbedingungen finden, findet man sie in großer Zahl unmittelbar entlang dem Wanderweg.

Nur an wenigen Stellen des Pfades ahnt man, dass man sich wenig oberhalb des gähnenden Abgrundes der Felswand entlangbewegt. Meist liegt undurchdringliches Dorngestrüpp dazwischen und macht Sicherungsvorrichtungen überflüssig. An einigen Punkten bietet sich jedoch ein schöner Ausblick auf das Moseltal. Nicht übersehen sollte man die Abzweigung eines ziemlich steilen Pfades nach unten. Er führt in die oben erwähnte Abbruchspalte hinein, die ein wenig an die Teufelsschlucht bei Ernzen auf dem Ferschweiler Plateau erinnert und auf die gleiche Weise entstanden ist. Gleich am Anfang des Abstiegs erfreuen im Mai und Juni die zunächst purpurroten und dann tiefblauen Blüten des Blauroten Steinsamens (*Buglossoides purpurocaerulea*), der stets in großen Herden auftritt. Schräg abwärts durch die teils erdgefüllte Spalte gelangt man zum Fuß der Felswand. Es ist ein imposanter Anblick, sie von unten zu sehen, zusammen mit den gewaltigen, herabgestürzten Felsbrocken an ihrem Fuß. Auf und zwischen diesen wachsen Pflanzen, die extreme Trockenheit vertragen können wie z. B. Mauerpfeffer-(Sedum-)Arten, die in ihren Blättern wie die Kakteen Wasser speichern. Wenn man will, kann man von hier durch die Weinberge nach Nittel wandern. Ergiebiger ist es aber, durch den Felsspalt wieder nach oben zu steigen und die Wanderung auf dem zuvor verlassenen Pfad fortzusetzen. Man passiert viele Lesesteinriegel und gelangt zu einigen Einsenkungen, in denen zeitweise Quellwasser in Richtung Felswand rinnt. Wer die Mühe nicht scheut, kann einen weiteren Abstecher auf einem schräg rückwärts nach oben führenden Pfad machen. Er führt nach kurzer Strecke zum oberen Rand des Hanges, wo die Hochfläche des Saargaues beginnt.

Das Gebüsch hört dort auf und macht Ackerland Platz. Zwischen beiden verläuft ein Feldweg. Noch vor 10 Jahren konnte man, wenn man auf diesem entlang ging, an den Ackerrändern seltene Unkräuter der Kalkböden wie das Sommer-Adonisröschen (*Adonis aestivalis*), den Feld-Rittersporn (*Consolida regalis*) und die Kornblume (*Centaurea cyanus*) finden. Die heutige Generation von Landwirten betreibt leider die Unkrautbekämpfung mit Herbiziden so rigoros, dass keine Handbreit eines Wildkrautsaums gebildet wird. Auch das von der Landesregierung vor etwa 30 Jahren propagierte Acker-Randstreifenprogramm zum Schutz von Ackerwildkräutern scheint im Sande verlaufen zu sein. Die genannten Arten, für die das Plateau oberhalb des Nitteler Felsens bei Botanikern bekannt war, sind verschwunden oder nur noch in wenigen Resten vorhanden. Da ihre Samen lange lebensfähig sind, würden sie wahrscheinlich wieder auftauchen, wenn die Landwirte den Herbizideinsatz an den Ackerrändern ein wenig reduzieren würden. Ich bin nicht davon überzeugt, dass dadurch gleich die Totalverunkrautung über die Äcker hereinbricht. Es dürfte die übertriebene deutsche Gründlichkeit sein, die hier waltet.

Kehren wir zum Wanderpfad zurück. Er mündet zuletzt auf eine baumfreie Kuppe mit dem Namen „Komp". Dort lädt eine Sitzbank zum Rasten ein. Kleine Felsbänke treten zutage, in deren Umkreis die Botaniker einige eher unauffällige Raritäten finden. Unübersehbar ist jedoch im Hochsommer auf der Magerwiese der gelbe Blütenflor des Färber-Ginsters (*Genista tinctoria*). Er wurde bereits von den Römern zum Färben von Leinen und Wolle benutzt. Sie erzielten eine lichtechte Farbe, die je nach Zusatzbehandlung gelb, dunkelbraun oder oliv sein konnte. Es geht, der Markierung des Moselhöhenwegs folgend, ein wenig bergauf und dann stetig bergab nach Nittel, wo man, wie gesagt die Wanderung durch eine Einkehr in einer der einladenden Gaststätten beenden kann. Der Weg zum Bahnhof ist ausgeschildert.

Literatur

Meyer, M.: Erste Ergebnisse einer Erfassung der Nachtfalterfauna an den Felsen von Nittel/Mosel. - Dendrocopos 27 (2): 164-175 (8 seltene Arten)

Wagner, H. W., Kremb-Wagner, F., Koziol M. & Negendank, F. W.: Trier und Umgebung, Sammlung geologischer Führer 60, 3. Aufl., 396 S., Stuttgart: Borntraeger 2012

Weichert, K.-H. & Werle, O.: Der Kreis Trier-Saarburg. - 112 S., Trier: Weyand 1995

Zolitschka, G. & Fuchs, H.: Vereinfachter Pflege- und Entwicklungsplan für das Gebiet „Nitteler Fels und Halbtrockenrasen zwischen Wellen und Rehlingen. Textteil. - Mskr. 103 S., Trierweiler 2000

Verschiedenes

„Volkszählung" im Pflanzenreich

JTS 1970

Botaniker im Dienst der Wissenschaft

Wer große Reisen unternommen hat, weiß, daß die natürliche Pflanzenwelt mit zunehmender Entfernung von der Heimat immer fremdartiger wird. Es gibt zwar Allerweltsgewächse, die in allen Erdteilen anzutreffen sind; in der Regel aber hat eine Pflanzenart ein beschränktes Verbreitungsgebiet (Areal). Dieses kann einen ganzen Erdteil umfassen, im gegenteiligen Extrem aber auch auf eine Fläche von nur wenigen Quadratkilometern begrenzt sein. So gibt es in Vorderasien Schwertlilienarten, die nur am Ufer eines kleinen Sees vorkommen und sonst nirgends auf der Welt anzutreffen sind.

In Deutschland kennt man solch ausgefallene Beispiele nicht, doch haben auch hier viele Pflanzen eine recht interessante Verbreitung. So gibt es ausgesprochene Talbewohner; andere Gewächse bevorzugen dagegen die höheren Lagen der Mittelgebirge. Einige sind nur in Wäldern anzutreffen und meiden deshalb waldarme Landstriche. Wieder andere bewohnen einzig und allein Kalkböden und fehlen deshalb in Gebieten mit kalkfreiem Gesteinsuntergrund.

Diese Aufstellung verrät dem aufmerksamen Leser, weshalb es nicht müßig ist, auf das Vorkommen oder Fehlen solcher Pflanzen zu achten: sie sind wichtige Anzeiger für Klimaverhältnisse, Bodenbeschaffenheit, Grundwassernähe usw. Manche deuten darauf hin, welche natürliche Vegetation sich entwickeln könnte, falls eine kultivierte Fläche sich selbst überlassen bliebe. Aus der Erweiterung oder Verkleinerung eines Areals kann auf unmerkliche, langfristige Klimaschwankungen geschlossen werden. Um die Verbreitung der in Deutschland wildwachsenden Pflanzen möglichst genau kennenzulernen, hat man nach dem Vorbild anderer europäischer Länder (Skandinavien, England) eine umfangreiche Kartierungsaktion gestartet, die in ihrem Aufwand einer Volkszählung gleicht. Die hauptberuflichen Wissenschaftler reichen bei weitem nicht aus, um diese Mammutarbeit durchzuführen. Man wandte sich deshalb an die Liebhaberbotaniker. Fast in jeder kleinen Stadt und selbst in manchem entlegenen Dorf kann man Jüngern der „scientia amabilis" (der liebenswerten Wissenschaft) begegnen. Nicht immer handelt es sich um Lehrer oder Apotheker; auch ein Buchhalter, ein Edelsteingroßhändler, ein Chemielaborant oder der Inhaber eines Schuhgeschäftes kann sich diesem Hobby verschreiben (um nur einige Beispiele aus der näheren Umgebung zu nennen).

Aufgabe dieser freiwilligen und unbezahlten Mitarbeiter ist es, für den Bereich einer oder mehrerer amtlicher Karten 1:25 000 in ihrem Heimatgebiet (Fläche eines Kartenblattes etwa 12 x 12 km) alle dort wildwachsenden Samenpflanzen und Farne zu registrieren. Man benötigt dazu schon einige Jahre. Im Stadtbereich von Trier kann man mit mindestens 600 Arten rechnen, auf den Hunsrückhöhen mit etwa 350.

Um das Registrieren zu erleichtern, wurden „Strichlisten“ mit den abgekürzten wissenschaftlichen Namen aller in Deutschland irgendwo zu erwartenden Pflanzenarten ausgegeben. Die gefundenen Arten werden auf diesen Listen angestrichen. Zentralstellen in jedem Bundesland (für unser Gebiet ist das Botanische Institut der Universität Mainz zuständig) sammeln die ausgefüllten Listen und leiten sie der Bundeszentrale an der Universität Göttingen zu. Dort soll in etwa 10 Jahren ein Atlas erscheinen, der die genaue Verbreitung aller in Deutschland vorkommenden Wildpflanzen zeigt.

Die Mitarbeiter auf dem Lande werden gelegentlich nicht umhinkommen, bei ihren Erkundungsgängen öffentliche Wege zu verlassen und privates Gelände (Äcker, Wiesen, Steinbrüche usw.) zu betreten. Schon aus Zeitgründen mag es nicht immer möglich sein, die Besitzer vorher um Erlaubnis zu fragen. Solange keine Gefahren heraufbeschworen werden und nichts beschädigt wird, dürften Eigentümer des Privatgrundes Verständnis zeigen. Für den Fall, daß es dennoch zum Konflikt kommt, ist den Mitarbeitern am Kartierungsprogramm ein Ausweis ausgehändigt worden; dieser ist zwar kein juristisches Dokument, aber er kann Mißverständnisse ausräumen.

Die nun folgende Aufstellung nennt die Mitarbeiter, die im Kreis Trier-Saarburg tätig sind, sowie das Gebiet, das sie bearbeiten:

Hansdietrich Barth, Realschullehrer, Konz, Römerstraße 114, Arbeitsgebiet: Umgebung von Saarburg;
Peter Göbel, Forstamtmann, Ernzen, Arbeitsgebiet: Umgebung von Welschbillig;
Heinrich Jüster, Gartenbauingenieur, Trierweiler, Arbeitsgebiet: Trier und Umgebung;
Hans Mittmann, Lehrer, Hermeskeil, Kranicherstraße 19, Arbeitsgebiet: Hermeskeil und Umgebung;
Dr. Hans Reichert, Studienrat, Nonnweiler, Ringstraße, Arbeitsgebiet: gesamtes Ruwergebiet, Osburger Hochwald, Umgebung von Beuren (bei Hermeskeil).

Diese Mitarbeiter bitten die Bevölkerung, durch Hinweise auf seltene Pflanzen ihre Tätigkeit zu unterstützen.

Narzissenwiesen - Blütenpracht in der heimatlichen Natur

Erstes Rheinland-Pfälzisches Narzissenfest im Frühjahr 2006
in der Verbandsgemeinde Kell am See

JTS 2007

Von Walburga Meyer und Hans Reichert

Zahlreiche Gäste besuchten das erste rheinland-pfälzische Narzissenfest im Frühjahr 2006 in der Freizeitanlage in Schillingen. Sie durften, als Andenken an diesen schönen Tag, eine Osterglocke, die der Narzisse sehr ähnliche, in Großgärtnereien gezüchtete Gartenpflanze, mit nach Hause nehmen. Auch an diesem Tag galt nämlich der Grundsatz, dass Narzissen schützenswerte Pflanzen sind, an denen sich noch viele Naturliebhaber erfreuen sollen und die nicht für den heimischen Garten ausgegraben werden dürfen.

Was lange nur der örtlichen Bevölkerung bekannt war und als Geheimtipp unter eingefleischten Botanikern gehandelt wurde, hat sich in den vergangenen Jahren vielerorts herumgesprochen und lockt alljährlich eine stetig wachsende Besucherschar in die Wälder und Bachauen des Hochwaldes – nämlich die Tatsache, dass es dort in den Monaten März bis Mai immer größer werdende Bestände an Narzissen zu bewundern gibt. Diese Entwicklung hat man im vergangenen Jahr in der Verbandsgemeinde Kell am See zum Anlass genommen, das erste rheinland-pfälzische Narzissenfest aus der Taufe zu heben.

Nach Wochen der Vorbereitung fiel am zweiten Sonntag im April der Startschuss zu einer Veranstaltung, die sowohl bei der einheimischen Bevölkerung als auch auf überregionaler Ebene großen Anklang fand und sicherlich zukünftig einen festen Platz im Veranstaltungskalender der Verbandsgemeinde finden wird. Auf zahlreichen durchgeführten Exkursionen und in einer Ausstellung konnten sich Besucher rund um die Freizeitanlage in Schillingen über die gelbe Narzisse (*Narcissus pseudonarcissus*) informieren, die mit den Osterglocken der Gärten verwandt ist, sich aber durch niedrigeren Wuchs sowie hellere Farbe und gestrecktere Form des röhrenförmigen Blütenteils von dieser unterscheidet. Sie ist eine wild wachsende Pflanze, die in Deutschland nur in Eifel und Hunsrück seit jeher vorkommt. Wo sie vereinzelt auch in anderen Teilen Deutschlands gefunden wird, ist sie in neuerer Zeit vom Menschen ausgepflanzt worden.

Die Beschränkung auf den südwestlichsten Teil Deutschlands rührt daher, dass die Narzisse wintermildes ozeanisches Klima benötigt und deshalb überhaupt nur in einem Bereich beheimatet ist, der von Nordspanien über Frankreich und Belgien bis nach England reicht und westliche Teile der Schweiz und Deutschlands einschließt.

Der Hunsrück liegt also genau am Rande des Verbreitungsgebietes. Das heißt aber nicht, dass die Pflanze hier nur noch sporadisch auftritt. Ganz im Gegenteil: Es gibt 4 Bezirke mit sehr reichen Beständen von Tausenden von Exemplaren. Dazu gehört u. a. das Ruwertal von Mandern über Zerf bis Lampaden. Umfangreiche Beseitigungen von Nadelholzaufforstungen in der Ruweraue im Rahmen des Gewässerprojektes Ruwer trugen in den vergangenen Jahren dazu bei, dass sich die einst rückläufigen Narzissenbestände heute wieder stark ausbreiten. Die Narzisse tritt hier zum einen in lichten Wäldern auf, die wahrscheinlich ihr ursprünglicher Lebensraum sind. Viel auffälliger sind jedoch die Vorkommen in Magerwiesen. Das sind Wiesen, die größtenteils schon seit den Rodungsperioden im frühen Mittelalter existieren und Jahrhunderte lang ohne Düngung bewirtschaftet wurden. Stalldünger war nämlich früher Mangelware und man brauchte ihn dringend für die Äcker. Da die Wiesen deshalb nur geringen Mengenertrag brachten, mähte man sie meist nur einmal im Jahr, meist im Juni. Das machte es der Narzisse möglich, von den Wäldern aus in die Wiesen vorzudringen. Da sie in ihren Zwiebeln aus dem vorigen Jahr Nährstoffe gespeichert hat, kann sie schon früh im April, wenn sich bei den Gräsern und übrigen Kräutern fast noch nichts regt, Blüten und Blätter treiben. Zu dieser Zeit bieten die Narzissenwiesen des Ruwertals mit Tausenden von orangegelben Blütenglocken einen prachtvollen Anblick. Im Laufe des April und Mai kann die Narzisse zwischen den noch niedrigen Gräsern und Kräutern mit ihren Blättern das Sonnenlicht ungehindert auffangen und Nährstoffe bilden, die größtenteils in einer neu gebildeten Zwiebel gespeichert werden. Ende Mai reifen bereits die kapselförmigen Früchte, und im Juni, zur Zeit der Mahd, ist von der Narzisse nicht mehr viel zu sehen. Deshalb kann ihr das Mähen nicht schaden.

Auch eine Beweidung – falls sie nicht intensiv ist und nicht zum Zertrampeln der Pflanzendecke führt – ist für die Narzisse ungefährlich. Wegen ihrer Giftigkeit wird sie vom Vieh gemieden. Die Narzisse gehört zu den nach der Bundesartenschutzverordnung vollkommen geschützten Pflanzen. Obwohl sie oft gepflückt und manchmal ausgegraben wurde, brachte dies keine ernsthafte Bedrohung der Pflanze. Die setzte erst ein, als nach der Modernisierung der Landwirtschaft Magerwiesen unrentabel geworden waren und deshalb entweder einer intensiveren Nutzung zugeführt oder aufgegeben wurden. Beides ist für die Narzisse gefährlich. Düngung begünstigt hochwüchsige Gräser und Kräuter, die der Narzisse zuviel Licht wegnehmen.

Das Aufhören landwirtschaftlicher Nutzung führt dazu, dass auf den brachliegenden Wiesen zunächst eine Verfilzung durch liegenbleibende Pflanzenreste stattfindet. Später kommt Gebüsch auf, an dem oft dichte Gestrüppe von Himbeeren und Brombeeren beteiligt sind. So leidet schließlich auch hier die Narzisse unter Lichtmangel und verschwindet.

Will man die Wiesenvorkommen der Narzissen erhalten, bleibt nichts anderes übrig, als die traditionelle Bewirtschaftung mit Mähen und Abtransport des Mähgutes weiterzuführen. Am Mähgut magerer Wiesen sind aber Landwirte mit Rinderhaltung wenig interessiert. Pferde und Hirsche dagegen fressen das Heu der Magerwiesen gern, so dass Aussicht besteht, im Rahmen des Vertragsnaturschutzes in Zusammenarbeit mit Jagdberechtigten und Pferdehöfen Lösungen für die Pflege der Narzissenwiesen zu finden, die sich auch ökonomisch einigermaßen tragen.

In der Verbandsgemeinde Kell am See ist man hier auf einem guten Weg, die ökonomischen Interessen der Bewirtschafter der Wälder und Wiesen mit den ökologischen Belangen in Einklang zu bringen, so dass man zuversichtlich einer weiteren Ausdehnung der Narzissenbestände entgegenblicken kann. Nicht zuletzt hat auch das Narzissenfest 2006 dazu beigetragen, die Menschen für diese Boten des Frühlings zu sensibilisieren und sie für ihren Erhalt eintreten zu lassen.

Foto: Tourist-Information Kell am See

Was sind Stinzenpflanzen?

JTS 2010

Die rasante Entwicklung der Naturwissenschaften bringt es mit sich, dass laufend neue Fachausdrücke geschaffen werden. Viele werden nur von Experten gebraucht, manche finden auch den Weg in die Alltagssprache. Meist sind es fremdsprachliche Begriffe, wie z. B. „Nanotechnologie". Seltener stammen neue Wortschöpfungen aus dem mitteleuropäischen Sprachraum.

Abb. 1: Gefleckte Wolfsmilch *MH*

Ungefähr seit 10 Jahren bürgert sich in der botanischen Literatur der Begriff „Stinzenpflanzen" ein. Die Schreibweise ist nicht einheitlich. Manche Autoren schreiben „Stinsenpflanzen". Man versteht darunter eine Gruppe von Zierpflanzen, die seit langem in Gärten kultiviert werden und von dort aus verwildert sind. Sie wurden dadurch zu Neophyten, d. h. zu Neubürgern unter den wildwachsenden Pflanzen. Das Besondere an ihnen ist jedoch, dass sie nicht wie die meisten Neophyten in der freien Landschaft Fuß fassen konnten, sondern nur in Parkanlagen aller Art (Stadtparks, Schlossparks, Gutparks) und auf Friedhöfen. Sie wurden dort teilweise über mehrere Jahrhunderte hinweg kontinuierlich nachgewiesen, so dass kein Zweifel besteht, dass sie sich dort aus eigener Kraft behaupten können. Das Phänomen wurde zunächst in den nördlichen Niederlanden (Westfriesland) wissenschaftlich untersucht. Dort baute man früher nur Landgüter, Pfarrhöfe und große Bauernhöfe aus Stein. Um diese Steinhäuser herum, die auf friesisch „Stinsen" heißen, fand man besagte Pflanzen und nannte sie deshalb „Stinsenplanten". Der Name wurde bald ins Deutsche übertragen. Er ist aber noch so neu, dass ihn sogar manche Botaniker nicht kennen. Eine naheliegende Frage ist, weshalb die Stinzenpflanzen nur in Parkanlagen und auf Friedhöfen verwildern und nicht in der freien Landschaft. Das liegt u. a. daran, dass die meisten dieser Pflanzen ursprünglich in wärmeren Gebieten beheimatet waren und vom günstigen Mikroklima im geschützten Siedlungsbereich profitieren. Die meisten Stinzenpflanzen sind gegenüber den einheimischen Pflanzen konkurrenzschwach und können deshalb nicht in dichte Pflanzenbestände wie z. B. gedüngte Wiesen eindringen.

Intensive Bodenbearbeitung (Pflügen oder Umgraben) könnte zwar Konkurrenten beseitigen, doch im Gegensatz zu Ackerwildkräutern vertragen Stinzenpflanzen solche Eingriffe nicht oder können solche bearbeiteten Böden nicht schnell genug besiedeln.

Abb. 2: Sardes Schneestolz

Am günstigsten für sie sind solche Flächen, die manchmal scherzhaft als „gepflegte Wildnis" bezeichnet werden, nämlich solche Parks und Friedhöfe, in denen das Mähen und andere Pflegearbeiten nicht allzu pedantisch betrieben werden. Auf so manchen Dorffriedhöfen im Kreisgebiet, wo fast kein Baumwuchs geduldet wird und zwischen den Gräbern jeder Quadratzentimeter mit Kies ausgefüllt ist, wird man Stinzenpflanzen vergeblich suchen. Auch in Parkanlagen kommt es darauf an, wie man gärtnerisch mit ihnen umgeht. Wichtig ist, dass die Rasen nicht gedüngt und nicht zu früh gemäht werden. Die Stinzenpflanzen sollten Gelegenheit haben, vor der Mahd Samen zu bilden. In Trier sind die Anlagen im Alleenring und Nells Park auffallend arm an Stinzenpflanzen, der Park bei Schloss Monaise dagegen reich. Hoffentlich kommt es nicht eines Tages dazu, dass man ihn im Zuge der touristischen Aufwertung des Moselufers „verschönert". In botanischer Hinsicht kann er gar nicht schöner werden, als er jetzt ist. Weitere Beispiele für Parks mit vielen Stinzenpflanzen sind der St. Fargeau-Park in Hermeskeil und – außerhalb des Kreisgebietes – der Park an der Echternacher Straße in Bitburg. Friedhöfe sind vor allem dann günstige Lebensräume für Stinzenpflanzen, wenn sie parkartigen Charakter haben, wozu alte Baumbestände und Rasenflächen gehören. Der Hermeskeiler Friedhof erfüllt zwar diese Voraussetzungen in vorbildlicher Weise, ist aber dennoch arm an Stinzenpflanzen. Wahrscheinlich sind die parkartigen Teile des Friedhofs noch etwas zu jung. Ziemlich reich an Stinzenpflanzen ist dagegen der Trierer Hauptfriedhof. Nachdem nun viel Allgemeines über die Pflanzengruppe und ihre Lebensbedingungen gesagt wurde, seien anschließend vier Arten vorgestellt. Im zeitigen Frühjahr eröffnen mehrere Arten der Gattung Chionodoxa den Reigen des Blühens. Deutsche Namen für diese hübschen Zwiebelpflanzen sind Schneestolz und Schneeglanz. Sie sind mit dem einheimischen Blaustern (*Scilla bifolia*) nah verwandt und stammen meist aus der westlichen Türkei. Abb. 2 zeigt Sardes Schneestolz (*Chionodoxa sardensis*[27]), der ebenso wie Luziens Schneestolz (*Chionodoxa luciliae*[28]) auf fast allen Friedhöfen der Region zu finden ist.

---

[27] Heute: Scilla sardensis

[28] Heute: Scilla luciliae

Im St. Fargeau-Park in Hermeskeil wächst eine Chionodoxa-Art, die vermutlich eine Kreuzung darstellt und selbst von Fachleuten nicht eindeutig bestimmt werden konnte. Eine der zierlichsten Stinzenpflanzen ist die nur 10 cm hohe Balkan-Anemone (*Anemone blanda,* Abb. 3), eine wohlbekannte Gartenpflanze. Sie ist, wie der Name sagt, auf dem Balkan zu Hause, kommt aber auch weiter östlich bis zum Kaukasus vor. Als Stinzenpflanze wächst sie im Park von Schloss Monaise bei Trier-Zewen und auf einigen Friedhöfen. In der Biologie lässt sich selten eine Kategorie scharf abgrenzen, und nicht alle Stinzenpflanzen erfüllen alle im zweiten Absatz genannten Kriterien.

Abb. 4: Gehörnter Sauerklee *MH*

Der Gehörnte Sauerklee (*Oxalis corniculata,* Abb. 4) zeigt zwar eine besondere Vorliebe für Friedhöfe und Parkanlagen, kommt aber auch in Pflasterfugen der Dörfer und Städte, an den Rändern von Gartenpfaden und selbst auf Gartenbeeten vor. Er ist weniger empfindlich gegen Bodenbearbeitung und gehört zu den wenigen Stinzenpflanzen, die als Unkraut lästig werden können. Auffällig ist die rotbraune Färbung seiner Blätter, die zu den gelben Blüten einen schönen Farbkontrast bildet. Über seine Herkunft wissen die Botaniker nicht genau Bescheid. Er hat sich nämlich so über die ganze Welt verbreitet, dass man sein Ursprungsgebiet nicht mehr mit Sicherheit rekonstruieren kann. Die Angaben reichen von „Mittelmeergebiet“ bis „tropisches Asien“.

Eindeutig aus Nordamerika stammt die Gefleckte Wolfsmilch (*Chamaesyce maculata*[29], Abb. 1). Sie wurde im Umkreis von Trier bisher nur auf Friedhöfen gefunden, wo sie in Pflasterfugen oder am Rand von Kieswegen wächst. Durch ihren kriechenden Wuchs, ihre gegenständigen, in zwei Reihen angeordneten Blätter und ihre geringe Größe unterscheidet sie sich von allen einheimischen Wolfsmilch-Arten, weshalb sie zusammen mit einigen ähnlichen Arten heute einer eigenen Gattung der Wolfsmilchgewächse zugeordnet wird. Ihren Namen hat sie von dem dunklen Pigmentfleck auf der Mitte jedes Blättchens.

[29] Heute: Euphorbia maculata

Ergänzend ist anzumerken, dass sich auf Friedhöfen und in Parkanlagen auch einheimische Arten ansiedeln. Als Beispiel seien der Weinbergs-Lauch (*Allium vineale*), der Festknollige Lerchensporn (*Corydalis solida*) und der Acker-Gelbstern (*Gagea villosa*) genannt. Der St. Fargeau-Park in Hermeskeil ist hier nochmals zu nennen, da dort die Gelbe Narzisse (*Narcissus pseudonarcissus*) in der ersten Aprilhälfte in großer Zahl blüht.

Manche dieser einheimischen Arten sind infolge der Intensivierung der Landwirtschaft, manchmal auch infolge des Rückgangs traditioneller Landwirtschaft selten geworden. Es gibt Gegenden, wo sie fast nur noch in Parks und auf Friedhöfen vorkommen. Diese sind also hie und da Refugien für gefährdete einheimische Arten. Da auch diese naturgemäß nicht zu den konkurrenzstarken gehören, vertragen sie sich mit den Stinzenpflanze bestens.

Abb. 3: Balkan-Anemone *JK*

Blumenreiche Wiesen vor dem Aus?

JTS 2015

Vor einigen Monaten ging folgende Meldung durch die Presse: „Rheinland-Pfalz will das Grünland stärker schützen. Wiesen und Weiden sind Lebensraum für unzählige Tier- und Pflanzenarten. Sie schützen den Boden vor Wasser- und Winderosion. Grünland prägt auch unsere typischen Mittelgebirgslandschaften und steigert deren Attraktivität für Naherholung und Tourismus", erklärte Landwirtschaftsstaatssekretär Thomas Griese. Mit Sorge betrachte er, dass in den vergangenen Jahren immer mehr Grünland zu Ackerland umgebrochen wurde. „In Rheinland-Pfalz gingen in den letzten zehn Jahren allein auf den EU-geförderten Flächen mehr als sechs Prozent des wertvollen Dauergrünlandes verloren", so Griese. Damit hat das Land 2013 erstmals einen Schwellenwert von fünf Prozent Rückgang überschritten. Danach sind die Bundesländer nach Bundesrecht verpflichtet, Regelungen zum Grünlanderhalt zu erlassen. Rheinland-Pfalz werde deshalb mit einer Verordnung den Umbruch von Grünland genehmigungspflichtig machen, so Griese.

Der Verlautbarung ist zu entnehmen, dass die Landesregierung die Umwandlung von Wiesen in Ackerland stoppen will. Ein wichtiger Grund für diese unerwünschte Umwandlung sind Biogas-Anlagen. Für deren Befüllung braucht man rasch wachsende und leicht zersetzbare Pflanzen wie z. B. Mais. Auch im Landkreis gibt es deshalb mittlerweile schon Stellen, wo sich – teils an Stelle früherer Wiesen oder Weiden – Maisfelder erstrecken, so weit das Auge reicht.

Obwohl man der Verlautbarung der Landesregierung aus der Sicht des Naturschutzes nur zustimmen kann, erscheint es fraglich, dass sich mit der neuen Verordnung alles zum Besseren wendet. In der Regel sind die Behörden, welche die Einhaltung der Bestimmungen überwachen sollen, personell unterbesetzt. So manche Wiese dürfte deshalb illegal und unbemerkt auch künftig umgepflügt werden. Das ist aber wahrscheinlich nicht die größte Gefahr. Es gibt weitere und wichtigere Bedrohungen für die blumenreichen Wiesen.

Schon mehrfach habe ich in Jahrbuch-Beiträgen erläutert, dass artenreiche Wiesen – abgesehen von den Almen der Hochgebirge – keine Naturprodukte sind, sondern ihre Entstehung ganz und gar der traditionellen Landwirtschaft verdanken. Von Natur aus würde an ihrer Stelle Wald wachsen. Teilweise schon in frühgeschichtlicher Zeit, hauptsächlich aber im Mittelalter wurden die Flächen gerodet und von da an landwirtschaftlich genutzt.

Während die besseren Böden in der Umgebung der Dörfer dem Ackerbau dienten, bewirtschaftete man die weniger guten oder weit abgelegenen als Grünland. Eingezäunte Weiden gab es in früheren Jahrhunderten so gut wie nicht. Rinder wurden meist im Stall gehalten oder im Sommer zusammen mit den Schweinen in den Wald getrieben (Waldweide). Für die Winterfütterung brauchte man Heu, weshalb die Wiesen überwiegend gemäht wurden.

Der Stalldünger reichte meist nur aus, um die Äcker zu düngen, weshalb viele Wiesen ungedüngt blieben. Jedes Mal, wenn sie gemäht wurden, bedeutete das einen Entzug von Nährstoffen, weshalb die Böden allmählich immer nährstoffärmer wurden. Das hatte zur Folge, dass sehr nährstoffbedürftige, hochwüchsige und konkurrenzstarke Gräser und Stauden zurückgingen. Das war von Vorteil für viele niedriger wachsende und lichtbedürftige Kräuter. Die Verarmung des Bodens an Nährstoffen führte deshalb – so paradox es klingt – zu einer Erhöhung des Artenreichtums, nicht nur bei den Pflanzen, sondern auch bei den vielen Kleintieren, die von ihnen abhängen. Wiesen nährstoffarmer Böden (sogenannte Magerwiesen) sind deshalb reich an Blumen, Schmetterlingen, Heuschrecken und vielen anderen Lebewesen. Manche Wiesen wurden so extrem arm an Nährstoffen und so schwachwüchsig, dass sie nur noch als Weideland für Wanderschafherden genutzt werden konnten. Was soeben geschildert wurde, kann mit dem Schlagwort „extensive Landwirtschaft“ beschrieben werden. Durch sie stieg seit prähistorischer Zeit die Zahl der Pflanzen und Tierarten in Europa stetig und enorm an und erreichte in der frühen Neuzeit ihren Höhepunkt.

Die artenreichen Wiesen – das sei nochmals hervorgehoben – sind ebenso wie die an Wildkräutern reichen Äcker früherer Jahrhunderte Kulturprodukte und keine Naturerscheinungen. Scherzhaft sagte jemand, sie müssten, soweit sie noch vorhanden sind, eigentlich der Obhut der Kultusministerien und nicht der Umweltministerien unterstellt werden, so wie Baudenkmäler, die wir als Zeugnisse der Kultur unserer Vorfahren schätzen.

Man könnte einwenden, dass da doch ein Unterschied bestehe: Baudenkmäler wie auch Kunstgegenstände seien ja ganz und gar Schöpfungen des Menschen. Zu ihrer Herstellung bediene man sich nur toten, mehr oder weniger rohen Materials, das man durch künstlerische oder handwerkliche Meisterschaft veredle. In den artenreichen Äckern und Wiesen tummelten sich dagegen Lebewesen und damit Naturobjekte, die der Mensch nicht gemacht habe. Der Acker und die Wiese als Gesamterscheinung seien zwar Kulturprodukte, ihr lebendes Inventar aber pure Natur. Diese Auffassung ist nach neueren Erkenntnissen der Biologie nicht haltbar.

Es ließ sich nachweisen, dass die Mehrzahl der Wildpflanzen unserer Äcker und Wiesen in der wirklich unberührten Natur, wie man sie außerhalb Europas und noch an wenigen Stellen in Europa findet, nicht vorkommt. Wenn es in älteren Büchern heißt, viele Ackerunkräuter seien in der Bronzezeit aus den Steppen Asiens zu uns eingewandert, so ist dies in der Regel falsch. Man findet in den Steppen zwar ähnliche Arten, aber nicht die, welche bei uns vorkommen. So blieb nur die Erklärung, dass durch Evolutionsprozesse sehr viele Arten von Acker- und Wiesenpflanzen bei uns neu entstanden sind, indem sich ihre eingewanderten Vorfahren an die Bedingungen der Landwirtschaft, z. B. an den Mäh-Rhythmus, angepasst haben. Man bezeichnet diese Pflanzen mit dem Fachbegriff Anökophyten, was so viel wie „heimatlos wachsende" bedeutet. Man will damit sagen, dass diese Pflanzenarten keinen natürlichen Ursprungsort haben, sondern sich in vom Menschen geprägter Umgebung entwickelt haben. Somit sind also nicht nur die gezüchteten Kulturpflanzen, sondern auch die Wildkräuter der Äcker und Weisen mehr oder weniger kulturbeeinflusst.

Der Begriff „Naturschutz" wird vor diesem Hintergrund fragwürdig. Allenfalls in forstlich ungenutzten Wäldern, Mooren und an Felshängen schützen wir Lebensgemeinschaften, die halbwegs natürlich sind. Sie sind auch relativ stabil und erhalten sich von selbst, wenn man schädliche Einflüsse fernhält. Dies ist im dicht besiedelten Mitteleuropa allerdings schon schwer genug. Man braucht nur an die Stickstoffeinträge aus der verunreinigten Atmosphäre zu denken, die z. B. in Mooren zu einem unerwünschten Dünge-Effekt führen. Grünland als Kulturprodukt ist jedoch zum Untergang verurteilt, sobald man es sich selbst überlässt. Meist schon nach kurzer Zeit setzt die sogenannte Sukzession ein, die über den Aufwuchs hoher Stauden, Sträucher und Bäume schließlich zur Entstehung von Wald führten. Für artenreiche Wiesen bedeutet aber auch das Gegenteil der Nicht-Nutzung, nämlich die Intensivierung der Nutzung, das Ende. Düngung führt zu einer Förderung einiger weniger Arten von konkurrenzstarken und meist hoch und dicht wachsenden Gräsern und Kräutern und zur Verdrängung einer Vielzahl von konkurrenzschwächeren Arten. Mit einer einzigen kräftigen Düngung kann eine blumenreiche Wiese in ein monotones Gebilde verwandelt werden, das ein Autor vor kurzem trefflich als „Gras-Acker" bezeichnet hat. Man müsste viele Jahrzehnte lang mähen und das Mähgut wegschaffen, wenn man ihn wieder in eine bunte Magerwiese zurückverwandeln wollte. Für die Hochleistungs-Landwirtschaft unserer Tage sind leider die Gras-Äcker das Wunschziel, da alleine sie – vor allem für die Milchviehhaltung – genug Eiweiß liefern. Vertreter von Umweltverbänden, die sich vor Jahren mit einem Bio-Bauern unterhielten, waren etwas geschockt, als auch dieser ihnen klipp und klar erklärte, dass Magerwiesen für ihn zu unergiebig sind. Fast nur noch Pferdehalter und Jagdpächter sind am Heu artenreicher Wiesen interessiert.

So fragt man sich, wieso wir überhaupt noch das Glück haben, dass hie und da im Landkreis noch richtig schöne Blumenwiesen erhalten geblieben sind (wenn man sie mittlerweile auch suchen muss). Geht man der Sache nach, gibt es ganz unterschiedliche Gründe: Zum Teil gehören sie Nebenerwerbslandwirten, denen es nicht auf hohe Erträge ankommt und die Kosten für Düngemittel sparen wollen. Andere Wiesen wurden unter Naturschutz gestellt und werden von Umweltverbänden in ehrenamtlicher Arbeit gemäht. Sie sind zum Teil im Eigentum von Gemeinden. Einen größeren Anteil machen Flächen aus, die dem Vertragsnaturschutz unterliegen: Es gibt Förderprogramme – meist durch die Europäische Union initiiert –, durch die extensive Grünlandwirtschaft finanziell gefördert wird. Da zu ihrer Verwirklichung Verträge mit Landwirten abgeschlossen werden, spricht man vom Vertragsnaturschutz.

Von Seiten des Gesetzgebers und der Verwaltung war man sehr eifrig im Zustandebringen von Programmen und imposanten Namen. Auf das „Biotopsicherungsprogramm" folgte das „Förderprogramm umweltschonende Landbewirtschaftung (FUL)", dann das „Programm Agrar Umwelt Landschaft (PAULa)" und neuerdings das „Entwicklungsprogramm Umweltmaßnahmen, Ländliche Entwicklung, Landwirtschaft, Ernährung (EULLE)". Parallel laufen noch die Projekte „Partnerbetrieb Naturschutz" und „EU-Cross-Compliance-Kontrollen". Laien und sicher auch manchen Landwirten muss bei solcher Namensflut der Kopf brummen, und man fragt sich angesichts solch überbordender Kreativität beim Schaffen von Namen und Programmen, ob die inhaltliche Effizienz damit Schritt hält. Bei näherer Betrachtung entdeckt man etliche Schwachpunkte.

Ich beobachte in manchen Landkreisen häufige Wechsel der Biotopbetreuer. Sie sind für die Überwachung der ökologisch bedeutsamen Biotope in den Landkreisen zuständig sowie für die Beratung der Öffentlichkeit im Hinblick auf diese Biotope. Der Wechsel hat mit den auf zwei Jahre befristeten Werkverträgen und der darauffolgenden Ausschreibung zu tun. Personen, die sich mit den zu betreuenden Biotopen gut vertraut gemacht haben, mussten Neulingen Platz machen. Bei der Ausschreibung spielte die vor Ort gesammelte Erfahrung anscheinend gegenüber den Preisangeboten die geringere Rolle. In kleinen Landkreisen werden die Biotopbetreuer über ihren eigentlichen Aufgabenbereich hinaus zusätzlich mit speziell auf die Landwirtschaft zielenden Beratungsaufgaben betraut und damit überfordert. Das größte Manko aber besteht darin, dass Personal und Mittel fehlen, um den Zustand und die Entwicklung der Biotope und der geforderten landwirtschaftlichen Nutzflächen kontinuierlich zu überprüfen, also das durchzuführen, was in der Fachsprache als Monitoring bezeichnet wird. Biologen, die dazu die fachliche Qualifikation mitbringen, stehen zur Verfügung, nicht aber die finanziellen Mittel, um sie zu bezahlen.

Die Förderprogramme für extensiv betriebene Landwirtschaft haben eine Laufzeit von 5 Jahren. Immer wieder erleben wir es, dass im Zuge des Generationenwechsels Landwirte aus einem Programm aussteigen. Bei einer der ökologisch wertvollsten Wiesen des Kreisgebietes hatte der Sohn angeblich von der Teilnahme seines Vaters am PAULa-Programm keine Ahnung und brachte auf die Wiese, deren Bedeutung für den Naturschutz er offenbar auch nicht einzuschätzen wusste, kräftig Stalldünger auf. In letzter Minute konnte die Kreisverwaltung einschreiten und eine einvernehmliche Lösung zugunsten des Naturschutzes herbeiführen. Schaut man sich im Kreisgebiet um, findet man nur wenige artenreiche Wiesen, um die man sich vorerst nur wenig Sorgen machen muss. Meist sind es orchideenreiche Wiesen im Bereich des Muschelkalks im Saargau und im Bitburger Gutland. Sie sind in öffentlichem Besitz und werden entweder durch Schafbeweidung oder durch Mähen im Rahmen der Biotopbetreuung gepflegt. Aber auch bei ihnen hapert es manchmal an Kontinuität der Pflege und am Monitoring.

Anlass zu ständiger, großer Sorge geben Wiesen auf armen Schieferböden im Hunsrück bei Pellingen und Waldweiler, auf sandig-kiesigen Böden im Moseltal bei Wasserliesch und Trittenheim sowie auf Kalkboden bei Igel-Liersberg. Es sind die ökologisch wertvollsten Wiesen des Kreisgebietes, da sie Pflanzengemeinschaften repräsentieren, die in Rheinland-Pfalz und im Saarland fast verschwunden sind. Diese Wiesen sind überwiegend landwirtschaftlich genutzt und auf Gedeih und Verderb vom Wohlwollen ihrer Eigentümer bzw. Pächter abhängig. Es ist mit wenigen Ausnahmen bisher nicht gelungen, sie in öffentliches Eigentum zu überführen, wozu nach dem Naturschutzgesetz vorgesehene Ausgleichsmaßnahmen eine Handhabe bieten. Allerdings bedarf es dazu der Verkaufsbereitschaft der Eigentümer. Man fragt sich, warum diese angesichts des geringen Ertrags der Wiesen nicht besteht. Ist es einer Gemeinde gelungen, solche Flächen aufzukaufen, ist noch längst nicht gesichert, dass sie in erforderlicher Weise gepflegt und die Pflege durch fachliches Monitoring überwacht wird. So müssen wir trotz unverkennbarer Fortschritte im Naturschutz um diese Standorte zahlreicher seltener Pflanzen- und Tierarten weiter bangen.

Anlass zur Hoffnung geben Erfahrungen in der nordrhein-westfälischen Eifel. Dort mischen mittlere und große Milchviehbetriebe dem Heu aus stark gedüngten Wiesen zu etwa 10 % Heu aus blumenreichen Magerwiesen bei. Das wirkt sich positiv auf die Darmbakterien der Rinder aus und fördert somit deren Gesundheit. Da bei größeren Betrieben der Fortbestand in der Generationenfolge eher gewährleistet ist als bei Klein- oder Nebenerwerbsbetrieben, besteht auch größere Aussicht, dass die Verträge zur extensiven Nutzung von Magerwiesen langfristig beibehalten werden. Es sollte geprüft werden, ob dieses Modell auch im Kreisgebiet hie und da zu realisieren ist.

Seltene Wildkräuter der Weinberge im Kreisgebiet

JTS 2020

2017 wurde in der deutschen Presse wegen des rapiden Rückganges der Insekten Alarm geschlagen. Im Weinbaugebiet an der Mosel war schon vier Jahre zuvor eine Initiative zur Erhöhung der Artenvielfalt gestartet worden. Unter dem Namen „Lebendige Moselweinberge“ koordinierte das Dienstleistungszentrum Ländlicher Raum (DLR) Mosel, welches den meisten als Flurbereinigungsbehörde bekannt sein dürfte, private und öffentliche Projekte, die sich die Steigerung der Biodiversität in den Weinbergen zum Ziel gesetzt haben. Es geht darum, die Akteure zu vernetzen, Erfahrungen und Ideen auszutauschen und bei deren Umsetzung fachlich zu beraten. Auch die Präsentation erfolgreicher Maßnahmen in der Öffentlichkeit spielt eine große Rolle. Man hatte längst erkannt, dass die touristische Attraktivität eines Weinbaugebietes auch dann, wenn es in einer solch spektakulären Landschaft wie dem Moseltal und seinen Seitentälern liegt, steigerungsfähig ist, indem man die biologische Vielfalt erhöht. Deshalb ist auch der Weinbauverband Mosel von Anfang an beteiligt. Die Voraussetzungen für die Verbesserung der pflanzen- und tierökologischen Verhältnisse waren in den Weinbergen, vor allem in Steillagen, günstiger als in weiteren Bereichen des Acker- und Grünlandes. Auf mehr ebenem Gelände waren dort die Voraussetzungen für großflächige Monokulturen gegeben.

In den steilen Moselhängen unterbrechen nicht selten Felsrippen die nutzbaren Flächen und die Steilheit erforderte teils kleinteilige Terrassierung mit Weinbergmauern. Dadurch entstanden zahlreiche ungenutzte Randbiotope, die in der Fachsprache Ökotone genannt werden. Dass sich gerade auf ihnen eine größere Zahl seltener Pflanzen- und Tierarten ansiedeln konnte, liegt meist daran, dass sich auf ihnen keine dichte Vegetation entwickeln kann. Viele seltene Pflanzenarten sind deshalb so rar, weil sie viel Licht benötigen und nicht von robusteren Arten bedrängt werden dürfen. Es ist einigermaßen zutreffend, sie als Lückenbüßer zu bezeichnen, da sie ihre Schwäche gegenüber Konkurrenten durch große Genügsamkeit kompensieren.

Ökotone wie Felsrippen, Lesesteinhaufen oder Kronen von Weinbergmauern haben sehr geringe Humusauflagen und können schon von daher nicht von kräftigen Pflanzen dicht bewachsen werden. Randstrukturen mit tiefergründigen Böden bleiben dann locker bewachsen, wenn sich der Boden bewegt, wenn sie gelegentlich von der Bodenbearbeitung tangiert oder öfters betreten werden. Um die Bewirtschaftung von Weinbergen rentabler zu machen, ist es hie und da erforderlich, im Zuge von Flurbereinigungsverfahren Parzellen zu größeren Einheiten zusammenzufassen.

Das geht nicht ohne die Beseitigung von Ökotonen. Während dies in der Vergangenheit oft ohne Ersatz geschah, sind die Behörden heute gesetzlich zu Ausgleich oder Ersatz verpflichtet. Zu den Dienstleistungszentren gehören deshalb heute Fachleute für Naturschutz.

Wer aufmerksam durch flurbereinigte Steillagen wie z. B. die Thörnicher Ritsch wandert, wird sehen, dass dort Felsrippen unberührt blieben und verschwundene Mauern durch neue an anderen Stellen ersetzt wurden. Da die Errichtung von Trockenmauern sehr kostspielig ist, verwendet man stattdessen meist Gabionen (durch Drahtgeflechte zusammengehaltene Steinpackungen). Man weiß bei den Dienstleistungszentren, wie diese so zu gestalten und einzubauen sind, dass sie attraktiv für die Besiedlung durch Mauereidechsen, andere Kleintiere und Wildkräuter sind. Wo die Geländeformen zur Beibehaltung kleiner Parzellen zwingen, bleiben stellenweise auch alte Trockenmauern und Lesesteinhaufen erhalten. Zusammen mit den Felsrippen sind sie wichtige Ausgangspunkte für die Besiedlung neu geschaffener Mauern und trockener Terassenböschungen durch Wildkräuter, darunter auch seltener Arten. Im Folgenden sollen einige in alphabetischer Reihenfolge der wissenschaftlichen Namen vorgestellt werden. Beim Bearbeiten der Weinberge und bei Flurbereinigungsverfahren sollte man sie schonen.

Zu den schönsten und auffälligsten Arten gehört der Kugelköpfige Lauch (*Allium rotundum,* Abb. 1). Er ist im Kreisgebiet auch einer der seltensten Arten, denn es sind derzeit nur einige Fundstellen bei Klüsserath nahe der Kreisgrenze bekannt. Er wächst dort hauptsächlich auf Kronen alter Weinbergmauern. Von anderen und häufigeren wildwachsenden Laucharten, die in Weinbergen vorkommen, lässt er sich schon dadurch unterscheiden, dass seine Blätter nicht rund sind wie beim Schnittlauch, sondern abgeflacht. Ein früheres Vorkommen bei Igel lässt vermuten, dass er bei geeigneten Biotopbedingungen wieder weiter moselaufwärts Fuß fassen könnte.

Abb. 1: Kugelköpfiger Lauch *MH*

Im Gebiet deutlich häufiger ist die Sand-Schaumkresse (*Arabidopsis arenosa subsp. Borbasii,* Abb. 2). Sie kommt in Deutschland in zwei Rassen (Unterarten) vor. Eine davon, die meist weiß blüht, ist in der Regel auf Schotter von Bahnanlagen zu finden. Die meist violett blühende, die nach dem ungarischen Botaniker Borbás (1844-1905) benannt ist, wächst auf Felsabsätzen, in Felsspalten und Mauerfugen. Wenn sie im Mai und Juni zu vielen Hunderten an Mauern blüht, wie z. B. an der Mauer der ehemaligen Moselbahn beim Fährturm gegenüber Trittenheim, könnte man meinen, sie sei dort von einem Gärtner angepflanzt worden.

Abb. 2: Sand-Schaumkresse *MH*

Als nächstes sollen zwei Farne vorgestellt werden, die öfters an Weinbergmauern und an Felsköpfen und Felsrippen im Bereich von Weinbergssteilhängen zu finden sind. Da ist zunächst der Schwarzstielige Streifenfarn (*Asplenium adiantum-nigrum*, Abb. 5) zu nennen. Man kann ihn als Weinbau-Begleiter bezeichnen, denn er kommt in Deutschland überall vor, wo es Weinbau gibt, und fast nur dort. Da in Rheinland-Pfalz zwei Drittel der deutschen Weinbauflächen liegen, ist auch der Farn hier am stärksten vertreten; im Kreisgebiet wie zu erwarten in den Tälern von Mosel, Saar und Ruwer, aber auch im Sauertal und in kleineren Seitentälern wie dem unteren Dhrontal und dem Feller Bachtal. In solchen Tälern reichen die Fundstellen teils weit in die Eifel und den Hunsrück hinein. Deren Höhenlagen meidet der Farn jedoch, da er frostempfindlich ist. Auch wenn er bei uns nicht zu den seltenen und gefährdeten Arten gehört, sollte die Zerstörung von Wuchsstellen vermieden werden, da seine zierlich geformten Wedel mit ihrer glänzenden Oberfläche ein Schmuck für die Weinbergmauern sind. Der Name „Streifenfarn" rührt übrigens daher, dass die sporenerzeugenden Fortpflanzungsorgane auf der Unterseite der Wedel die Form kurzer, dunkel gefärbter Streifen haben.

Abb. 5: Schwarzstieliger Streifenfarn *MH*

Ebenfalls zur Familie der Streifenfarne gehört der ganz anders, aber ebenfalls dekorativ aussehende Milzfarn oder Schriftfarn (*Asplenium ceterach*, Abb. 6). Zwar deckt sich sein Verbreitungsgebiet in Deutschland mit dem des Schwarzstieligen Streifenfarns, doch ist er deutlich seltener und gehört deshalb zu den nach dem Bundesartenschutzgesetz besonders geschützten Arten. Er ist noch wärmeliebender und ein Vorbote der Flora des Mittelmeergebietes, wo er seine Hauptverbreitung hat. Die aktuelle Klimaerwärmung wird ihm wenig anhaben, da er über einen sehr auffälligen Schutzmechanismus gegen extreme Trockenheit verfügt. Die Zellen an der Oberseite seiner Wedel schrumpfen bei Trockenheit sehr rasch, wodurch sich die Wedel nach oben einrollen. Dadurch kehrt sich die über und über mit braunen Schuppen bedeckte Unterseite nach außen, so dass der Farn kaum wiederzuerkennen ist und wie verdorrt aussieht. Der braune Schuppenpelz ist ein ausgezeichneter Verdunstungsschutz. Die Schuppen sind außerdem in der Lage, morgendliche Tau-Feuchtigkeit kapillar aufzusaugen und so den Farn mit Wasser zu versorgen.

Abb. 6: Milzfarn *MH*

Eine zwar höher aufwachsende und wegen der kleinen weißen Blüten ziemlich unauffällige Pflanzenart ist der Acker-Steinsame, der neuerdings auch Acker-Rindszunge genannt wird (*Buglossoides arvensis*, Abb.3), da sich bei genetischen Untersuchungen gezeigt hat, dass er mit dem in der Region Trier äußerst seltenen Echten Steinsamen (*Lithospermum officinale*) nicht verwandt ist. Seine rau behaarten Blätter weisen darauf hin, dass er zu den Borretschgewächsen gehört. Der untere Teil des Stängels ist rot gefärbt und auch die Wurzeln enthalten einen roten Farbstoff, der früher zum Schminken benutzt wurde. Deshalb wird die Pflanze auch Bauernschminke genannt. Der Name Steinsame ist auch vom Inhalt her nicht korrekt: Es sind nicht die Samen, die von einer fast steinharten Schale umgeben sind, sondern die Teilfrüchte, die durch Aufspaltung der Frucht in 4 Teile entstehen. Die Pflanze ist einjährig und somit an den Rhythmus des Ackerbaues angepasst.

Abb. 3: Acker-Steinsame *MH*

Sie war einst ein ziemlich häufiges Ackerunkraut, das aber durch Saatgutreinigung und andere Modernisierungen der Landwirtschaft selten geworden ist. Erst in den letzten Jahren haben Botaniker herausgefunden, dass die bei uns in Weinbergen auftretende Pflanze mit der in Äckern wachsenden nicht identisch ist. Sie unterscheidet sich durch etwas andere Stellung und Anheftung der Blüten und Früchte am Stängel und wird jetzt unter dem anderen Artnamen *Buglossoides incrassata* geführt. Auf Deutsch kann man sie als Dickstiel-Rindszunge bezeichnen, da die Blüten einen ungewöhnlich dicken Stiel haben.

Abb. 4: Lacksenf *MH*

Als nächstes ist wieder eine häufiger auftretende Pflanze zu nennen, die aber ähnlich wie die oben genannten Farne in weiten Teilen Deutschlands fehlt. Von Südwesten her reicht ihr Verbreitungsgebiet nur bis zum Rhein und geht nur in Baden-Württemberg bis zum Schwarzwaldrand darüber hinaus. Wiederum hat man in den rheinland-pfälzischen Weinbaugebieten die größten Chancen, der Pflanze zu begegnen. Es ist der gelb blühende Lacksenf (*Coincya monensis*, Abb. 4). Er gehört wie die Sandkresse (siehe oben) zu den Kreuzblütlern, einer wegen vieler Nutzpflanzen (Kohl, Raps, Rettich usw.) für den Menschen sehr wichtigen Pflanzenfamilie. Von anderen gelb blühenden Kreuzblütlern wie dem Ackersenf kann man ihn am besten durch die Form der Grundblätter unterscheiden. Der Lacksenf kann bis 1 m hoch werden und verzweigt sich von Grund an oft sehr sparrig, weshalb sich schon viele Naturphotographen vergeblich abgemüht haben, von der Pflanze ästhetisch ansprechende und übersichtliche Bilder zu bekommen. Ein Pflanzenmaler kann in diesem Fall das Wesentliche besser darstellen.

Abb. 7: Sonnenwende *MH*

Wir kommen nun zu einer Pflanze, von der wir aus botanischer Literatur des 19. Jahrhunderts wissen, dass sie bis damals an Mosel und Saar zwar nicht gerade häufig war, aber doch an vielen Stellen in Weinbergen vorkam. Heute kennt man noch wenige Fundstellen bei Trier-Olewig. Es ist die Sonnenwende (*Heliotropium europaeum*, Abb. 7). Die weiß blühende Pflanze kann höher werden und sich stärker verzweigen. Sie gehört wie die oben besprochene Rindszunge zu den Borretschgewächsen und ist unter anderem mit dem Vergissmeinnicht verwandt, an das die Form der Blütenstände erinnert. Die Pflanze ist giftig und enthält die berüchtigten Pyrrolizidin-Alkaloide, die leberschädigend wirken. Es sind aber in Deutschland weder aktuell noch in früherer Zeit Vergiftungen bekannt geworden, was wohl damit zusammenhängt, dass sie weder mit Früchten noch mit sonstigen Teilen zum Verzehr anreizt und nicht dort wächst, wo sich Weidetiere aufhalten. Dass die Sonnenwende in neuerer Zeit so rapide selten geworden ist, hängt wahrscheinlich damit zusammen, dass im Zuge der Modernisierung der Landwirtschaft von vielen Winzern der Boden in Weinbergen intensiv bearbeitet und von Unterwuchs möglichst freigehalten wurde. Da man neuerdings gerade im Moselgebiet die erosionshemmende Wirkung einer Kräuterdecke zwischen den Rebzeilen erkannt hat und wohl auch im Zuge des eingangs erwähnten Projektes „Lebendige Mosel" wieder mehr Bewuchs zulässt, kann ein Aussterben der Sonnenwende im Kreisgebiet möglicherweise verhindert oder sogar eine Wiederausbreitung eingeleitet werden.

Zuletzt sei mit dem Färber-Waid (*Isatis tinctoria*, Abb. 8) ein weiterer Kreuzblütler vorgestellt. Er ist von allen bisher abgehandelten Arten die am wenigsten seltene. Er hat in Deutschland seine Verbreitungsschwerpunkte ebenfalls in den Weinbaugebieten, geht aber an vielen Stellen, z. B. in Thüringen und im sächsischen Elbtal, darüber hinaus. Mit seinem bis 1,2 m hohen Wuchs, seinen blaugrünen Blättern, seinem weit ausladenden schirmförmigen, leuchtend gelben Blütenstand ist er vom Frühsommer an eine auffällige Zierde der Felsrippen und Weinbergmauern. Auch wenn er verblüht ist, zieht er durch seine zahlreichen braunen, flügelförmigen, herabhängenden Schotenfrüchte die Blicke auf sich. Wie der deutsche Name verrät, war der Waid in vergangenen Zeiten eine wichtige Färbepflanze und kam als solche aus Vorderasien zunächst als Kulturpflanze nach Europa und breitete sich dann in Wärmegebieten von selbst aus. Aus den Blättern gewann man in einem ziemlich aufwändigen Fermentierungs- und Oxidationsprozess den blauen Indigo-Farbstoff. Nach der Erfindung der synthetischen Indigo-Herstellung 1897 ging die Nutzung des Waids zurück, lebte aber im 20. Jahrhundert bei Freunden des natürlichen Färbens wieder auf. Wer Färben als Hobby betreibt, findet im Trierer Raum reichlich wildwachsende Waid-Pflanzen und darf sie in Maßen auch entnehmen, da sie nicht unter Naturschutz stehen.

Abb. 8: Färber-Waid *MH*

Literatur:

HAND, R., REICHERT, H., BUJNOCH, W., KOTTKE, U. & CASPARI, S. 2016: Flora der Region Trier, – 1634 S., Trier: Verlag Michael Weyand.

Heinrich Rosbach - Arzt und Botaniker

Zum 100. Todesjahr des bedeutenden
naturkundlichen Heimatforschers aus Trier

JTS 1979

Als im 18. Jahrhundert der schwedische Naturforscher Carl von Linné den genialen Einfall hatte, alle Tier- und Pflanzenarten mit einem zweiteiligen wissenschaftlichen Namen lateinischer oder griechischer Herkunft zu benennen, war die Grundlage für eine umfassende Bestandsaufnahme aller Lebewesen der Erde geschaffen. Bis dahin hatte eine Vielfalt volkstümlicher Namen, die von Gegend zu Gegend wechselten, die Verständigung über bestimmte Tiere und Pflanzen erschwert. Freilich wäre auch Linnés Einfall nutzlos gewesen, wenn ihn nicht die Biologen aller Länder akzeptiert hätten. Dies geschah in seltener Einmütigkeit – wohl deshalb, weil die Vorteile der neuen Benennungsweise ganz offensichtlich waren.

Erst jetzt gewann man auch eine Übersicht darüber, welche Lebewesen bereits bekannt waren. Alle neu entdeckten mußten von nun an nach strengen – auf Linné zurückgehenden – Regeln in einer wissenschaftlichen Veröffentlichung beschrieben und mit einem Namen versehen werden. Die Inventarisierung der lebenden Schöpfung hatte begonnen, und es spricht für den Fleiß der Forscher, daß sie in Europa schon gegen Ende des 19. Jahrhunderts zu einem gewissen Abschluß kam. Heute gibt es in unseren Breiten höchstens noch winzig kleine Tierarten im Boden und anderen verborgenen Lebensräumen neu zu entdecken. Auch stellt man bei genauen Untersuchungen gelegentlich fest, daß eine vermeintliche Pflanzen- oder Tierart in Wirklichkeit in zwei oder mehrere sehr ähnliche „Kleinarten" zerfällt.

Daß man die Übersicht über den Artenbestand gewonnen hatte, bedeutete keineswegs, daß damit die Inventarisierung abgeschlossen war. Die Arten sind ja nicht gleichmäßig über die Erde verteilt; es galt nun, ihre regionale Häufigkeit und Verbreitung festzustellen. Hier öffnete sich ein fast grenzenloses Arbeitsfeld, vor allem auch für Liebhaber-Biologen. Insbesondere Lehrer, Ärzte und Apotheker nahmen sich in ihrer Freizeit der Erforschung der heimatlichen Flora und Fauna an. Bestimmungsbücher, die im 19. Jahrhundert in zunehmender Zahl erschienen, erleichterten es auch dem Laien, sich in die naturkundliche Heimatforschung einzuarbeiten. Nicht wenige Hobby-Biologen betrieben ihre Liebhaberei mit solchem Eifer, daß sie die Grenzen zu echt wissenschaftlicher Tätigkeit überschritten.

Dies gilt auch für die vier bedeutenden botanischen Heimatforscher, die Trier hervorgebracht hat: Matthias Schäfer, der um die Wende vom 18. zum 19. Jahrhundert als Gymnasiallehrer wirkte (er starb 1848) und die erste „Trierischer Flora" verfaßte, Matthias Josef Löhr, Apotheker (1800-1882), Heinrich Joseph Rosbach, Arzt (1814-1879), und Peter Josef Busch, Gymnasiallehrer (1871-1957).

Bei den heute im Trierer Raum tätigen Pflanzenkennern erfreut sich die von Rosbach verfaßte „Flora von Trier" besonderer Wertschätzung. Sie besticht durch Zuverlässigkeit und Genauigkeit der Fundortangaben und Artbeschreibungen. Dem Leser verraten viele Einzelheiten, daß der Verfasser das Format eines Wissenschaftlers hatte. Es ist deshalb angebracht, Heinrich Joseph Rosbach der Vergessenheit zu entreißen.

Er wurde am 30. Mai 1814 als Sohn einer angesehenen Beamtenfamilie geboren. Sein Vater, Johann Matthias Rosbach, war höherer Steuerbeamter in Trier; sein in Koblenz geborener Großvater, der ebenfalls mit Vornamen Heinrich Joseph hieß, war Landgerichtsrat, sein Urgroßvater Johann Heinrich Kammerdiener und Leibchirurg.

Vom 8. Lebensjahr an besuchte Heinrich Rosbach das Trierer Gymnasium. Nach bestandenem Abitur im Jahre 1832 studierte er an der Universität Bonn Medizin. Als 24jähriger schloß er sein Studium mit der in lateinischer Sprache verfaßten Dissertation „De numero digitorum adaucto" ab und erwarb damit den Doktortitel. Die Abhandlung befaßt sich mit Mißbildungen der Hände und Füße, die durch überzählige Finger bzw. Zehen gekennzeichnet sind. Die 35 Seiten umfassende Arbeit beruht auf umfangreichen Literaturstudien, wobei Rosbach anhand zahlreicher Berichte besonders der Frage der Vererbbarkeit dieser Mißbildungen nachgeht. Während seiner Semesterferien hatte Rosbach zeitweise in der Heilanstalt Siegburg gearbeitet und dabei Erfahrungen in der Betreuung von Geisteskranken gesammelt, die ihm in seiner späteren beruflichen Tätigkeit zugute kamen.

Zwei Jahre nach der Promotion, im Jahre 1840, ließ sich Heinrich Rosbach in Trier als Arzt nieder. Sieben Jahre danach heiratete er Emma Margaretha Tobias, Tochter des Medizinal- und Regierungsrates Michael Tobias.

Daß er trotz zweifellos günstiger familiärer Beziehungen beruflichen Erfolg keineswegs auf bequeme Weise suchte, ergibt sich aus der Tatsache, daß er von 1848 bis 1862 das Landarmenhaus und die Irrenanstalt in Trier mit viel Hingabe ärztlich betreute. Mündlicher Überlieferung nach soll er ein ausgezeichneter und für die damalige Zeit fortschrittlicher Psychiater gewesen sein. Im Jahre 1858 wurde er zum Kreisphysikus der Stadt Trier ernannt. Im Rahmen dieses Amtes führte er später den Titel Sanitätsrat.

Rosbach starb am 19. Dezember 1879 als 65jähriger. Sein Sohn Otto machte sich ebenfalls als Heimatforscher einen Namen, allerdings auf ganz anderem Gebiet: seine Interessen galten der Trierischen Geschichte und besonders der Mundart des Gebietes. Zum 100jährigen Bestehen der Gesellschaft für nützliche Forschungen verfaßte er einen kurzen historischen Abriß dieser Vereinigung.

Neben diesem beruflichen und familiären Lebenslauf kann man über Heinrich Rosbach einen zweiten schreiben, der die Entwicklung seiner wissenschaftlichen Liebhabereien schildert. Wann er die ersten Anregungen zur Beschäftigung mit der heimatlichen Natur erhielt, wird sich wohl nicht klären lassen. Es gibt nämlich so gut wie keine persönlichen Hinterlassenschaften, weshalb diesem Aufsatz zum Beispiel auch kein Bild Rosbachs beigefügt werden konnte.

Es ist aber anzunehmen, daß sein Interesse an der Pflanzenwelt durch seinen Lehrer Wyttenbach, der damals auch Leiter des Gymnasiums war, geweckt wurde. Weitere Anregungen dürften die naturwissenschaftlichen Vorlesungen und Übungen in den vorklinischen Semestern vermittelt haben. Rosbachs Botanikprofessor war Christian Ludolf Treviranus, Bruder des bedeutenden Arztes und Naturphilosophen Gottfried Reinhold Treviranus und Urgroßonkel des Reichstagsabgeordneten und Brüning-Mitarbeiters Treviranus. Vier Jahre nach Rosbachs Studienzeit erschien das von Löhr verfaßte „Taschenbuch der Flora von Trier und Luxemburg". Von diesem Buch gingen vielleicht die wichtigsten Impulse zur Erforschung der heimischen Pflanzenwelt aus. Während der 39 Lebensjahre, die Rosbach als Arzt in Trier verbrachte, widmete er sich in seiner Freizeit unermüdlich medizinischen und botanischen Studien, die in einer Reihe von Fachaufsätzen ihren Niederschlag fanden. Wichtiges Handwerkszeug war ihm stets das Mikroskop, das ihm die Möglichkeit eröffnete, auch feinere Strukturmerkmale zum Erkennen der Pflanzenarten heranzuziehen. Die einheimische Pflanzenwelt erschloß er sich durch zahlreiche Spaziergänge und Wanderungen in Trier und seiner näheren Umgebung. Größere Exkursionen scheint er im Gegensatz zu einigen seiner zeitgenössischen Kollegen selten unternommen zu haben. Er pflegte jedoch intensiven schriftlichen Gedankenaustausch mit Liebhaber-Botanikern im ganzen Bezirk Trier und gewann dadurch einen Überblick auch über die weitere Umgebung. Die Angaben anderer überprüfte er sehr sorgfältig, meist dadurch, daß er sich getrocknete und gepreßte Teile der gefundenen Pflanzenarten schicken ließ. Unermüdlich war er bemüht, fehlerhafte Angaben zu korrigieren. Dabei mußte er vor allem seinem Zeitgenossen M. J. Löhr „auf die Finger schauen", da dieser im Umgang mit Fundortangaben öfters reichlich großzügig war. Während schwierig zu bestimmende Pflanzengattungen üblicherweise auf Freizeit-Botaniker abschreckend wirken, neigte Rosbach dazu, sich mit solchen Objekten besonders intensiv zu befassen.

So fesselte ihn beispielsweise die Formenmannigfaltigkeit vieler Orchideenarten, die er mit viel Akribie in Zeichnungen festhielt (siehe Abb.). Nachdem Löhr um 1850 von Trier weggezogen war, wurde Rosbach zum führenden Kopf der botanischen Heimatforschung des Trierer Raumes. Durch seine Anregungen wurden so viele Daten zusammengetragen, daß viele Angaben der Löhrchen „Flora" bald überholt waren. So ergab sich die Notwendigkeit, eine neue Gebietsflora zu schreiben. Mit großem Fleiß trug Rosbach seine Beobachtungsergebnisse und die von mehr als 20 Mitarbeitern zusammen. Es war ihm zwar vergönnt, den Abschluß dieses Werkes zu erleben, jedoch nicht mehr die Veröffentlichung. Rosbach starb während der Drucklegung. Die erste Auflage seiner „Flora von Trier" erschien 1880. Eine unveränderte zweite Auflage wurde 1896 gedruckt. Auf Grund seiner Leistungen war Rosbach dazu prädestiniert, Mitglied wissenschaftlicher Vereinigungen zu werden, auch solcher, die – wie die Gesellschaft für nützliche Forschungen zu Trier – nur eine kleine Anzahl ordentlicher Mitglieder in strenger Auswahl aufnahmen. Rosbach wurde 1848 zum Mitglied dieser Gesellschaft gewählt. Die Naturwissenschaften spielten in ihr damals eine bedeutende Rolle; erst später verlegte die Gesellschaft den Schwerpunkt ihrer Arbeit auf Archäologie und Geschichte. Als die Gesellschaft 1878 wegen finanzieller und räumlicher Probleme gezwungen war, die umfangreichen naturwissenschaftlichen Sammlungen aufzulösen, war Rosbach maßgeblich mit der Verteilung der Gegenstände an Trierer Schulen und an die Universität Bonn betraut. 1860 wurde Rosbach zum Vizepräsidenten der Gesellschaft gewählt, 1861 zum Präsidenten. Diese Ämter wechselten jährlich. Aus dieser Zeit stammt eines der wenigen handschriftlichen Dokumente, die von Rosbach überliefert sind: die Notiz zu einer Rechnung. Ein kleiner Ausschnitt davon ist abgebildet.

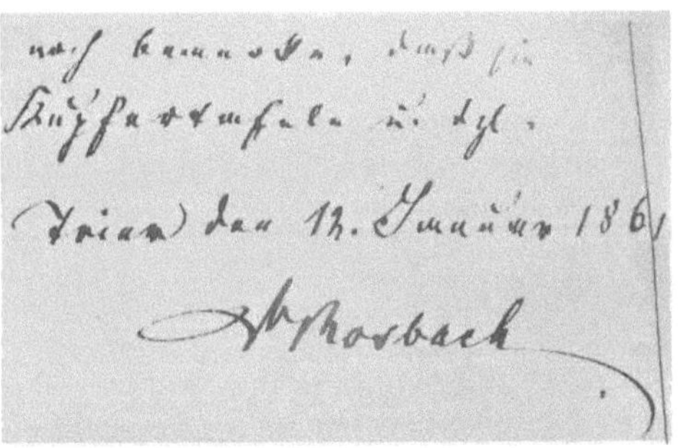
Zu den ganz wenigen Zeugnissen persönlicher Art, die Heinrich Rosbach hinterlassen hat, gehört eine handschriftliche Notiz aus der Zeit seiner Präsidentenschaft in der Gesellschaft für nützliche Forschungen, von der hier ein kleiner Teil wiedergegeben ist.

Im Jahr seines Todes wurde Rosbach nochmals zum Vizepräsidenten gewählt. Aus dieser und aus anderen Tatsachen ist zu schließen, daß er noch ein halbes Jahr vor seinem Tode rüstig und sehr aktiv war. Rosbach und seine Zeitgenossen werden wohl kaum geahnt haben, in welch düsteren Zusammenhang ihre herzerfrischende Beschäftigung mit der heimischen Pflanzenwelt einmal geraten sollte: Heute wissen wir, daß die damalige Bestandsaufnahme die Einleitung eines großen Zerstörungswerkes registrierte.

Nicht nur Wissenschaftler werden in unseren Tagen durch die Tatsache aufgeschreckt, daß mit zunehmender Geschwindigkeit Pflanzen- und Tierarten ausgerottet werden. Der Mensch, der sich gern als Krone der Schöpfung betrachtet, ist dabei, große Teile derselben zu vernichten. Daß dieses Zerstörungswerk mit handfesten Zahlen zu belegen ist, verdanken wir nicht zuletzt jenen Heimatforschern des vorigen Jahrhunderts, die uns mit ihrer liebevollen Registrierarbeit die nötigen Vergleichswerte lieferten.

Diese Zeichnungen aus einem 1857 erschienen Aufsatz über Farb- und Formverschiedenheiten von Blüten einer Orchideenart zeugen von der feinen Beobachtungsgabe Heinrich Rosbachs.

Quellen:

ANDRES, H. (1920): Flora des mittelrheinischen Berglandes. - Wittlich: Fischer

ANONYM (1882): Nachruf auf Heinrich Rosbach. - Jb. Ges. nützl. Forschg. Trier 1878-1881

RIEDEL, K. M. (1957): Geschichte der Gesellschaft für nützliche Forschungen zu Trier (1801-1900). – Trier: Selbstverlag der Gesellschaft für nützliche Forschungen

Geburtsregister Nr. 227 und Sterberegister Nr. 598 der Stadt Trier

Bei der Suche nach Daten im Geburts- und Sterberegister war der Verfasser auf die Mithilfe von Prof. Dr. Laufner, dem Direktor der Stadtbibliothek, angewiesen. Ihm und seinen Mitarbeitern sei an dieser Stelle herzlich gedankt.

Kräuterbücher vom Mittelalter bis zum 17. Jahrhundert in der Trierer Stadtbibliothek – bibliophile Kostbarkeiten

JTS 2000

Vorwort des Verfassers

Seit vielen Jahren schreibe ich für das Jahrbuch Beiträge, die auf botanische Besonderheiten in der heimatlichen Natur aufmerksam machen. Auch so manche gefährdete und schutzwürdige Pflanze wurde dabei vorgestellt. Aus Anlass der Jahrtausendwende unterbreche ich diese Folge und mache darauf aufmerksam, dass sich im Laufe des vergangenen Jahrtausends ein Schatz wertvoller Kräuterbücher angesammelt hat – gerade auch in der Stadtbibliothek Trier –, der ebenfalls gefährdet ist. Der Zahn der Zeit nagt an vielen dieser Bücher, und Restaurierungsmaßnahmen sind dringend notwendig. Es fehlt aber wie überall im kulturellen Bereich an Geld. Private Initiativen sind deshalb notwendig. Mit diesem Artikel möchte ich Personen und Institutionen in der Stadt und im Kreisgebiet dazu ermuntern, dem Aufruf der Stadtbibliothek zur Übernahme von Buch-Patenschaften zu folgen. Eine Patenschaft besteht darin, dass man die Kosten für die Restaurierung eines bestimmten Buches seiner Wahl übernimmt. Es sind in der Regel drei- bis vierstellige Beträge erforderlich.

Die Entwicklung der kräuterkundlichen Literatur vom Mittelalter bis zum Ende des 17. Jahrhunderts spiegelt mit großer Deutlichkeit den tiefgreifenden geistigen Umbruch, der sich im Zeitalter der Renaissance und der Reformation vollzog. Im Mittelalter orientierte man sich weitgehend an Schriften des Aristoteles und anderer antiker Autoritäten und hielt eigene Beobachtungen in der Natur für überflüssig. Es gab Ausnahmen wie Hildegard von Bingen (1098-1179), die viele Pflanzen und Tiere in der Umgebung des Klosters Rupertsberg bei Bingen kannte, und Albert der Große (um 1193-1280), der bei seinen Fußmärschen kreuz und quer durch Deutschland eine Fülle naturkundlicher Beobachtungen notierte. Im Allgemeinen war jedoch der Forscherdrang gering, auch wegen der Befürchtung, mit der kirchlichen Lehrmeinung in Konflikt zu geraten und der Inquisition anheimfallen zu können. Das änderte sich im Zeitalter der Renaissance.

Der freie schöpferische Geist des klassischen Altertums erwachte im 15. Jahrhundert zunächst in den mächtigen Stadtstaaten Oberitaliens zu neuem Leben. Dort war Leonardo da Vinci einer der ersten und zugleich genialsten Gelehrten, die ihrem Forscherdrang freien Lauf ließen. Über Frankreich breitete sich die neue Strömung auch nach Deutschland aus, wo sie mit einer anderen geistigen Umwelt zusammentraf: der Reformation.

Die Geschichte der Kräuterbücher ist eng mit dieser kulturgeschichtlichen Wende verbunden. Einige der bedeutendsten Kräuterbuchverfasser der ersten Stunde – man nennt sie auch „Väter der Botanik“ – waren zugleich Vorkämpfer der Reformation, zum Teil unter dramatischen Umständen. Ihre Bücher sind Dokumente der allmählichen Emanzipation von überkommenen, teils abergläubischen Vorstellungen und der Hinwendung zu vorurteilsfreier Naturbeobachtung. Auch Bezüge zur Heimatgeschichte ergeben sich. Zwar stammt keiner der Kräuterbuchverfasser aus dem Trierer Raum, doch lebten einige im rheinland-pfälzischen Bereich.

Im Folgenden werden nun Kräuterbücher vorgestellt, die in der Stadtbibliothek als Originaldrucke oder als ältere Nachdrucke vorhanden sind. Die Anordnung erfolgt chronologisch nach dem Geburtsdatum der Verfasser. Eine alphabetische Anordnung würde zwar das Auffinden eines Autors im Falle eines Querverweises erleichtern, den Blick auf die geschichtliche Entwicklung jedoch verstellen. Auf moderne Reprints wird nur ausnahmsweise hingewiesen. Die Titel der Werke sind durch Kursivdruck gekennzeichnet, die Standnummern in der Stadtbibliothek in eckigen Klammern beigefügt. Die letzte Ziffer der Standnummer gibt jeweils das Buchformat an, z. B. 8° = Oktavformat. Querverweise sind durch einen waagerechten Pfeil gekennzeichnet. Bücher, bei denen nicht ausdrücklich auf Illustrationen hingewiesen ist, enthalten keine. Wenn Holzschnitte ohne weitere Angaben erwähnt sind, handelt es sich um nicht kolorierte.

Walafried von Reichenau (809-849)

Er nannte sich auch Strabo oder Strabus – was wohl „der Schielende“ bedeutet. Er war Mönch und später Abt des Benediktinerklosters auf der Insel Reichenau. Im Jahr 849 ertrank er in der Loire, als er eine Botschaft Ludwigs des Deutschen an Karl den Kahlen überbringen sollte. Er hinterließ außer zahlreichen theologischen und historischen Schriften ein aus 444 Hexametern bestehendes Gedicht „Hortulus“, in dem er 23 im Klostergarten kultivierte Pflanzen beschreibt. Es ist die älteste Dokumentation über einen mittelalterlichen Kräutergarten und eines der ersten Werke, das der Beschreibung von Pflanzen gewidmet ist.

Hortulus

Das Gedicht wurde bis zur Erfindung des Buchdrucks in Handschriften verbreitet. Der erste Druck erfolgte 1510 in Wien. Von diesem Wiener Druck besitzt die Stadtbibliothek einen Neudruck von 1926 mit Kommentar und biographischen Angaben. Es sind aber auch zwei Originaldrucke (1527 und 1554) vorhanden, jedoch nicht als eigene Bücher, sondern eingebunden in damalige Sammelbände medizinischer Schriften [5/204 8° und D 304 8°].

Konrad von Megenberg (1309?-1374)

Konrad (Kunrat) von Megenberg wurde in Mainberg/Franken (damals Megenberg, heute der Gemeinde Schonungen bei Schweinfurt zugehörig) geboren, studierte in Erfurt und wirkte als Pfarrer und Pädagoge in Paris, Wien und Regensburg.

Das Buch der Natur

Frankfurt 1540 (jüngere Auflage des erstmals 1475 gedruckten Werkes). Illustration mit Holzschnitten. In der Stadtbibliothek nicht als eigenes Buch, sondern angebunden als das Kräuterbuch von → Roeslin [D 1316 4°]. Das 1349-1351 geschriebene Buch, eher eine Naturkunde als ein Kräuterbuch, ist streng genommen nur die Bearbeitung eines älteren lateinischen Werkes von Thomas von Cantimpré. Zunächst handschriftlich vervielfältigt, wurde es ab 1457 in sieben Auflagen gedruckt und mit Holzschnitten versehen, die zu den frühesten gedruckten Pflanzenbildern gehören. Sie sind von geringerer Qualität, was die Beliebtheit des Buches nicht schmälerte. Aus heutiger Sicht ist es als früher Vorläufer der eigentlichen Kräuterbücher von Bedeutung.

Johannes Cuba (spätes 15. Jh.)

Geburts- und Sterbejahr von Johannes Cuba, der auch die Nachnamen Dronnecke oder Wonnecke von Caub benutzte, sind nicht bekannt. Er lebte gegen Ende des 15. Jahrhunderts als Arzt in Augsburg, später in Frankfurt. Damals unternahm der Mainzer Domdekan Bernhard von Breidenbach zusammen mit einigen Adligen und dem niederländischen Künstler Erhard Rewich eine vom Frühjahr 1483 bis Anfang 1484 dauernde Pilgerfahrt, die über Palästina, die Sinai-Halbinsel und Ägypten führte. Da die Teilnehmer viele Reiseerlebnisse, völkerkundliche und naturkundliche Beobachtungen aufzeichneten und Erhard Rewich zahlreiche Holzschnitte nach der Natur anfertigte, wurde die Pilgerfahrt zu einer der frühesten von Mitteleuropa ausgehenden Forschungsreisen. Johannes Cuba hatte mit einem oder mehreren Teilnehmern der Breidenbachschen Reise Kontakt und ließ in sein erstmals 1484 und dann in vielen weiteren Auflagen erschienenes Kräuterbuch vieles von Reiseberichten einfließen.

Herbary oder kreuterbuch, genannt der gart der gesundheit (Hortus sanitas)

Straßburg 1515. Holzschnitte, mit wenigen Farben handkoloriert [1/11 4°]. Ein weiteres, 1528 (wo?) gedrucktes Exemplar ohne Titelblatt und ohne Kolorierung [XY 182 4°]. Obwohl die Pflanzen vereinfacht und teils ungenau dargestellt sind, ist das Buch insofern von Bedeutung, als es einige Jahrzehnte vor den bekannten Kräuterbüchern des 16. Jahrhunderts erschienen ist und somit eines der ältesten Kräuterbücher des deutschen Sprachraums mit originalen Illustrationen darstellt. Zum Titel sei angemerkt, dass man als „Herbarium“ ursprünglich ein Kräuterbuch und nicht wie heute eine Sammlung gepresster Pflanzen bezeichnete. Diese nannte man damals „Herbarium vivum“.

Otto Brunfels (1488-1534)
Otto Brunfels wurde in Mainz geboren, wo sein aus Braunfels an der Lahn stammender Vater das Küferhandwerk betrieb. Nach dem Schulbesuch in Mainz trat er in die Kartause in Straßburg ein, entfloh ihr aber nach einigen Jahren, da er sich zum Protestantismus bekannte. Er fand Zuflucht bei Franz von Sickingen auf der Ebernburg bei Bad Kreuznach und wurde durch Ulrich von Huttens Vermittlung zunächst Pfarrer und später Leiter einer Schule in Straßburg. Dort erwarb er den medizinischen Doktorgrad. Als Arzt war er so erfolgreich, dass er als Professor der Medizin nach Bern berufen wurde, wo er bald darauf im Alter von 46 Jahren einem Halsleiden erlag. Man rühmt neben seinen fachlichen seine menschlichen Qualitäten. Außer dem Kräuterbuch verfasste er zahlreiche theologische und medizinische Schriften, von denen etliche in der Stadtbibliothek vorhanden sind. Brunfels ist der älteste im Dreigestirn der „Väter der Botanik". → Hieronymus Bock, der ihm starke Anregungen verdankt und → Leonhart Fuchs sind die beiden anderen.

Novi Herbarii Tomus II
Straßburg 1530-1531. Es handelt sich um die zweite Lieferung des 1532 als Ganzes erschienenen „Herbarium vivae eicones". Sie ist eingebunden in einen Sammelband mit vielen heilkundlichen Schriften antiker bis damals zeitgenössischer Autoren. Illustrationen mit großformatigen Holzschnitten [5/148 4°]. Zum Namen Herbarium siehe bei Johannes Cuba. Initiator des Werkes war der Straßburger Verleger Schott, der einem damals erschienenen kräuterkundlichen Machwerk mit miserablen Abbildungen etwas Anspruchsvolles entgegensetzen wollte. Für die Illustrationen wurde der Künstler Hans Weiditz, ein Schüler Albrecht Dürers, gewonnen, der die Vorlagen für die Holzschnitte als aquarellierte Tuschezeichnungen nach der Natur anfertigte. Das Werk wurde so sehr auf die Abbildungen hin angelegt, dass Brunfels sich in der Textgestaltung anpassen musste und nicht immer seinen Vorstellungen folgen konnte. In der Geschichte der botanischen Buchillustration stellt das Werk einen Meilenstein dar. Aber auch für die Entwicklung der botanischen Naturbeobachtung gab es wichtige Anstöße, womit sich der Hauptwunsch von Brunfels erfüllte.

Contrafayt kreuterbuch
Die zweibändige deutschsprachige Version ist in der Stadtbibliothek in zwei Auflagen vorhanden: 1. Straßburg 1532-1537 [D1520 4°]. Diese ist mit großformatigen, sorgfältig handkolorierten Holzschnitten illustriert. Hinten angebunden ist eine Bearbeitung von Schriften eines arabischen Gelehrten. 2. Straßburg 1539-1540 [D 849 8°]. Diese ist mit dem Kräuterbuch von → Egenolff zusammengebunden und soll unvollständig sein. Zur Zeit ist sie ausgelagert und konnte deshalb nicht in Augenschein genommen werden.

Hieronymus Bock (1498-1554)

Wurde in Heidelsheim im Kraichgau (heute Stadtteil von Bruchsal) geboren und studierte in Heidelberg Medizin und Theologie. Als energischer und streitbarer Anhänger des Protestantismus wurde er vom gleichgesinnten Herzog von Zweibrücken als Arzt, Lehrer und Gesprächspartner engagiert. Durch die Protektion des Herzogshauses erhielt er später eine wohldotierte Stiftsherrenstelle im historisch bedeutsamen Benediktinerkloster Hornbach bei Zweibrücken, dessen Abt heimlich dem Protestantismus angehörte. So war es möglich, dass Bock als verheirateter Familienvater ein geistliches Amt in einem nach außen hin noch als katholisch geltenden Stift annehmen konnte. Seine religiösen Verpflichtungen hielten sich in Grenzen, so dass er sich neben der medizinischen Versorgung der Bevölkerung vor allem dem Kräuterstudium widmen konnte, was er bei wochenlangen Fußwanderungen durch weite Teile Südwestdeutschlands tat. Zumindest eine der Wanderungen führte nachweislich über Trier und folglich auch durch Teile des Kreises Trier-Saarburg (REICHERT 1998). Die mit den Wanderungen verbundenen Strapazen waren wohl mit eine Ursache für die Schwindsucht, an der Bock als 56-Jähriger starb.

Kreütterbuch

In Trier ist nicht die erste (unbebilderte) Auflage von 1539, sondern die mit Holzschnitten illustrierte Ausgabe von 1572 vorhanden [D 1305 4°]. Es handelt sich um den dritten, unveränderten Nachdruck der 3. Auflage von 1552 (alle Auflagen in Straßburg gedruckt).

Die Urteile über Bock als Kräuterbuchverfasser fallen unterschiedlich aus. Gerühmt werden mit Recht seine genauen Beschreibungen der Pflanzen, die bereits einfache Hinweise auf die Standortbedingungen enthalten. Obwohl man sich in das frühe Neuhochdeutsch einlesen muss, kann die Lektüre auch den heutigen Leser fesseln, und zwar wegen der volkstümlichen, herzhaften Sprache. Bei seinen Wanderungen hat sich Bock zweifellos immer wieder mit Bauern und Kräuterfrauen unterhalten. Als Erster befasste er sich auch mit vielen unscheinbaren Unkräutern. Sein Illustrator war der junge Straßburger Künstler David Kandel, den der Verleger nach Hornbach entsandt hatte, damit er dort unter Anleitung von Bock möglichst viele Holzschnitte nach Frischmaterial anfertige. Die Holzschnitte passten in ihrer schlichten Linienführung großartig zum volkstümlichen Text. Kritisch anzumerken ist, dass es Bock offenbar nicht gelang, in der zur Verfügung stehenden Zeit alle abzubildenden Pflanzen frisch herbeizuschaffen oder sachgemäß zu herbarisieren. Er geriet unter Zeitdruck und ließ deshalb Holzschnitte nach fremden Vorlagen anfertigen. Dabei entstanden Diskrepanzen zum Text, wodurch manche Verwirrung angerichtet wurde (KÜNKELE 1987).

De stirpium, maxime earum, quae in Germania nostra nascuntur
Straßburg 1552
Übersetzung des Kräuterbuchs ins Lateinische durch David Kyberus, mit Vorwort des bedeutenden Naturwissenschaftlers Conrad Gessner. Holzschnitte [D 1126 8°].

Eucharius Roeslin (erste Hälfte des 16. Jh.)
Benutzte auch den latinisierten Familiennamen Rhodion. Lebte in Frankfurt als Stadtphysikus und spezialisierte sich auf die Geburtshilfe, zu deren Weiterentwicklung er praktisch und publizierend wichtige Beiträge lieferte.

Kreuterbuch
Frankfurt 1542. Holzschnitte [D 1316 4°]. Mit den Kräuterbüchern von → Megenberg und → Ryff zusammengebunden. Das Titelblatt fehlt und ist von einem Zeitgenossen handschriftlich ersetzt worden.
Nach Meinung von Zeitgenossen war die 1533 erschienene erste Auflage des Kräuterbuches „gar schlecht gerathen". Dennoch verkaufte es sich wohl gut, denn der Verleger entschloss sich zu weiteren Auflagen. Diese wurden von → Adam Lonitzer bearbeitet und stetig verbessert, so dass das Roeslinische Kräuterbuch allmählich zu dem Lonitzers wurde. Auch die in Trier vorhandene Ausgabe ist von Lonitzer bearbeitet. Schließlich erschien das Buch sogar unter dem Namen Lonitzers.

Walter Hermann Ryff (um 1500-1548)
Nannte sich auch Reiff oder Rivius. In Straßburg geboren, lebte er als etwa 40-Jähriger in Mainz und später in Nürnberg, wo er als Stadtarzt nachgewiesen ist. Er schrieb viele medizinische Abhandlungen, daneben auch solche über Baukunst, Kochkunst und Mathematik. Auch gab er Werke antiker und mittelalterlicher Gelehrter heraus.

Confect-büchlein und hauß-apotheke
Frankfurt 1610 (posthume Auflage). Weniger ein Kräuterbuch, sondern entsprechend dem Titel ein Anleitungsbuch für häusliche Gesundheitspflege, auch unter Verwendung von Heilkräutern. In Trier nicht als eigenes Buch vorhanden, sondern angebunden an das Kräuterbuch von → Roeslin [Q II 30 8°].

Leonhart Fuchs (1501-1566)
Geboren in Wemding im Nördlinger Ries, absolvierte Fuchs seine Schulausbildung in Heilbronn. In Erfurt und Ingolstadt studierte er Medizin. Zwei Jahre nach der Promotion wurde er Professor in Ingolstadt und später Leibarzt in markgräflichen Diensten. 1533 trat er zum Protestantismus über. 1535 wurde er Professor in Tübingen, wo er bis zu seinem Tod tätig war, hochgeachtet, von weniger fähigen Konkurrenten aber auch

angefeindet und wegen seiner Strenge bei Studenten gefürchtet. Verfasser vieler medizinischer Schriften, von denen etliche in der Stadtbibliothek vorhanden sind, und des wohl bedeutendsten Kräuterbuches des 16. Jahrhunderts. Die Pflanzengattung Fuchsia, die unter dem Namen Fuchsie als Gartenpflanze bekannt ist, wurde ihm zu Ehren benannt.

De historia stirpium ...

Basel 1542. Originaldruck [D 1307 2°]; Paris 1546, unveränderter Nachdruck [D 234 8°]. Fuchs hatte den Ehrgeiz, das bahnbrechende Kräuterbuch von → Brunfels an Qualität noch zu übertreffen. Er engagierte deshalb eine Gruppe hochqualifizierter Künstler. Zu ihnen gehörte Veit Rudolph Speckle, dessen Holzschnitte so filigran waren, dass die Druckstöcke sich schon nach kurzem Gebrauch abnutzten. Auch der Verleger Isingrin in Basel setzte sich zunächst stark für das Kräuterbuch ein. Den Anfang machte die lateinische Ausgabe mit 512 kunstvollen, aufs sorgfältigste handkolorierten Holzschnitten, die für den stattlichen Preis von 15 Gulden herausgegeben wurde. Sie beeindruckt auch heute noch durch ihre Pracht und stellt wohl den größten Schatz kräuterkundlicher Literatur in der Stadtbibliothek dar. Es folgten Auflagen mit deutschem und niederländischem Text unter den folgenden Titeln:

New kreüterbuch

Basel 1543. Die zweite Auflage ist nicht nur eine Übersetzung ins Deutsche. Fuchs hat die Zahl der handkolorierten Holzschnitte um 6 vermehrt und den Text grundlegend und Leser-freundlich umgestaltet. Umfangreiche Zitate aus der antiken Literatur ließ er weg und gliederte die Texte nach einem einheitlichen Schema. In Trier ist diese deutsche Version nicht im Original, sondern als prachtvolle Reprint-Ausgabe (1989) vorhanden [940 = 93 Af1].

Den nieuwen Herbarius, dat is d´ boeck van den cruyden

Basel, angeblich 1543, in Wirklichkeit aber 1545 (SCHREIBER 1925). Holzschnitte. Diese niederländische Version des berühmten Kräuterbuches ist in zwei originalen Exemplaren vorhanden [D 1306 4°, DKB 308 4°]. Die Herausgabe einer enorm erweiterten, dreibändigen Auflage des Kräuterbuchs scheiterte daran, dass sich der Verleger, dessen Vermarktungsvorstellungen mit den vorausgehenden Auflagen nicht erfüllt worden waren, aus der Zusammenarbeit zurückzog und ein anderer Verleger und Mäzene nicht gefunden wurden. Unbeugsam und unter Einsatz erheblicher privater Geldmittel stellte Fuchs ein aus neun Bänden bestehendes Manuskript mit 1525 Bildvorlagen fertig, das als „Wiener Handschrift“ erhalten blieb und erst in neuester Zeit botanisch ausgewertet wurde.

Christian Egenolff (1502-1555)

Egenolff (auch Egenolph geschrieben), gebürtig aus Hadamar im Westerwald, war einer der ersten Buchdrucker in Frankfurt. Daneben betätigte er sich künstlerisch (Holzschnitte, Typographie) und schriftstellerisch. Von ihm entwickelte Schrifttypen wurden damals von vielen Druckereien benutzt. Kräuterkundler war er aber nicht, und sein Kräuterbuch ist ein kompilatorisches Werk. Mit Urheberrechten ging er selbst für damalige Verhältnisse so großzügig um, dass der Straßburger Verleger Schott (siehe im Abschnitt über → Brunfels) gegen ihn klagte und vor dem Reichskammergericht in Speyer auch gewann.

Der kreuter lebliche contrayung (Herbarium imagines vivae)

Frankfurt ca. 1535. [D 849 8°]. Illustriert mit Holzschnitten. Zusammengebunden mit einem Exemplar des Kräuterbuchs von → Brunfels. Zur Zeit ausgelagert und nicht zugänglich.

Bartholomäus Carrichter (?-vor 1574)

Carrichter wurde zu Anfang des 16. Jahrhunderts in Reckingen (heute zu Küssaberg, Kreis Waldshut, eingemeindet) geboren. Über sein Leben ist wenig bekannt. Er war Leibarzt der damaligen deutschen Kaiser und weiterer hoher Adliger. Er hing der Astrologie an und ordnete in seinem Kräuterbuch die Kräuter den Tierkreiszeichen zu. Dem Sammelzeitpunkt maß er in Bezug auf die astronomischen Konstellationen große Bedeutung zu.

Kreuterbuch

Straßburg 1588 [D 1215 8°].

Antoine Mizauld (1510-1578)

Mizauld, der sich auch Mizaldus nannte, war ein französischer Mediziner, Mathematiker und Astrologe, dessen kräuterkundliche Bücher offenbar in Deutschland großen Anklang fanden.

Artzgarten von Kräutern, so in den Gärten gemeinlich wachsen

Basel 1577, Basel 1616

Neunhundert gedächtnußwürdiger geheimnuß und wunderwerke

Basel 1582.

Beide Bücher zusammengebunden [Na 591 8°], zur Zeit ausgelagert und nicht einsehbar.

Jakob(us) Theodor (1522-1590)

Es gibt zwei weitere Namensversionen: Jakob Diether und – am bekanntesten – Tabernaemontanus. Dieser für die damalige Zeit typische Gelehrtenname ist die lateinische Übersetzung von Bergzabern. In diesem südpfälzischen Ort wurde Jakob Theodor als Sohn armer, leibeigener Eltern geboren. Vielleicht aufgrund der Empfehlung eines Lehrers wurde ihm die Möglichkeit geboten, in Straßburg die von → Otto Brunfels geleitete Schule zu besuchen. Auf dessen Anregung korrespondierte er von früher Jugend an mit → Hieronymus Bock. Somit war er Schüler von zwei „Vätern der Botanik". Nach der Straßburger Schulzeit lebte er mit Unterbrechungen in Weißenburg/Elsass. In Frankreich, wahrscheinlich in Montpellier, studierte er Medizin. Das Vorhaben, nach Frankreich auszuwandern, redete ihm Hieronymus Bock aus, den er auf dem Weg dorthin in Hornbach besuchte. Bock vermittelte ihm eine Stellung am gräflichen Hof in Saarbrücken. Dort wurde er aus der Leibeigenschaft entlassen und heiratete. Bei der Bekämpfung der 1551 ausgebrochenen Pest erwarb er sich große Verdienste. Wieder in Weißenburg wohnend, bekam er Kontakt mit dem Speyerer Bischof Marquard Freiherr von Hattstein, der mit dem Protestantismus sympathisierte. Dieser sah in dem inzwischen offen zum Protestantismus übergetretenen Jakob Theodor einen hochgebildeten Gesinnungsgenossen, und zwischen beiden entstand eine lang anhaltende Freundschaft. Jakob Theodor wurde Leibarzt des Bischofs, eine Stellung, die er 18 Jahre lang bis zu dessen Tod innehatte. Sein letztes Amt (bis zwei Jahre vor seinem Tod) war das eines pfalzgräflichen Arztes an der Fürstenschule in Neuhausen bei Worms.

Neuw kreuterbuch

Frankfurt 1588, Band 1. Mit zahlreichen Holzschnitten in sehr feiner Linienführung, die gelegentlich etwas schematisch wirkt [D 1522 2°]. Obwohl sich Jakob Theodor schon als junger Mann mit Plänen für ein Kräuterbuch befasst hatte, begann er mit der systematischen Vorbereitung des Druckes, angeregt durch Bischof Marquard, erst als über 50-Jähriger. So kam es, dass er bis zu seinem Tode zwar Abbildungen für mehrere Bände zusammengetragen, den Text jedoch lediglich für den ersten Band komplett verfasst hatte. Nur dieser enthält somit reiche Informationen über das, was Tabernaemontanus bei seinen zahlreichen Exkursionen in der Pfalz und in angrenzenden Gebieten in Erfahrung gebracht hatte.

Neuw und vollkommlich kreuterbuch

Frankfurt 1591. Posthum erschienene Teile 2 und 3 des Kräuterbuchs. Texte von Nicolaus Braun. In Trier in zwei Exemplaren, wovon eines unvollständig ist [D 1521 2° und D 1521a 2°]. Nur die Holzschnitte sind interessant. Der Text ist von sehr dürftigem Informationsgehalt, und es ist ein Jammer, dass die wohl schon teilweise fertig gestellten Manuskripte Jakob Theodors vom Verleger ad acta gelegt wurden und anscheinend verschollen sind.

Adam Lonitzer (1527-1586)

Lonitzer, der sich auch Lonicerus nannte und nach dem die Pflanzengattung Lonicera (Geißblatt, Heckenkirsche) benannt ist, wurde in Marburg als Sohn eines Philologen und Theologen geboren (manche Quellen geben 1528 als Geburtsjahr an). Schon mit 16 Jahren erwarb er die Magisterwürde und war danach als Gymnasiallehrer in Frankfurt, Marburg und Mainz tätig. Währenddessen studierte er Medizin und wurde 1553 Professor der Mathematik in Marburg, wo er auch den medizinischen Doktorgrad erwarb. Von 1554 bis zu seinem Tod war er in Frankfurt als Stadtphysikus tätig. Verheiratet mit einer Tochter von → Christian Egenolff. Sein Kräuterbuch ist eine Weiterführung des Kräuterbuches von → Roeslin, das seinerseits Material älterer Kräuterbücher verarbeitet. Eigene Beobachtungen fügte Lonitzer nur in geringer Zahl ein.

Kreuterbuch

Frankfurt 1564 [Ho 1 4°]. Dieser Originaldruck ist mit Rara-Beständen ausgelagert und zur Zeit nicht zugänglich. Einsehbar ist ein in Augsburg erschienener Nachdruck von 1783 [D 1519 4°]. Illustriert mit z. T. kleinformatigen Holzschnitten. Das Buch fußt auf dem Vorgängerwerk von Roeslin. Entgegen dem Titel ist es eher eine Naturgeschichte, denn es behandelt nur in zwei von seinen sechs Kapiteln Pflanzen, in den übrigen Tiere und Mineralien.

Die Reihe der bedeutenden Kräuterbücher bricht mit dem Beginn des 17. Jahrhunderts ab. Es folgte die schlimme Zeit des Dreißigjährigen Krieges, in der die Wissenschaften darniederlagen. Erst danach lebte die Kräuterkunde wieder auf, wofür der in Trier als Reprint vorhandene „Parnassus medicinalis illustratus" des in Speyer geborenen und zeitweise in Mainz tätigen Johann Joachim Becher (1635?-1682) ein Beleg ist [1/67 40]. Die wieder aufgenommene Tradition endete aber aus anderem Grund schon 100 Jahre später, in der Mitte des 18. Jahrhunderts. Die bereits im 17. Jahrhundert sich anbahnende Loslösung einer rein biologisch orientierten Botanik aus der traditionellen Kräuterkunde (die ja stark medizinisch-pharmazeutisch ausgerichtet war) wurde endgültig. An die Stelle der Kräuterbücher traten die „Floren", das sind Bücher, die die Pflanzenwelt (Flora) eines bestimmten Gebietes beschreiben.

Quellen:

Die biographischen Daten zu den Kräuterbuchautoren stammen größtenteils aus der Allgemeinen Deutschen Biographie (Leipzig 1875-1900) und der Neuen Deutschen Biographie (Berlin 1966-1999). Daneben wurde folgende Literatur ausgewertet:

Künkele, S. (1987): Beiträge zur Geschichte der europäischen Orchideen. I. Leonhart Fuchs, der Vater der Väter der Botanik. – Mitt. Bl. Arbeitskr. Heim. Orchid. Baden-Württ. 19(2): 197-383

Künkele, S. & Lorenz, R. (1988): Die Orchideen des Jakob Theodor (1522-1590), genannt Tabernaemontanus. – Mitt. Bl. Arbeitskr. Heim. Orchid. Baden-Württ.20(2): 249-390

Mägdefrau, K. (1973): Geschichte der Botanik. - 314 S., Stuttgart

Reichert H. (1998): Die Erforschung der Flora von Trier und Umgebung durch Freizeit-Botaniker vom 16. Jahrhundert bis zur Gegenwart. Teil I – Neues Trierisches Jahrbuch Jb. 1998: 61-92, Trier

Schreiber, W.L. (1925): Die Kräuterbücher des XV. Und XVI. Jahrhunderts. – München

Abb. 1:
WALDERDBEERE aus „Herbary oder kreuterbuch" (1515) von Johannes Cuba. In diesem Vorläufer der berühmten Kräuterbücher sind die Holzschnitte auf recht einfache Weise koloriert.

Abb. 2:
KLATSCHMOHN aus dem sorgfältig illustrierten „Contrafayt kreuterbuch" (1532) von Otto Brunfels, das die Reihe der bedeutenden Kräuterbücher des 16. Jahrhunderts einleitet.

Abb. 3:
KLEINES KNABENKRAUT (Orchis Morio) aus „De historia stirpium" (1542) von Leonhart Fuchs. Dieses Buch stellt wegen seiner hervorragenden Holzschnitte den Höhepunkt der Kräuterbuch-Literatur dar.

Abb. 4:
ENTENMUSCHELBAUM aus dem „Kreuterbuch" (1564) von Adam Lonitzer. Ein Beispiel für ein Fantasieprodukt. Die Entenmuschel ist ein auf dem Meeresgrund und manchmal auf Treibholz festsitzendes Krebstier mit buntschillernden Fangarmen. Am Strand angespülte Exemplare nährten die Fabel von an Bäumen wachsenden Enteneiern, aus denen bereits bunte Entenfedern hervorschauen. Pfiffige Mönche folgerten, an der Meeresküste gefangene Enten seien ein pflanzliches Produkt und könnten deshalb ohne weiteres in der Fastenzeit gegessen werden.

FOTOS: STADTBIBLIOTHEK TRIER

Im Umkreis von Trier gesammelte Pflanzen in einem prachtvollen botanischen Abbildungswerk aus dem 19. Jahrhundert

JTS 2022

1. Zur Geschichte farbiger Buch-Illustrationen

Um den Stellenwert des im Abschnitt 2 behandelten Florenwerks verdeutlichen zu können, muss ein kurzer Überblick über die Geschichte der Buch-Illustration vorangestellt werden.

Schon als die ersten Bücher im frühen Mittelalter entstanden, waren in ihnen – wie schon auf den antiken Papyrusrollen – farbige Illustrationen zu finden. Viele Jahrhunderte lang standen jedoch farbig bebilderte Bücher nur wenigen Privilegierten zur Verfügung. Das vergessen wir leicht angesichts der Unmenge farbiger Medien, die uns heutzutage überfluten.

Im Mittelalter war die Buch-Herstellung mit umfangreicher und mühseliger Handarbeit verbunden. In Klöstern waren ganze Gruppen von Handwerkern und Künstlern damit beschäftigt. Da waren die Kopisten, die, oft nach Diktat, die Texte in kunstvoller Handschrift schrieben; die Rubrikatoren, die mit roter Tinte wichtige Abschnitte hervorhoben; die Buchmaler, welche die Seiten mit Bildern und Ornamenten schmückten, und schließlich die Buchbinder. Es entstanden auf diese Weise in der Regel Unikate, die sehr kostbar und für Normalsterbliche unerschwinglich waren.

Die Erfindung des Buchdrucks durch Johannes Gutenberg um 1450 brachte da eine tiefgreifende Wende. Man benötigte fortan keine Kopisten mehr. Auch das Bebildern konnte mechanisiert werden, da Holzschnitt-Druckstöcke sich gut in die Druckplatten aus beweglichen Lettern einfügen ließen. Texte und Bilder konnten somit in einem Zuge gedruckt werden, aber nur einfarbig, in der Regel schwarzweiß.

Hätte man sich damit begnügt, wäre es, was die Buch-Illustration betrifft, gegenüber dem Mittelalter ein Rückschritt gewesen. Man fand einen Ausweg im nachträglichen Kolorieren (damals Illuminieren genannt) der Holzschnitte. Es gab von Anfang an eine starke Nachfrage nach Büchern mit kolorierten Abbildungen, allerdings nur von finanzkräftigen Auftraggebern. Das Kolorieren kollidiert nämlich mit dem Vorteil des Druckens, Bücher schnell und in großer Auflage preisgünstig herstellen zu können. Bei sorgfältiger Ausführung ist das Kolorieren nämlich zeitraubend und kostspielig. Verlage entschlossen sich deshalb oft für den Kompromiss, ein Werk in kleinerer Auflage koloriert und in großer Auflage nicht koloriert auf den Markt zu bringen. Auch versuchte man, das Kolorieren unter Zuhilfenahme von Schablonen zu rationalisieren. Das führte meist zu Qualitätsverlusten, die teilweise durch Nachbearbeitung mit dem Pinsel ausgeglichen wurden.

Obwohl das Handkolorieren in gewisser Weise die Fortsetzung der mittelalterlichen Buchmalerei war, schätzte man es nicht so ein. Der Illuminator wurde im Vergleich zum Buchmaler als weniger kreativ angesehen, da er ja die Holzschnitte bzw. die später aufkommenden Kupferstiche lediglich ausmalte. Das geschah mit Wasserfarben oder stärker deckenden Guachen, die mit feinen Pinseln aufgetragen wurden. Das erforderte viel Sorgfalt, z.B. in der Auswahl der Farben und im Vermeiden ungenauer Ränder. Man sah darin aber eher handwerkliche als künstlerische Fertigkeiten. Die Ausführenden blieben deshalb in der Regel anonym. Das hatte auch zur Folge, dass die Geschichte des Kolorierens von Kunsthistorikern bis heute vernachlässigt wurde. Ein erster zusammenfassender Überblick erschien erst vor wenigen Jahren (Eiermann 2018). Es entstanden Kolorier-Werkstätten, die teils Verlagen angegliedert waren, teils selbständig betrieben wurden. Dort waren in der Regel Frauen tätig. Malerinnen hatten nämlich keinen Zugang zu Kunstakademien und blieben aus dem offiziellen Kunstbetrieb ausgeschlossen. Es müssen in einer Kolorier-Werkstätte oft viele Personen beschäftigt gewesen sein. Von einem Londoner Verlag wird berichtet, dass er für ein von 1808 bis 1810 erschienenes, mehrbändiges Werk ungefähr 104.000 Bilder kolorieren ließ (Eiermann 2018). Starke Befürworter des Kolorierens waren die Autoren naturkundlicher und medizinischer Bücher. Auch in theoretischen Schriften legten sie überzeugend dar, dass Naturobjekte nur durch farbige Darstellung in ihrem Wesen adäquat erfasst werden können (Steinhardt-Hirsch 2018). Autoren solcher Werke planten von vornherein die Kolorierung ein, in der Regel für die gesamte Auflage. Einsparungen erlaubten sie sich meist nur dahingehend, dass sie Bildbestandteile, deren wesentliche Merkmale schon durch den Umriss wiederzugeben sind, unkoloriert ließen.

Eine Künstlerin, die ihr Werk ganz auf das Kolorieren hin anlegte, war z. B. Maria Sibylla Merian, von der vor allem das Buch über die Metamorphose von Insekten in Surinam (Niederländisch-Guayana) berühmt ist, das Ergebnis einer zweijährigen Forschungsreise, die sie im Alter von 42 Jahren begann. Merian hatte eine genaue Vorstellung vom Produktionsprozess ihres nach der Rückkehr nach Amsterdam entstehenden Prachtwerks. Dabei half ihr, dass sie auch als Kupferstecherin ausgebildet war. Sie wandte die Schraffierung zurückhaltend an und erfand ein Verfahren, die Konturen beim Druck blasser werden zu lassen, damit die Farben dominieren konnten. Einige Stiche fertigte sie als Muster selbst an, gab die zeitraubende Arbeit des Stechens der weiteren Zeichnungen aber bei Kupferstechern in Auftrag. Zusammen mit zwei Töchtern kolorierte sie die Bilder. Nach vier Jahrhunderten des Handkolorierens wurde erst 1870 der Farbdruck erfunden, der es ermöglichte, farbige Abbildungen in großer Auflage und dadurch preisgünstig herzustellen, und zwar auf der Grundlage des ab 1798 von Alois Senefelder entwickelten Steindrucks (Lithographie).

Dieser erlaubte zunächst auch nur die Wiedergabe von linienhaften Elementen (Schriften und Zeichnungen), wurde aber dahingehend weiterentwickelt, dass Farben auch flächenhaft gedruckt werden konnten

2. Wie kam es dazu, dass Pflanzen aus Trier und Umgebung in einem Berliner Druckwerk abgebildet wurden?

Die Personalunion von Naturforscherin und Zeichnerin, die wir bei Maria Sibylla Merian sehen, hat ein männliches Pendant in dem Berliner Botaniker Albert Gottfried Dietrich (1795-1856). Er wurde als Kaufmannssohn in Danzig geboren und absolvierte dort eine Apothekerlehre. Sein Wunsch, Naturwissenschaftler zu werden, erfüllte sich lange Zeit nicht, da sein Vater früh starb und die Familie ständig in finanziellen Nöten war. Nach Kriegsdienst in der preußischen Armee arbeitete er als Apothekergehilfe, fühlte sich aber von dieser Tätigkeit nicht ausgefüllt und siedelte deshalb nach Berlin über, um Medizin zu studieren. Vorübergehend setzte er sein Studium im weniger teuren Halle fort, kehrte aber wieder nach Berlin zurück, das zu seinem endgültigen Wohnsitz wurde. Da ihn seine Familie nicht mehr unterstützen konnte, verzichtete er vorerst auf die medizinische Promotion und wandte sich dem weniger kostspieligen Studium der Botanik und Zoologie zu. wobei er sich durch Sammeln und Bestimmen von Pflanzen und Tieren in der Umgebung von Berlin in hohem Maße autodidaktisch weiterbildete. Nachdem er eine „Flora der Umgebung von Berlin" veröffentlicht hatte, wurden Förderer auf ihn aufmerksam und er erhielt eine Anstellung als Lehrer für Botanik an der neu gegründeten Gärtner-Lehranstalt in Berlin-Schöneberg. Da die Besoldung zum Lebensunterhalt nicht ausreichte, nahm er zusätzlich eine Stelle als Assistent der Insektensammlung am Zoologischen Museum an. Nun reichte sein Einkommen, um promovieren zu können. Als 37-Jähriger heiratete er und 3 Jahre danach wurde er als Assistent am Königlichen Botanischen Garten angestellt. Obwohl er beachtliche Publikationen verfasst hatte und Ko-Redakteur einer namhaften Fachzeitschrift war, wurden ihm keine führenden und gut bezahlten Posten angeboten, und er musste, um seine Familie ernähren zu können, 3 Tätigkeiten gleichzeitig ausüben. Zu seiner großen Verbitterung entließ man ihn 1853 sogar als Lehrer der Gärtner-Lehranstalt, als diese nach Potsdam verlegt wurde. Es gab da offenbar Animositäten, die noch der Erforschung harren. Umso bewundernswerter ist, dass er um 1830 damit begann, ein handkoloriertes botanisches Bildwerk, die „Flora regni Borussici" (Flora des Königsreichs Preußen) herauszugeben. In seinem kurzen Vorwort schreibt er, dass er sich damit einen langegehegten Wunsch erfülle. Der Blick auf einige Bilder (siehe Farbtafel S.###) zeigt, dass die Zeichnungen und die Kolorierungen sowohl wissenschaftlich als auch ästhetisch von hoher Qualität sind. Angesichts dessen ist es verwunderlich, dass man aus den biographischen Quellen (Krausch & Sukopp 2009, Wagenitz 2009), wozu auch ein ausführlicher

Nachruf gehört (Anonymus 1856), nicht das Geringste darüber erfährt, wann, wie und wo sich Albert Dietrich seine Fähigkeiten als Zeichner angeeignet hat.
Das wissenschaftliche Zeichnen dürfte er spätestens beim Studium der Botanik und Zoologie gelernt haben, da bis ins 20. Jahrhundert hinein im Studium der Biologie das Zeichnen von lebenden oder präparierten Naturobjekten eine große Rolle spielte. Ästhetische und künstlerische Anregungen erwarb man dabei aber in der Regel nicht. Auch das etwas umfangreichere Vorwort zum fünften Band, quasi eine Zwischenbilanz, erlaubt nur wenige Einblicke in den zeichnerischen und drucktechnischen Entstehungsprozess des Werkes. Man erfährt nur, dass die Anfertigung einer Zeichnung in der Regel 2 Tage in Anspruch nahm. Im Hinblick auf vereinzelte Mängel verweist Dietrich auf die Schwierigkeit, die jeder Autor eines Bildwerks dadurch hat, dass dieses „durch gar zu viele Hände gehen muss, bis es seine Vollendung erreicht". Dies ebenso wie die im Vorwort überwiegend benutzte Wir-Form spricht für die Beteiligung von Mitarbeitern oder zumindest Helfern, die jedoch nicht namentlich genannt werden. Erleichtert wurde Dietrich das Illustrieren zweifellos dadurch, dass zu seiner Zeit zwar noch nicht der Farbdruck, wohl aber die Technik der Lithographie zur Verfügung stand, die es erlaubte, eine Zeichnung direkt auf der Druckplatte anzufertigen. Er war also nicht auf Kupferstecher oder Radierer angewiesen, was erhebliche Kosten sparen half. Ungeklärt bleibt jedoch, wie das Kolorieren zeitlich und finanziell bewältigt wurde. Das Werk erschien von 1833 bis 1844 in kleineren Lieferungen, die zu 12 Bänden mit insgesamt 864 Bildtafeln zusammengefasst wurden. Selbst wenn man nur eine kleine Auflage von 200 Exemplaren annimmt, wären 172.800 Tafeln zu kolorieren gewesen. Setzt man pro Tafel für das Kolorieren die unwahrscheinliche Rekordzeit von 15 Minuten an, ergibt dies eine Arbeitszeit von 43.200 Stunden, Das sind verteilt auf die 12 Jahre der Herausgabe 3.600 Stunden pro Jahr. Folglich hätte Dietrich, wenn er selbst koloriert hätte, täglich fast 10 Stunden mit dem Kolorieren verbringen müssen.
Das ist schon deshalb unmöglich, weil er ja (siehe oben) schon für das Zeichnen pro Bildtafel im Durchschnitt 2 Tage benötigte. Hinzu kommt, dass er jede Tafel mit einem mindestens ganzseitigen Text versah. Neben einer bis ins kleinste Detail gehenden Beschreibung der Pflanze enthält dieser Angaben zu den Biotopen, in denen die Pflanze vorkommt, zur Blütezeit und zur Verbreitung. Bei nicht häufigen Arten sind, unterteilt nach den preußischen Provinzen, Fundorte angegeben. Dietrichs überdurchschnittliche Sorgfalt zeigt sich darin, dass er durch Ausrufezeichen hinter Ortsnamen anzeigt, dass er die Pflanze dort (oder zugesandte Exemplare von dort) selbst gesehen hat. Ein doppeltes Ausrufezeichen bedeutet, dass die auf der Bildtafel dargestellte Pflanze von dem betreffenden Fundort stammt. Das hat den enormen Vorteil, dass eine solche Fundortangabe anhand der Bildtafel genauso überprüfbar ist, wie sie es anhand eines Beleg-Exemplars in einem Herbarium wäre. Aufgrund der Überlegungen und des Zitates weiter oben ist anzunehmen, dass Dietrich die Kolorierungen in Auftrag gegeben

hat, wahrscheinlich beim Verlag, bei dem seine Bände erschienen. Zumindest die Farbgebung muss er jedoch kontrolliert haben.
Im Vorwort erklärt er, dass gelegentlich nicht die geeigneten Farben erhältlich waren, um eine naturgetreue Wiedergabe gänzlich zu erreichen. Insgesamt wissen wir also recht wenig über die Arbeitsvorgänge bei der Entstehung der Flora regni Borussici. Genau bekannt ist jedoch, wie es dazu kam, dass Pflanzen aus Trier und Umgebung in dem exzellenten Werk abgebildet wurden. Da hierüber schon an anderer Stelle ausführlicher berichtet wurde (Reichert 1998, 1999) genügen hier einige kurze Angaben.
Albert Gottfried Dietrich hatte einen10 Jahre jüngeren Bruder namens Friedrich Carl Dietrich. Dieser erlernte den Apothekerberuf, bei dem damals Lehrjahre oft als Wanderjahre absolviert wurden. Den botanisch interessierten Friedrich Carl zog es dabei in die rheinischen Provinzen Preußens, die für ihre reiche Pflanzenwelt bekannt waren. Er verbrachte 4 Lehrjahre in Trier und als examinierter Apotheker knapp 4 Jahre in Bad Kreuznach, weitere 2 Jahre in Trier, 7 Jahre in Perl und nochmals 8 Jahre in Trier. Als unermüdlicher Freizeit-Botaniker belieferte er seinen Bruder in Berlin postalisch mit frischen oder gepressten Pflanzen aus dem Raum Bad Kreuznach, Koblenz und Trier, manchmal auch mit Zeichnungen, die er anfertigen ließ. Anscheinend war er selbst kein so guter Zeichner wie sein Bruder Albert. Dieser suchte die Pflanzen, die er abbilden wollte, so weit wie möglich in Berlin und Umgebung, um sie in möglichst frischem Zustand zeichnen zu können. Wie schwierig dies oft war, schildert er ausführlich im Vorwort zum fünften Band. Er fand in und um Berlin erstaunlich viele Arten und musste sich nur einen kleineren Teil aus anderen Gegenden zusenden lassen,
Aus dem Rheinland benötigte er fast nur Arten, die in Südwesteuropa oder im Mittelmeergebiet beheimatet sind und deren Verbreitungsgebiet gerade noch bis Süd- und Westdeutschland und nicht bis Ostdeutschland reicht. Dazu gehören etliche Orchideen sowie einige seltene Ackerwildkräuter. Es sind zwar nur 28 Arten, bei denen im Begleittext angegeben wird, dass die Bildtafeln nach Exemplaren aus Trier und Umgebung angefertigt wurden. Doch handelt es sich durchweg um seltene bis sehr seltene Arten, von denen etliche in Rheinland-Pfalz verschollen oder ausgestorben sind. Die Bildtafeln sind deshalb sehr wertvolle Nachweise für die erste Hälfte des 19. Jahrhunderts. 7 davon illustrieren diesen Aufsatz und sind an Ort und Stelle mit Erläuterungen versehen, so dass hier nicht weiter darauf eingegangen werden muss.
In die Hunderte gehend ist jedoch die Zahl der Bildtafeln, zu denen Fundorte in Trier und Umgebung genannt sind, die aber nach Exemplaren gezeichnet wurden, die näher bei Berlin zu finden waren. Diese Fundortangaben sind aber nach Hand & al. (2016) nicht neu, sondern Zitate aus dem Florenwerk von Schäfer (1826, 1829). Ob auch Vorkommen in anderen Regionen Deutschlands aus dem im Vorwort aufgelisteten Literaturquellen lediglich zitiert wurden, muss überprüft werden. Möglicher Mangel an Originalität von Fundortangaben könnte der Grund dafür sein, dass die Flora Regni

Borussici in Botaniker-Kreisen ziemlich wenig beachtet wird. Auch bei Bibliophilen scheint sie nicht zu den begehrten Objekten zu gehören, denn vor 6 Jahren wurde eine komplette Ausgabe für 2160,- Euro und damit deutlich unter dem Schätzpreis von 2500,- Euro versteigert. Auffällig ist auch, dass in dem Standardwerk über die botanische Buch-Illustration von Nissen (1966), in dem mehrere Seiten den Berliner Bildbänden des 19. Jahrhunderts gewidmet sind, Dietrich mit keinem Wort erwähnt wird. Als Bildwerk ist die Flora regni Borussici damit eindeutig unterschätzt. Für diejenigen, die Interesse am Inhalt des Werkes haben, ist es erfreulicherweise online zugänglich. In der bekanntesten biologischen Online-Bibliothek BHL (Biodiversity Heritage Library) (https://www.biodiversitylibrary.org/subject/Botany#/titles) fehlen einige Bände, doch sind Bildtafeln und zugehörige Texte hintereinander angeordnet. Die Österreichische Nationalbibliothek präsentiert zwar sämtliche Bände, jedoch Texte und Bildtafeln gesondert, was weniger benutzerfreundlich ist. (https://onb.digital/search/220726)

Literatur

Anonymus (wahrscheinlich F. Otto) 1856: Dr. Albert Gottfried Dietrich (Nachruf). - Allgemeine Garten-Zeitung 24: 161-164

Eiermann, W. 2018 a: Einleitung: „Wenn Du es nur sehen könntest". – S.6-11 in: Eiermann, W. (Hrsg.): Prachtvoll iluminirt – Das Handkolorit in der Druckgraphik (1493-1870). – München: Hirmer

-,- (2018 b): Kurze Geschichte des Handkolorits in der Druckgraphik. – S. 12-25 dto.

Hand, R., Reichert, H., Bujnoch, W., Kottke, U. & Caspari, S. 2016: Flora der Region Trier. – Bde.1 und 2, Trier: Weyand

Krausch, H.D. & Sukopp, H. 2009: Geschichte der Erforschung von Flora und Vegetation in Berlin und Brandenburg, - Verh. Bot. Ver. Berlin Brandenburg, Beiheft 6: 5-155

Nissen, C. 1966: Die botanische Buchillustration. Bd. 1 Geschichte. – 2. Aufl.,- Stuttgart: Hiersemann

Reichert, H. 1998: Die Erforschung der Flora von Trier und Umgebung durch Freizeit-Botaniker vom 16. Jahrhundert bis zur Gegenwart. Teil I - Neues Trierisches Jb. 1998: 61-92

-,- 1999: dto. Teil II – Neues Trierisches Jb. 1999: 93-115

Schäfer, M. 1826: Trierische Flora, Bde. 1 und 2. – Trier: Linz

-,-1829: Trierische Flora, Bd.. Trier: Linz

Steinhardt-Hirsch, C. 2018: Farbwelten des Wissens. Das Handkolorit in den wissenschaftlichen Illustrationen der frühen Neuzeit. – S. 26-35 in: Eiermann, W. (Hrsg.): Prachtvoll iluminirt – Das Handkolorit in der Druckgraphik (1493-1870). –München: Hirmer

Wagenitz, G. 2009: Die Erforschung der Pflanzenwelt von Berlin und Brandenburg. 1. Teil: Kurzbiographien, S. 157-267, 2. Teil: Bio-bibliographische Liste, S. 268-554 in: Verh. Bot. Ver. Berlin Brandenburg

Anmerkung für die Redaktion: Im zweiten und im vorletzten Titel des Literaturverzeichnisses ist das Wort „illuminirt" nicht falsch geschrieben. Im Original ist absichtlich diese alte Schreibweise gewählt worden.

Caucalis daucoides Linné

Ophrys apifera Hudson

Orlaya grandiflora Hoffmann

Scandix Pecten veneris Linné

Silene conica Linné

Was beim Sammeln von Heilkräutern bedacht werden sollte

JTS 2013

Der soziale Wandel im ländlichen Raum ab dem 19. Jahrhundert brachte es mit sich, dass das Interesse an Heilpflanzen und ihrer Anwendung nachließ. Die Tradition der Kräuterfrauen, die jahrhundertelang ihre Kenntnisse von den verborgenen Heilkräften in der heimatlichen Natur an Nachkommen weitergegeben hatten, riss ab.

Zur Zeit erleben wir jedoch eine Wiederkehr der Beschäftigung mit Heilpflanzen. Das zeigen u. a. die zahlreichen Kräuterwanderungen und Seminare, die von Volkshochschulen und anderen Veranstaltern angeboten werden und die sich regen Interesses erfreuen. Diese Entwicklung kann als Teil des Trends hin zu „mehr Natur" verstanden werden, der sich auch in kritischer Haltung gegenüber der Schulmedizin, in der Nachfrage nach Bio-Produkten, in der Ablehnung der Gentechnik, in Skepsis und Ängstlichkeit gegenüber der Technik insgesamt und in der breiten Zustimmung zu Natur- und Umweltschutz äußert.

Diese zivilisationskritische Bewegung ist in vieler Hinsicht rational begründet. Wer wollte leugnen, dass die Umweltbelastungen und der Raubbau an den Ressourcen zu größter Sorge Anlass geben. Es gehört zum Wesen des Menschen, dass das, was ihn bewegt, auch Emotionen auslöst. Diese können so stark werden, dass sie die stets nötige Selbstkritik trüben und Übereifer bis hin zum Fanatismus zur Folge haben. Man denke z. B. an militante Tierschützer, die im Extremfall auch vor Angriffen auf Menschen nicht zurückschrecken.

Das Sammeln und Anwenden von Heilkräutern erscheint im Vergleich damit als so eine friedvolle und harmlose Beschäftigung, dass man annehmen könnte, sie sei über jedes kritische Nachdenken erhaben. Es sind jedoch auch hier Übertreibungen möglich, die mehr Schaden als Nutzen zur Folge haben können. Eine solche wäre z. B. die Überzeugung, man könne mit Heilpflanzen auch schwerste Krankheiten wie z. B. Krebs heilen. Auch die Meinung, Heilkräuter wirkten prinzipiell besser als synthetisch hergestellte Arzneimittel, ist nicht haltbar. Aber auch die in etwa umgekehrte Behauptung (sie wurde vor kurzem in einer Fernsehsendung geäußert), die Anwendung selbst gesammelter Heilkräuter sei generell schlechter als die Verwendung standardisierter Heilpflanzenpräparate aus der Apotheke, scheint mir eher von Geschäftsinteressen diktiert als solide bewiesen zu sein.

Die meisten Menschen werden mit der Einschätzung einverstanden sein, dass Heilkräuter eine wertvolle Ergänzung zu synthetischen Präparaten sind, wenn es um die Behandlung leichter Erkrankungen geht. Sie haben den Vorzug, dass sie Jahrhunderte bis Jahrtausende lang angewandt wurden, und somit ein reicher Erfahrungsschatz vorliegt. Dieser ist in Schriften von der Antike über das Mittelalter bis heute festgehalten. Auch diese Bücher dürfen nicht als Offenbarung gelesen werden, an denen es nichts zu deuteln gibt. Irren ist menschlich und in der Kräuterkunde ebenso möglich wie mancher Aberglaube. Als Beispiel sei die Signaturenlehre genannt. Sie besagt, dass Gott bei der Erschaffung der Heilkräuter deren Äußeres so gestaltet habe, dass man daran die ihnen innewohnende Heilkraft schon erkennen könne.

Abb. 1: Leberblümchen

Dazu ein Beispiel: Da die Blätter des Leberblümchens (Abb. 1, Farbseite) in ihrer Umrissform etwas Ähnlichkeit mit der Leber haben, war man überzeugt, es könne zur Heilung von Leberbeschwerden dienen. Wie es der Zufall will, traf die Signaturenlehre manchmal zu und bestärkte dadurch ihre Anhänger in ihrem Glauben. Traf sie nicht zu, glaubten manche trotzdem daran und wurden vielleicht durch Placebo-Effekt geheilt.

Um die Spreu vom Weizen zu sondern, hat sich die pharmakologische Forschung der Heilkräuter angenommen. Ich begrüße das ohne Einschränkung. Menschen mit esoterischen Neigungen hätten es vielleicht lieber, wenn die Heilpflanzen ihre Geheimnisse bewahren würden, und sie spüren ein Unbehagen, wenn man diese mit nüchternem Verstand aufklärt. Ich behaupte jedoch, dass dadurch die Anwendung der Heilkräuter in der Regel optimiert wird. Dafür ein Beispiel: Zu den von alters her wichtigsten Heilpflanzen gehört das Echte Johanniskraut (Abb. 2, Farbseite). Es wird auch Tüpfel-Johanniskraut genannt, da seine Blätter wie durchlöchert aussehen, wenn man sie im Gegenlicht betrachtet (Abb. 5). Nach einem alten Volksglauben hat der Teufel aus Wut über die Heilkraft der Pflanze die Löcher hineingestochen. In Wirklichkeit sind es jedoch keine Löcher, sondern durchsichtige Bläschen im Blattgewebe.

Sie werden als Ölbehälter bezeichnet und enthalten heilkräftige ätherische Öle. Es wurde bei einer Vielzahl von Beschwerden angewandt. Hippokrates empfahl es als Mittel gegen Entzündungen, innere Eiterungen und Lungenerkrankungen. Nach Paracelsus hilft es gegen „tolle Phantasien", Eingeweidewürmer, bei Gelenkbeschwerden, Quetschungen und Wunden. Der pfälzische Kräuterbuchverfasser Hieronymus Bock bezeichnete es als blutstillend, wundheilend, die Nierentätigkeit fördernd und als heilsam bei Brandwunden und Geschwüren. Sebastian Kneipp empfahl die Anwendung bei Schwellungen, Hexenschuss, Gicht und Verrenkungen. Damit sind noch längst nicht alle Verwendungen genannt. Zahlreiche weitere findet man u. a. in der medizinischen Literatur Russlands, wo das Johanniskraut ein oft angewandtes Hausmittel ist. Eine der wichtigsten Aufbereitungsformen ist das blutrot gefärbte Johanniskraut-Öl. Ein noch heute gültiges Rezept zu seiner Herstellung stammt vom pfälzischen Arzt und Kräuterbuchverfasser Jakob Theodor (1502-1590), der sich nach seinem Geburtsort Bergzabern „Tabernaemontanus" nannte. Er schrieb: „Nim der frischen Blumen so viel du wilt/ thu sie in ein Glaß/ geuß Baumöl darüber/ stopffs oben zu/ und stelle es an die Sonne/ etliche Tage darnach seige das Oel ab/ truck die Blumen wol aus/ und thu andere frische darein/ setze es wiederum an die Sonn/ darnach trucke es aus wie zuvor/ solches thue etlich mal nach einander/ zu letzt stoß die Hülsen samt dem Saamen und lege sie auch in das Oel/ so wird das Oel schön blutroth". Das Öl wird äußerlich meist unverdünnt angewandt, innerlich mit Wasser und Honig vermischt verwendet.

Abb. 2: Johanniskraut

Der blutrote Inhaltsstoff zeigt sich bereits, wenn man an der Pflanze eine Knospe zwischen zwei Fingern zerquetscht. Vor allem für Kinder ist das ein verblüffendes Experiment, das dazu beitragen kann, Interesse an der Natur zu wecken. Die schon von Paracelsus erwähnte Wirkung auf das Nervensystem spielt in der neueren pharmakologischen Forschung eine wichtige Rolle. Man hat herausgefunden, dass der in Johanniskraut enthaltene Stoff Hypericin in den Stoffwechsel der Neurotransmitter (das sind die Überträgerstoffe an den Kontaktstellen der Nervenzellen) so eingreift, dass leichte Depressionen geheilt werden können.

Abb. 5: Das wie durchlöchert aussehende Blatt des Johanniskrautes *HR*

Johanniskraut-Präparate werden nach Angabe mancher Publikationen von Patienten besser vertragen als synthetische Antidepressiva. Weiterhin wurden in der Pflanze die antibiotisch wirkenden Stoffe Hyperforin und Adhyperforin entdeckt. Sie erklären die heilende Wirkung bei Wunden und Geschwüren. Jedoch ist auch das Johanniskraut nicht frei von Nebenwirkungen. Das Hypericin erhöht die Empfindlichkeit gegenüber UV-Licht, so dass Personen mit heller Haut Schäden davontragen können, wenn sie sich während der meist erforderlichen Dauerbehandlung mit Johanniskraut längere Zeit dem Sonnenlicht aussetzen. Auch über oft sehr unangenehme Wechselwirkungen mit anderen Medikamenten ist berichtet worden.

Ein weiteres Problem des Johanniskrautes hat mit der Umweltverschmutzung zu tun. Das Schwermetall Cadmium ist durch Industrieabgase und verunreinigten Kunstdünger fast flächendeckend in die Umwelt gelangt. Es ist im Boden in der Regel nur in sehr geringer und gesundheitlich unbedenklicher Konzentration vorhanden. Bestimmte Pilze und Pflanzen haben jedoch die Eigenart, es aus dem Boden aufzunehmen und in sich anzusammeln. Zu den Pflanzen, die dies tun, gehört auch das Johanniskraut. In bedenklichem Maß allerdings nur auf sauren Böden, wie man sie im Hunsrück über Quarzit und im Meulenwald auf Sandstein findet. Am besten pflückt man Johanniskraut deshalb auf kalkhaltigen Böden. Auf optimale Bodenbeschaffenheit achten auch pharmazeutische Firmen, die Johanniskraut auf Feldern anbauen.

Diese ziemlich ausführlichen Erläuterungen dürften hinreichend verdeutlichen, dass moderne Forschung Daten liefert, die auch für den Kräutersammler von Nutzen sind. Verfasser von Heilkräuter-Broschüren sollten sich verpflichtet fühlen, ihren Lesern möglichst viel über das sachgemäße Sammeln und die richtige Anwendung der Heilpflanzen mitzuteilen und dabei die Forschungsergebnisse zu berücksichtigen.

An Naturschutz interessierte Personen fragen hin und wieder, ob durch das Sammeln von Heilkräutern seltene Pflanzen gefährdet werden können. Will man sich die Antwort leicht machen, kann man darauf hinweisen, dass der Rückgang von Pflanzenarten selten durch Sammeln und weit überwiegend durch Biotopveränderungen verursacht wird. Das flächenmäßig größte Ausmaß von Biotopveränderungen ergab sich durch die Intensivierung der Landwirtschaft, die im frühen 19. Jahrhundert begann und sich in mehreren Phasen fortsetzte. Aktuell erleben wir einen neuen Intensivierungsschub durch den forcierten Anbau von Mais und Getreide für die Biogas- oder Biospriterzeugung. Maßnahmen wie Düngung, Herbizidanwendung, Saatgutreinigung und Drainage nasser Böden steigern den Ertrag von Äckern und Wiesen, führen aber zum Rückgang vieler Pflanzenarten. Nicht wenige Ackerunkräuter, welche die Landwirtschaft viele Jahrhunderte lang begleitet haben, sind in Deutschland ausgestorben.

Auch die Trockenlegung von Mooren für die Torfgewinnung hat vielen Pflanzenarten die Lebensgrundlage entzogen. Es ist denkbar, dass eine Pflanzenart, die durch Biotopveränderungen selten geworden ist, durch Sammeln zusätzlich gefährdet oder gar ausgerottet wird. Um diese Gefahr abzuschätzen, hat die Botanikerin Barbara Ruthsatz (Professorin der Universität Trier im Ruhestand) in einer 1983 veröffentlichten Arbeit untersucht, ob sich unter den Heilpflanzen besonders viele gefährdete Arten finden. Es zeigte sich, dass dies nicht der Fall ist. In einer Menge zufällig ausgewählter Pflanzenarten gehörten 24 % zu den gefährdeten Arten, in einer gleich großen Menge von Heilkräuterarten 16,8 %, also deutlich weniger. Mit anderen Worten: Heilkräuter sind bei den gefährdeten Pflanzenarten unterdurchschnittlich vertreten. Die Zahl derer, die aus Artenschutzgründen nicht gesammelt werden dürfen, ist überschaubar. Zwei davon sollen abschließend vorgestellt werden.

Zu den Arten, die in unserem Kreisgebiet in den letzten 50 Jahren von einem dramatischen Schwund betroffen sind und kurz vor dem Aussterben stehen, gehört die Arnika (*Arnica montana*), auch Berg-Wohlverleih genannt (Abb. 3). Eine aus ihren Blüten hergestellte Tinktur wurde seit alters her äußerlich gegen Prellungen, Verstauchungen, Wunden und Rheuma angewandt, innerlich bei Herz-Kreislauf- und Magenerkrankungen und Fieber. Wegen teils gefährlicher Nebenwirkungen war die innerliche Anwendung aber riskant.

Abb. 3: Arnika

Der schönen Pflanze wurde es zum Verhängnis, dass sie lichtbedürftig und konkurrenzschwach ist und im hohen Graswuchs gedüngter Wiesen zugrunde geht. Magerwiesen, die jahrhundertelang gemäht und nicht gedüngt wurden, waren ihr Lebensraum. Für die moderne Landwirtschaft sind sie unrentabel und werden entweder durch Düngung in Fettwiesen umgewandelt, oder man lässt sie brach liegen. Auch dies bedeutet das Aus für die Arnika, da über kurz oder lang Gebüsch aufkommt und ihr zu viel Licht wegnimmt.

Im Kreisgebiet dürften nur noch ein paar Dutzend Arnika-Exemplare vorkommen, und es wäre unverantwortlich, von ihnen Blüten zu sammeln. Das wäre auch deshalb unsinnig, weil es Heilpflanzen mit der gleichen Wirkung und weniger Nebenwirkungen gibt.

Es wird keinen Leser verwundern, dass auch die sämtlich unter Naturschutz stehenden heimischen Orchideen für den Heilkräutersammler tabu sind. Das war nicht immer so. In früheren Jahrhunderten wurden die Knabenkräuter (Gattung Orchis) ausgegraben, um an ihre Wurzelknollen zu gelangen. Auf Abb. 4 ist zu erkennen, dass die paarig angeordneten Knollen etwas an Hoden erinnern. Das erklärt den deutschen Namen Knabenkraut und den wissenschaftlichen Namen Orchis (griechisch: Hoden).

Das man den Knabenkräutern zu Leibe rückte, erklärt sich wiederum aus der genannten Signaturenlehre. Nach dem Glauben ihrer Anhänger konnte die Hodenform der Knollen nur bedeuten, dass die Pflanze eine potenzsteigernde Wirkung hat. In Wirklichkeit hat sie die nicht. Stattdessen lindert der hohe Schleimgehalt der Knolle Durchfälle. Deshalb werden im Orient Knollen unter dem arabischen Namen Salep weiterhin angewandt und in den Handel gebracht. Von diesem Salep her hat das abgebildete Kleine Knabenkraut auch den Namen Salep-Knabenkraut. Ebenso wie die Arnika ist es an Magerwiesen gebunden und wegen deren zunehmendem Verschwinden in starkem Rückgang begriffen. Im Landkreis gibt es zurzeit höchstens noch 10 meist kleine Vorkommen.

Abb. 4: Knabenkraut

Literatur:

Ruthsatz, B (1983): Die Verbreitung unserer heimischen und eingebürgerten Heil- und Giftpflanzen in Mitteleuropa. – Göttinger Floristische Rundbriefe 17: 8-23

Dr. Hans Reichert mit dem Umweltpreis des Landes ausgezeichnet

JTS 2000

Von Barbara Weiter-Matysiak

Für sein langjähriges ehrenamtliches Engagement für Umweltschutz und Landespflege wurde Dr. Hans Reichert, Studiendirektor am Gymnasium Hermeskeil, mit dem Umweltpreis des Landkreises Trier-Saarburg ausgezeichnet. Der Preis wird jährlich vergeben und ist mit 5000 DM dotiert. Unseren Lesern ist der Preisträger schon seit 32 Jahren vor allem als Autor der kenntnisreichen und interessanten Beitragsserien über unsere heimische Flora ein Begriff. Seine ersten Einzelbeiträge erschienen bereits 1968 im Jahrbuch des Kreises Trier und seit 1970 im Jahrbuch Trier-Saarburg. 1974 begann Dr. Reichert mit seiner ersten Reihe über „Farnpflanzen unserer Heimat" (sechs Folgen). Von 1982 bis 1995 erschienen insgesamt vierzehn Beiträge über „Gefährdete Pflanzenarten im Trierer Land. Seit 1996 stellt Dr. Reichert jährlich „Neulinge in der Flora von Trier und Umgebung" vor. Auch in diesem Jahrbuch ist er mit einem Beitrag über mittelalterliche Kräuterbücher vertreten.

Aber nicht nur die Jahrbuchleser können auf das umfangreiche Wissen des Preisträgers zurückgreifen: Seit 1974 gehört er dem Beirat für Landespflege des Kreises Trier-Saarburg an, in dem er von 1975 bis 1989 den Vorsitz führte. Ebenso lange ist er Mitglied des Beirates für Landespflege bei der Bezirksregierung Trier, den er von 1990 bis 1995 leitete. Auch die Erstellung der Dauerausstellung im Informationszentrum des Naturparkes Saar-Hunsrück in Hermeskeil hat er durch mehrjährige intensive, ehrenamtliche Mitarbeit maßgeblich unterstützt.

Mit seiner Vortragstätigkeit an Volkshochschulen – auch außerhalb des Landkreises – wirbt er in der Öffentlichkeit um Verständnis für Naturschutzfragen. Besonders beliebt sind seine botanischen Exkursionen, mit denen er den Menschen außer Kenntnissen auch Freude an der Natur vermittelt.

Seit mehr als zwanzig Jahren gibt er als maßgebender Vertreter der anerkannten Landespflegeorganisation „Pollichia" zahlreiche wertvolle Hinweise zur heimischen Pflanzenwelt, die auch als Grundlage für Unterschutzstellungen dienten. Weitere Verdienste hat er sich durch seine Mitarbeit bei der Aufstellung der „Roten Liste" für gefährdete Pflanzenarten und bei der Biotopkartierung für Rheinland-Pfalz erworben. Darüber hinaus ist der Preisträger Mitglied in insgesamt 19 botanischen Arbeitskreisen, die sich mit spezielleren botanischen Themen befassen.

Dr. Hans Reicherts Rat und sein umfangreiches Wissen sind gefragt, und er hat durch seine kontinuierliche und engagierte Mitarbeit vieles bewegt.
Mit gewinnendem persönlichem Wesen und in bestimmter Form vertritt er die Belange der Landespflege und des Umweltschutzes und versteht es so, Übereinstimmung auch bei unterschiedlichen Interessen herbeizuführen.

Mit Sachkenntnis, Geduld und langem Atem hat sich Dr. Hans Reichert für die Erhaltung und den Schutz der heimischen Pflanzenwelt eingesetzt. Und so verwundert es nicht, dass er bereits sein nächstes Projekt in Arbeit hat: am Abend der Preisverleihung kündigte er an, sein Preisgeld zur Finanzierung der Druckkosten für eine pflanzenkundliche Bestandsaufnahme unserer Region zu verwenden, die er gemeinsam mit anderen im Moment erarbeitet.

Landrat Dr. Richard Groß überreicht Dr. Hans Reichert den Umweltpreis des Landkreises 1999. *Foto: Verwaltung*

Buchempfehlungen

Flora der Region Trier, Band 1 + 2
von Ralf Hand, Hans Reichert, Walter Bujnoch, Ulrich Kottke, Steffen Caspari

In diesem reich illustrierten Doppelband werden 200 Jahr Forschungsgeschichte in einer Synthese dargestellt. Neben den historischen Quellen dokumentiert die *Flora* die von 120 Freizeit- und Berufsbotanikern in den letzten 30 Jahren zusammengetragenen Daten. Die *Flora* enthält umfangreiche Fundortverzeichnisse zusammen mit Verbreitungskarten, Angaben zu Standortansprüchen, Erfassungsgrad und Gefährdungsursachen der über 2.100 im Gebiet nachgewiesenen Sippen der Farn- und Samenpflanzen. Weiterhin werden in Kurzporträts die für die Erforschung der Region wichtigen Persönlichkeiten vorgestellt.
Eine unverzichtbare Informationsquelle für Naturfreunde und jeden, der sich beruflich mit Umweltfragen und Naturschutz in der außergewöhnlichen Kulturlandschaft der Landkreise Bitburg-Prüm, Vulkaneifel, Bernkastel-Wittlich, Trier-Saarburg und der Stadt Trier befasst.

Verlag Michael Weyand, GmbH, Trier, www.weyand.de
1. Auflage 2016; ISBN 978-3-942 429-29-0

Flora Germanica, Band 1 + 2
Alle Farn- und Blütenpflanzen Deutschlands in Text und Bild
von Michael Hassler und Thomas Muer; Artbeschreibungen überwiegend von Thomas Meyer

In Deutschland wachsen rund 2.800 einheimische Blütenpflanzen, Farne und Bärlappe. Hinzu kommt eine ähnliche Zahl eingeschleppter Neophyten und verwilderter Zier- und Nutzpflanzen. Damit besitzt Deutschland trotz aller menschlichen Eingriffe immer noch eine artenreiche Flora. Ein Großteil der Arten gilt jedoch als gefährdet und wurde auf kleine Flächen zurückgedrängt. Die Bände 1 und 2 des neuen Atlas enthalten alle einheimischen Taxa sowie die regelmäßig gefundenen Neophyten und Hybriden, also insgesamt 4.600 Arten, Unterarten und Varietäten. Weitere rund 1.500 sehr selten und unbeständig gefundene Arten werden ergänzend im Text erwähnt.

Ein dritter, ergänzender Band (in Vorbereitung) wird apomiktische Kleinarten aus sog. „kritischen" Gattungen (z. B. Brombeeren oder Löwenzähne, in Summe rund 1.300 weitere, oft schwer bestimmbare Arten) behandeln. Das Werk richtet sich an Naturschützer sowie Naturschutzbehörden, Pflanzenenthusiasten und an alle, die an unserer Natur interessiert sind und sie erhalten wollen. Hier werden die aktuellen Erkenntnisse zusammengefasst, die Bestimmung auch für Nicht-Biologen erleichtert und wichtige Anregungen für den Schutz und Erhalt unserer heimischen, sehr bedrohten Flora gegeben.

Verlag Regionalkultur GmbH & Co. KG, www.verlag-regionalkultur.de
1. Auflage 2022; ISBN 978-3-95505-333-8